KB237298

뉴욕잇 스트리트

New York it Street

# 뉴욕 잇 스트리트

*New York it Street*

글·사진 **이윤정**

살림Life

Outro : **359**

# Intro

## '뉴욕 그리고 여자'

뉴욕은 '여자'들의 도시다. 그래서 여자들이 한번쯤 꼭 가고 싶은 곳이거나 또다시 가게끔 만드는 재미있는 곳이다. 패션의 도시, 뮤지컬의 도시, 현대 미술의 탄생지, 타임스스퀘어의 화려한 전광판 등등…….

뉴욕을 지칭하는 수식어는 수많은데다가 '빅애플Big Apple', '고담시티Gotham City' 등의 애칭까지 있는 도시지만 사실 영화나 드라마와 같은 멋진 로맨스가 센트럴 파크에서 기다리고 있지도 않고 밤이면 배트맨이 나타나지도 않는 즉, 절대 포기 못할 그런 환상의 아일랜드는 아니다.

솔직히 나는 이 돈 주고 한국에서 먹어도 '이 맛은 난다'는 레스토랑도 많이 알고 있고 뉴욕의 살인적인 물가와 카페의 자리다툼과 어두컴컴하고 무서운 뒷골목 등으로 인해 가슴 한쪽이 씁쓸한 적도 많았다. 그럼에도 불구하고 나는 왜 뉴욕을 그리워하며 이 글을 쓰고 있는 걸까?

그렇다. 뉴욕은 못생겼지만 은근한 매력이 있는 남자처럼 쉽게 거부할 수 없는 '그 무언가'가 있다. 그래서 '그 무언가'의 뉴욕을 뒤지고 다니던 나에게는—거부할 수 없다면 파고들어 끝까지 알아 보겠다는 스토커 정신으로 무장한 나이기에—수많은 에피소드가 생겼다. 잘못된 지도로 인해 헤매며 돌아다니다 점심시간을 훌쩍 넘겨 브런치brunch가 끝나 버린 적도 있었고 재미있는 데라고 해서 찾아갔더니 가게를 닫은 곳도 있었다. 그러나 무엇보

다 가장 슬펐던 일은 그 많은 뉴욕 관련 책에는 레스토랑의 멋진 사진과 맛있는 음식에 대한 이야기만 잔뜩 있을 뿐 가격이 한 사람당 $70세금 포함나 나올 것이라는 실제적인 충고는 단 한 마디도 없었기에 뉴욕에서 돌아온 몇 달 후까지 나를 압박하는 카드 고지서에는 '뉴욕Newyork'이 있었다는 사실이다. 사진이나 내용이 달라 보여 죄다 사들였던 뉴욕 여행 책들은 그저 잡다한 정보를 취합해 정리한 요약본 정도였을 뿐 실제 뉴욕 생활에는 별 도움이 되지 못했다. 뉴요커가 되고 싶었던 한 달간의 달콤한 꿈은 또 다른 한국인 관광객의 슬픈 생활로 채워져 버렸다.

그때 필자는 책에 대해 결심을 했다. 패션과 쇼핑, 그리고 현대 미술의 도시를 제대로 즐길 수 있는, 예쁘면서 내용도 충실한 제대로 된 '뉴욕'을 써 보리라. 뉴욕의 빈티지한 멋과 맛을 저렴하고 신나게 즐길 수 있는 '완소 잇북Itbook'을 쓰겠다고 다짐한 것이다. 길치, 방향치들의 뉴욕 길잡이가 될 친절한 뉴욕 책! 뉴욕에서 지내기 위해선 꼭 필요한 것들과 뉴욕에서 꼭 가야만 하는 곳들을 저렴한 곳에서 비싼 곳까지 순서대로 일목요연하게 정리했다. 이제 뉴욕을 즐기는 일만 남아 있다.

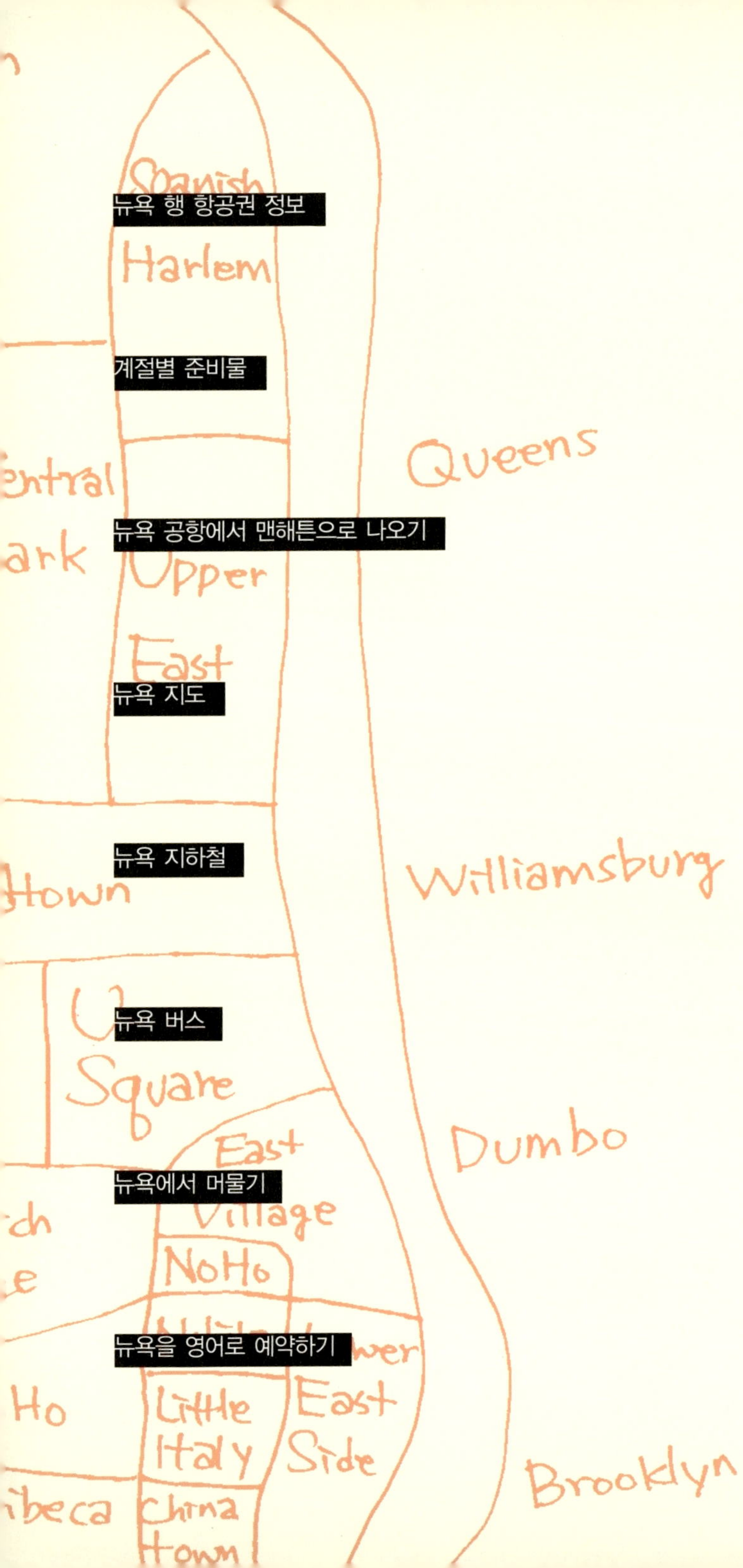

Spanish Harlem
Central Park
Queens
Upper East
Williamsburg
town
Square
East Village
Dumbo
NoHo
Little Italy
East Side
Brooklyn
China town
ibeca
Ho
wer
ch

# 1. New York Information

# 뉴욕 행 항공권 정보

뉴욕은 미국 최대의 인기 있는 관광지인 만큼 항공편도 아주 많은 편이다. 매일 아침부터 저녁까지 출발하는 비행기가 많아서 가는 것은 전혀 문제가 되지 않는다. 그러나 항공사마다 경유하는 횟수가 대부분 정해져 있으니 이를 꼭 확인해야 한다. 여행 일정이 짧아 항공권을 싸게 사려다가 2회 경유에 대기 시간도 어마어마해 제대로 즐기지 못하는 경우가 생길 수 있으므로 할인 항공권을 구매할 때에는 이모저모 다 잘 따져 보고 사야 한다. 만약에 경유하게 될 때에는 짐을 분실하게 될 수도 있고 이동 시간이 빠듯해 뛰어다녀야 할지도 모르니 대기 시간을 잘 염두에 두자. 천천히 도착해 항공권을 다시 받고 면세점도 구경하고 과자 하나 사서 잡지나 보며 놀다 보면 시간은 금방 가니까 말이다.

**직항** : 대한항공, 아시아나, 델타

**1회 경유** : 잘, 콘티넨탈, 아메리칸, 델타, 유나이티드, 중화항공

**2회 경유** : 콘티넨탈, 노스웨스트, 캐세이패시픽, 아메리칸, 에어캐나다

뉴욕 정도의 거리라면 마일리지가 꽤 쌓일 테고 마일리지는 언젠간 반드시 빛을 발하는 날이 오게 되는 만큼 꼭 적립을 해 두는 것이 좋다. 만약 어딜 가기에는 좀 모자란 항공 마일리지라면 돈으로 환산해서 받도록 하자! 항공사마다 미사용된 마일리지를 돈으로 환산하면 그 금액이 어마어마하다고 하니 전화로 마일리지를 돈으로 환산하면 얼마인지 확인해 보고 그 마일리지에 얼마쯤 더 보태서 다른 곳으로 가는 항공권을 구입하는 것이 바로 저렴하게 여행하는 요령이다.

스카이 팀과 스타얼라이언스 팀 등 항공 마일리지가 하나로 통합 적립되는 항공사들을 알아 두어 한쪽으로 마일리지를 몰아서 적립하는 것 또한 요령이다. 단, 할인 항공권 중에는 마일리지 적립이 불가한 것도 있으니 구매할 때 꼭 물어 볼 것.

**스카이 팀** : 델타, 콘티넨탈, 알이탈리아, 베트남, 에어프랑스, 에어로멕시코, 노스웨스트 등의 항공사들이 있다. 이들은 '스카이 마일리지'라는 이름으로 통합 마일리지 적립이 가능하다.

**스타얼라이언스 팀** : 아시아나, 에어캐나다, 타이, 아나, 싱가포르, 터키, 유나이티드, 유에스, 비엠아이 등의 항공사들은 스타얼라이언스라는 이름으로 통합 마일리지 적립이 가능하다.

투어캐빈 www.tourcabin.com
클럽리치 www.clubrichtour.co.kr
와이페이모어 www.whypaymore.co.kr
탑항공 www.toptravel.co.kr

한국 물건이 훨씬 질이 좋고 저렴하므로 잔뜩 사 가서 머리를 묶거나 올리고 다니는 게 좋다. 남자들도 운동화에 양말보다는 가락신을 사서 신고 다니는 편이 더 시원하고 오래 다녀도 피로하지 않다. 단, 미술관은 상관없지만 고급 레스토랑에 가거나 할렘 쪽에 가스펠을 들으러 교회 갈 때에 슬리퍼는 절대 안 된다는 사실!

**겨울** : 어그 부츠ugg boots 같은 털 부츠가 없다면 겨울의 뉴욕을 즐길 생각은 하지 말아야 한다. 살인적으로 춥고 빌딩 숲 사이사이로 불어 들어오는 칼바람이 살에 폭폭 꽂혀 뛰어다니게 만든다. 추수감사절이 11월에 있고 12월 크리스마스 세일로 연결되는 어마어마한 세일의 홍수가 11월부터 시작되어 쇼핑하기에는 최적의 계절이지만 다니기가 몹시 힘드니 완전 무장의 정신으로 옷을 싸 가야 한다. 더불어 장갑이 없으면 손이 터질 것 같이 춥다는……. 정말 두려운 계절이다.

# 계절별 준비물

우리나라보다 더욱 뚜렷한 사계절을 지닌 예쁜 날씨의 뉴욕은 서울과 대부분 비슷하지만 여름은 더 덥고 겨울은 더 춥고 눈이 많이 온다. 예전만큼 눈이 많이 안 온다고 서운해하는 뉴요커들의 볼멘소리도 있지만 뉴욕의 눈은 거의 살인적인 수준이다. 정말 온 도시가 폭삭 눈에 잠긴다. 여름의 더위 역시 만만치 않다. 제 아무리 "난 뚱뚱해서 벗을 수 없어!" 라고 외치는 사람들도 모두 벗어 버릴 만큼 덥다.

**봄, 가을** : "뉴욕을 여행하는 데 최고로 아름다운 계절이에요." 라고 아주 우아하게 말해 주고 싶다. 센트럴파크가 가장 아름다운 이 두 계절 동안 뉴욕을 여행할 때 꼭 필요한 것이 바로 트렌치코트와 모자가 달린 보머 재킷bomber jacket이다. 뉴욕의 봄과 가을은 부슬거리는 비나 소나기가 자주 오기 때문에 이렇게 모자 달린 보머 재킷이나 트렌치코트만큼 요긴한 것이 없다. 그리고 또 하나 가죽 부츠! 뉴욕으로 여행 갈 때는 굽이 없는 부츠가 필수다. 많이 걸어 다니기 때문이기도 하지만 따뜻하고 멋도 나는 일석이조의 효과를 볼 수 있기 때문.

**여름** : 무조건 캐미솔 톱camisole top, 가락신조리, 짧은 반바지는 필수다. 습도가 높은 더위지만 그늘로 가면 시원하므로 얇은 반팔 카디건도 필수! 그리고 어느 건물 어느 교통수단이든지 에어컨이 빵빵하게 나오므로 가방에 얇은 카디건 하나도 필수! 실핀이나 머리끈은

# 뉴욕 공항에서 맨해튼으로 나오기

### JFK 제이에프케이

**지하철** : 가장 저렴하다. 시간적으로 여유가 있다면 지하철이 최고인데 가격은 총 $7. 공항에서 자기부상열차 같은 에어트레인Air train. $5을 타고 하워드 비치 제이에프케이 에어포트howard beach JKF Airport 역 또는 자메이카Jamaica 역에서 하차해 메트로$2를 타고 시내로 들어가면 된다.

**버스** : 공항에서 20분에 한 대씩 있다. 맨해튼의 그랜드 센트럴Grand Central 역과 포트 어소리티Port Authority에서 정차하는데 한 시간 정도 걸린다. 가격은 편도 $15, 왕복 $27로 12세 이하 어린이는 무료다.

**택시** : 한인 택시를 타든 일반 택시를 타든 요금은 거의 비슷하게 나온다. 짐이 많을 경우는 택시가 훨씬 편하고 빠르다. $45.

### Newark 뉴어크

**버스** : 20~30분 간격으로 포트 어소리티로 가는 것과 그랜드 센트럴 역으로 가는 것, 2개로 나뉘어 운행된다. 30분에서 한 시간 정도가 걸리며, 가격은 편도 $12. 왕복 $22

**택시** : 한인 택시와 옐로 캡의 요금이 같다. $55 뉴저지 주에 있으므로 링컨 터널 통과 비용을 내야 한다

# 뉴욕 지도

서울이 여러 개의 구로 나뉘어 있는 것처럼 맨해튼도 여러 개의 지역으로 나뉘어 있다. 그러나 지역별로 개성이 뚜렷해 마치 여러 개의 도시를 여행하는 기분을 느끼게 된다. 특히 맨해튼은 비교적 도시가 크지 않아서 뉴요커들은 대부분 걸어 다니거나 지하철을 이용한다.

**할렘 & 모닝사이드 하이츠** : 흑인들 구역이다. 음식, 문화 등 이 지역의 대부분을 흑인들이 만들어 냈다. 최근에는 치안 유지에 만전을 기해 관광지로도 각광받고 있지만 밤에는 여전히 위험하다. 특히, 어퍼 이스트 위쪽인 스패니시 할렘Spanish Harlem은 흑인들도 꺼리는 곳이니 절대 가지 않도록 한다.

**업타운** : 뉴요커들이 생각하는 최적의 주거지다. 특히 한쪽으로는 강이 보이고 한쪽으로는 센트럴 파크Central Park가 보이는 전망이 훌륭한 콘도들이 많은 어퍼 웨스트Upper West에는 아기가 있는 부부들이 많이 살아 유모가 애들을 데리고 다니는 걸 자주 볼 수 있다. 어퍼 이스트Upper East는 뮤지엄들이 나열된 뮤지엄 마일과 명품의 거리 매디슨 스트리트Madison Street가 있고 신진 부자들과 중·고등학교 학생들의 부모들이 많이 살아서 그런지 주말이면 개를 산책시키는 아저씨들을 많이 볼 수 있다.

**미드타운** : 타임스스퀘어Times Square를 중심으로 대부분의 고층 빌딩들이 이곳에 있다. 모든 관광버스들의 움직임이 시작되는 곳으로 늘 교통체증에 시달리는 지역이다. 맨해튼의 야경이 가장 멋진 지역이기도 하다.

**다운타운** : 첼시, 그리니치, 이스트, 로어 이스트, 소

없다는 차이나 타운China town과 리틀 이태리Little Italy, 영화제로 유명한 트라이베카Tribeca, 9 · 11테러의 로어 맨해튼Lower Manhattan까지 다운타운 지역은 각각의 수식어가 있을 만큼 의미 있는 곳이다.

## 뉴욕 지하철(24시간 운행)

뉴욕의 지하철은 거미줄처럼 구석구석 펼쳐져 있어 약속시간에 맞춰 다니거나 학교나 학원을 다니는 학생

호, 차이나 타운 & 리틀 이태리, 트라이베카, 로어 맨해튼까지를 말한다. 다운타운은 맨해튼의 문화 중심지다. 그만큼 다운타운 지역은 다른 지역들에 비해 확실히 개성이 뛰어나 매력이 넘친다. 게이와 갤러리의 첼시Chelsea, 미로 같은 그리니치Greenwich, 유학생들의 술 모임이 많은 이스트East와 그래피티graffiti의 로어 이스트Lower East, 더 이상 말이 필요 없는 소호SoHo와 없는 게

New York City Subway

Legend
Part-time line extension
Local train service only
Station names are designated by plain text
Normal service
Additional express service
Free subway transfer
Free out-of-system subway transfer (excluding single-ride ticket)
All trains stop
Station names are designated by bolded text and larger circle.

Station Name
Part time service
Full time service
Station Name
Terminal Stations have white outlines.
Station Name

MetroCards
Metrocards can be purchased from MTA vending machines or from station attendants and can be used on subways or city buses. The fare for all subway and bus rides is the same, regardless of destination. Unlimited-ride Metrocards are also available for 1 day, 7 days, or 30 days. All Metrocards also offer free transfers between trains and buses (within 2 hours).

Service Information
The NYC Subway operates 24 hours a day, but some trains do not operate all night. Service changes can also occur on some lines during rush hour or because of construction.

Pay attention to what train you're getting on — express and local trains sometimes run on the same track. Generally, express service stops at 11pm, and all trains make local stops until 5:30am.

For service updates, call 1.718.330.1234 (or 1.718.330.4847 for non-English speakers), or visit www.mta.info.

Free Subway Maps are available from the station attendant in all subway stations.

The Bronx
Manhattan
Queens
Brooklyn
Staten Island

Van Cortlandt Park
Pelham Bay Park
Bronx Zoo
Central Park
Flushing Meadows Park
Prospect Park
LaGuardia Airport
JFK International Airport
Hudson River
East River
Jamaica Bay

N

들에게 이용 빈도가 어마어마하게 높은 대형 자가용이다. 그렇지만 서울의 지하철을 생각하고 갔다가는 깜짝 놀라게 된다. 허름한 입구하며 화장실도 없고 지하철 내부의 그 우울한 비주얼에 넋 놓고 레일의 한곳을 응시하고 있으면 고양이만 한 쥐가 나와 인사하고 들어간다는 사실 때문이다. 그러나 뉴욕에서 지내다 보면 바쁘고 정신없이 돌아가는 화려한 뉴욕만큼이나 빠르고 정신없이 돌아다니며 다채로운 노선도를 자랑하는 메트로를 사랑하지 않을 수가 없다.

　　패스만 샀다고 다 끝나는 것이 아니다. 뉴욕 지하철은 입구와 출구가 분리되어 있지 않기에 안타까운 일들이 종종 벌어진다. 이를테면 지금 막 카드를 긁고 안으로 들어섰는데 '아차!' 싶을 때 만약 다른 사람이 카드를 긁고 나오는 사태가 벌어졌다면 당신은 15분 후에나 다시 카드를 긁고 나올 수 있다. 때문에 잘 보고 들어가야 한다는 점! 카드를 긁으면 나오는 그들만의 언어도 제대로 알아야 한다.

Go : 들어 가.

Swip again : 다시 긁어 줘.

Just used : 방금 사용한 카드라서 15분 있다가 다시 써야 해.

　　우리나라를 생각하고 아무 입구로 들어갔다 가는 한없이 업타운으로 가거나 다운타운으로 가게 될지니……. 꼭 들어가는 입구를 잘 보고 들어가야 한다. 입구가 같아서 들어가더라도 업타운과 다운타운의 내려가는

계단이 서로 다르므로 잘 보고 타야 한다. 예를 들어 내가 소호의 프린스 스트리트에서 소호보다 위에 있는 타임스스퀘어로 가려면 업타운 입구로 들어가야 하고 소호보다 아래쪽에 위치한 시청을 가려고 한다면 다운타운 입구로 들어가야 한다. 그러므로 뉴욕의 위로 갈 것인지 아래로 갈 건지 잘 알아 두어야 한다.

　　뉴욕 지하철에서 가장 매력적인 시스템이자 가장 괴로웠던 시스템이다. 익스프레스 라인인지 알고 타면 최고로 빨리 여러 역을 건너뛰어 단박에 목적지에 도착하지만 모르고 무심코 탔을 경우 너무 심하게 지나쳐 버리므로 다시 돌아오려면 우울해진다. 그러니 어느 것이 익스프레스인지 꼭 알아 둘 것! 알면 유용하고 모르면 우울한 매우 중요한 정보다 express : A, B, D, J, Z, N, Q, 2, 3, 4, 5.

# 뉴욕 버스 (24시간 운행)

　　사실 나는 빨리 달리는 지하철보다 아이처럼 창가에 앉아 길 구석구석을 한눈에 구경할 수 있는 버스를 더 좋아한다. 느림보 원숭이처럼 뉴욕의 거리를 유유히 다니며 상점, 사람, 간판, 하늘까지 모두 구경하는 것을 즐기는데 두 가지 흠이라면 정말 느리다는 점! 그리고 차가 막히면 정말 한도 끝도 없다는 점! 할아버지, 할머니들과 장애인들의 이동수단인 만큼 차를 타고 내릴 때 입구의 계단이 유압으로 올라갔다 내려왔다 해서 타고 오르기가 수월하다. '역시 선진국이구나!' 하는 생각이 들 때가 바로 그때! 특히 장애인의 경우는 운전사가 내

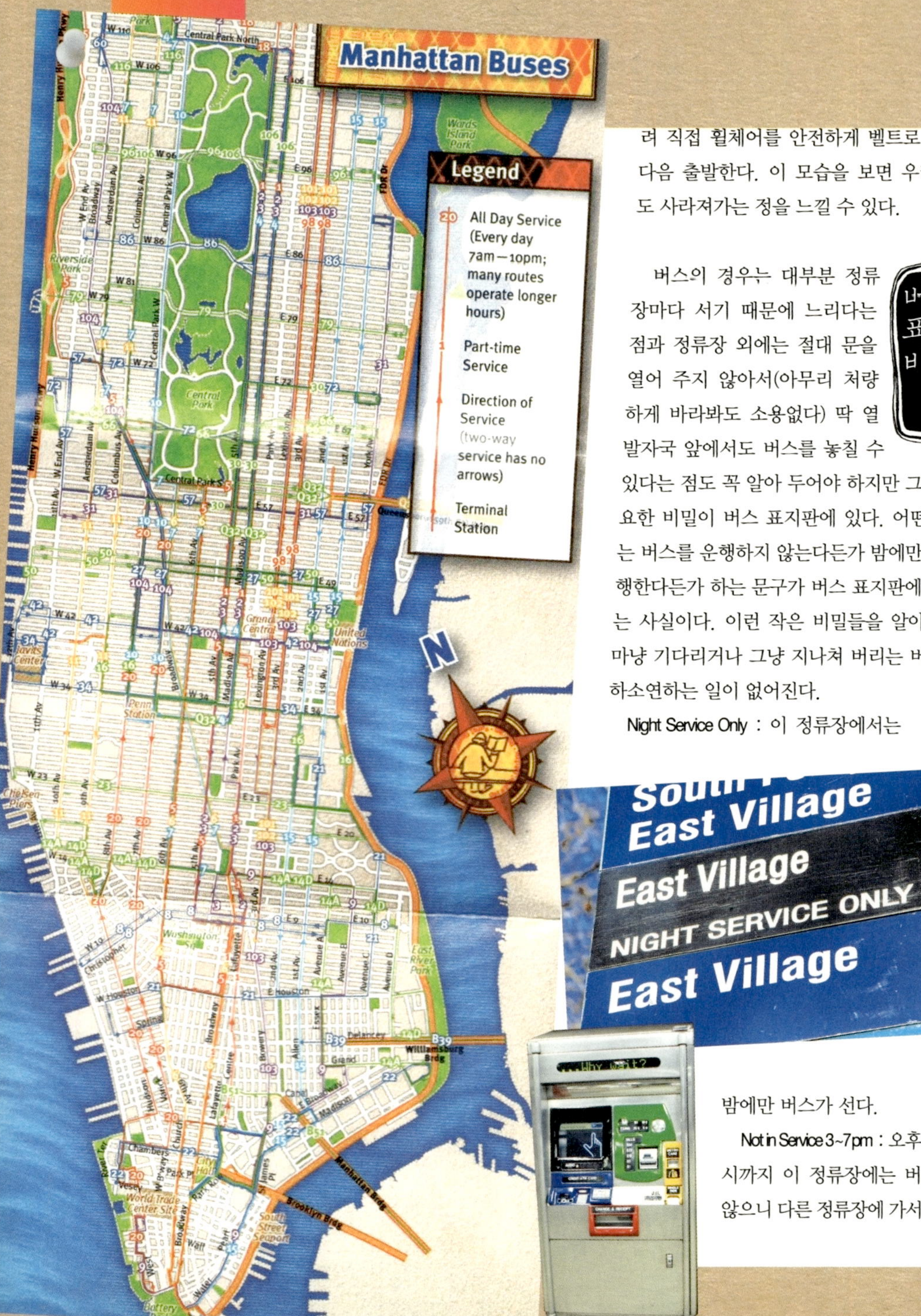



려 직접 휠체어를 안전하게 벨트로 고정해 준 다음 출발한다. 이 모습을 보면 우리나라에서도 사라져가는 정을 느낄 수 있다.

버스의 경우는 대부분 정류장마다 서기 때문에 느리다는 점과 정류장 외에는 절대 문을 열어 주지 않아서(아무리 처량하게 바라봐도 소용없다) 딱 열 발자국 앞에서도 버스를 놓칠 수 있다는 점도 꼭 알아 두어야 하지만 그보다 더 중요한 비밀이 버스 표지판에 있다. 어떤 시간대에는 버스를 운행하지 않는다든가 밤에만 버스를 운행한다든가 하는 문구가 버스 표지판에 적혀 있다는 사실이다. 이런 작은 비밀들을 알아야 버스를 마냥 기다리거나 그냥 지나쳐 버리는 버스에 대고 하소연하는 일이 없어진다.

Night Service Only : 이 정류장에서는 밤에만 버스가 선다.

Not in Service 3~7pm : 오후 3시부터 7시까지 이 정류장에는 버스가 서지 않으니 다른 정류장에 가서 타라.

뉴욕의 모든 버스는 자동문이 아니다. '그럼 어떻게 문을 열까?' 내리려는 정류장이 보이면, 빨간색 버튼을 누르고 뒷문으로 간다. 뒷문에 초록색 등이 소리를 내며 켜지면 문에 있는 노란색 고무 테이프를 손가락으로 꾸욱 누른다. 고무 테이프를 자세히 보면 가운데가 조금 튀어나와 있는데 그 부분을 누르면 신기하게도 문이 자동으로 열린다. 만약 초록색 등이 안 켜져서 문을 열 수 없을 때는 이렇게 큰 소리로 외쳐라! "Back Door!"

패스는 지하철 역 안에 있는 벤딩 머신 자동판매기에서 구입할 수 있고 방탄유리로 된 부스에서도 살 수 있다. 자동판매기는 영어와 스페인어, 중국어 정도가 나오는데 의외로 구입이 쉬워서 대부분 자동판매기를 이용한다. 패스에는 여러 종류가 있다. 뉴욕에서 지내는 내내 나의 발이 되어 줄 패스를 싸게 잘 사려면 머무르는 기간을 고려해 사는 것이 좋다. 패스 하나로 지하철과 버스를 모두 이용할 수 있으므로 신난다.

Single Ride($2) : 거스름돈을 주지 않으므로 동전으로 잘 챙겨서 내야 하는 싱글라이드.

Unlimited Card : 뉴욕에서 머무르는 동안 무한대로 타고 또 탈 수 있어 자유이용권 같은 뉴욕 패스.

1 Day Pass : 하루 동안의 자유 $7.5.

7 Days Card : 일주일간의 여행이라면 당연히 $25.

14 Days Card : 2주간 머무르며 근처 도시들을 둘러볼 생각이라면 $47.

30 Days Card : 뉴욕에서 한 달 이상 체류하는 생활자들을 위한 생필품 $81.

## 뉴욕에서 머물기

'오 마이 갓'이 절로 터져 나오는 뉴욕의 방값은 뉴욕에 있는 동안 차라리 잠을 자지 않는 게 낫겠다는 생각이 들 정도로 구하기 어렵고 비싸다. 대부분의 사람들이 호텔을 예약하거나 민박을 정하고 뉴욕에 올 정도로 저렴하고 깨끗한 호텔을 찾기란 정녕코 힘들고 민박도 비용이 만만치 않다. 그럼 도대체 어디서 자란 말인가!



방학 기간에 여행이나 연수를 가는 유학생들 또는 한 달 방값을 내기가 버거운 유학생들이 자신의 방을 일정 기간 동안 나눠 쓰거나 빌려 주는 형태로 어찌 보면 민박이나 유스호스텔 같지만 잘 고르면 의외로 싸고 깨끗한 방에서 지낼 수 있다. 사기를 당하거나 이중계약의 위험이 있으므로 반드시 잘 확인하고 가야 한다. 그러나 뉴욕에서 머물 기간이 10일 이상이라면 적극 강추! 여행가기 전에 사이트를 통해 미리 방 사진을 보고 위치나 가격 등을 잘 따져 본 다음 뉴욕에 도착해 찾아가면 된다.

유용한 사이트 **www.heykorean.com** 클럽 크사니의 룸메이트, 렌트를 클릭해 주세요

뉴욕에서 구하기 힘든 숙박과 안 되는 영어가 고민이라면 최고의 해결책은 한인 민박이다. 대부분 취사가

가능하고 아침이 제공되어 좋고 깨끗하다. 그중에서도 필자가 강추하는 민박집을 참고하길 바란다. 무엇보다 위치가 좋은 집에서 편안한 숙면을 취하긴 바라는 마음으로 엄선했다. 한인 민박의 좋은 점은 혼자 가도 친구 만들기가 쉬워서 여럿이 여행을 다닐 수 있다는 점이다. 또 뮤지컬이나 각종 할인 정보를 얻기도 수월하다.

### 뉴욕 풀 하우스(롱 아일랜드 시티)

타임스스퀘어에서 7라인 지하철을 타고 딱 세 정거장만 가면 끝내주는 맨해튼 야경이 한눈에 바라보이는 콘도가 있다. 바로 이 민박집이다. 민박이라는 개념을 완전히 상실한 수영장, 헬스클럽 등의 부대시설을 갖춘 곳. 사실 볼 것 많고 할 것 많은 뉴욕이지만 밤에 와인 한 병 또는 맥주 한 캔을 마시며 야경을 보며 잠드는 것은 평생 잊지 못할 것이다.

—

**S.** www.nyfullhouse.com

**T.** (201) 663-5591(Julie)

**L.** Center blvd 1909 long Island city NY

**P.** 2인 1실 $60~65 / 1인 실 $100~110

### 좋은 아침(맨해튼 타임스스퀘어 근처)

뉴욕에서 제일 중요한 것이 교통과 주변 환경이다. 집이 아무리 좋아도 교통이 편리하지 않으면 돌아다니기가 힘들고 밤에 산책하기도 어렵다. 이집은 위치 하나로 다른 민박집들을 평정했는데 시설도 굉장히 깨끗하고 좋다. 규모가 꽤 크고 여자 손님들이 많다.

—

**E.** goodmorninghouse@hotmail.com

**T.** (718) 640-5551

**L.** 43rd st. 9th ave.

**P.** $90~ 여성 전용 다인실 $53

### 재즈하우스(맨해튼 이스트 빌리지)

방마다 컬러를 테마로 해서 분위기가 너무 예쁘다. 더군다나 이스트 빌리지라는 최고의 놀자 동네에 위치해 있는 만큼 뉴욕의 밤 문화를 즐기고 산뜻한 아침을 맞이하기에 좋은 곳이다. 목욕 용품과 취사 시설 모두 구비되어 있다.

—

**E.** member09@naver.com

**T.** (347) 610-5542

**L.** 14th st. 1st ave.

**P.** $95~ 여성 전용 다인실 $60

### 프렌즈 하우스(이스트 빌리지 점, 어퍼 이스트 점)

시설은 깔끔하고 다른 민박집들과 마찬가지로 취사가 가능하며 교통이 좋다. 이집의 장점은 바로 창문! 벽의 반 이상 차지하는 통유리 창문이라 시원하고 아침 햇살이 방 안 가득 들어와 자동으로 일찍 일어나게 된다.

—

**E.** friendshouseny@hotmail.com

**T.** (718) 887-4548

**L.** 13th st. 1st ave.

**P.** $90~

**빌리지 하우스(맨해튼 미드타운)**

타임스스퀘어가 가까워 뮤지컬을 자주 볼 수 있고 걸어 다니며 산책을 즐길 수 있다. 방은 특별한 테마 없이 딱! 내 방 같은 느낌이 들도록 아주 자연스럽고 따뜻하게 꾸며져 있어 지내기가 편하다. 유학생들의 공부방 같은 분위기가 나는 민박집이다.

—

E. eastvillagehouse@gmail.cpm

T. (646) 651-9874

L. 37th st. 6th ave. 46th st. 9th ave. 59th st.
Columbus & Amsterdam ave. 사이

P. $54~

학생들만 이용할 수 있는 곳이 아니라 학생들만 학생 할인을 받을 수 있는 국제 학생증 반드시 지참! 곳이다. 그래서 유스호스텔은 전 세계의 젊음이 넘치는 사람들의 집합소다. 그래서 영어가 조금이라도 자신 있다면 유럽이나 남미에서 온 학생들과 함께 여행을 하고 밤 문화도 즐기며 신나게 놀 수 있는 플러스 요소가 있어 매력적이다. 직접 사이트에 들어가 자신에게 맞는 위치와 지역을 골라서 예약한다.

—

S. www.hostels.com

P. $20~40

**Chelsea International Hostel(첼시 인터내셔널 호스텔)**

맨해튼 안에서 가장 규모가 큰 호스텔이다. 첫째 안전하고, 둘째 시설과 서비스가 좋다. 365일이 시끄럽다고 해도 과언이 아닐 정도로 사람들이 많고 첼시와 유니언 스퀘어 Union Square가 가까워 위치상으로도 머물기에 굉장히 좋다.

S. www.chelseahostel.com

T. (212) 647-0010

L. 251, W 20th st.

P. $49

**Central Park Hostel(센트럴 파크 호스텔)**

오래전부터 부자들이 많이 산다는 어퍼 웨스트의 아주 깨끗한 호스텔이다. 지하철도 가깝고 센트럴 파크도 가까워 좋지만 밤이 되면 모닝사이드 하이츠와 가까워서 그런지 흑인들이 좀 많아진다. 또 근처에 관광지나 유흥가가 없어서 심심한 밤을 보낼 수도 있다.

—

S. www.centralparkhostel.com

T. (212) 678-0491

L. 19, W 103rd st.

P. $33

맨해튼 안에 있는 호텔들은 대부분 1박에 $200 이상을 호가하기 때문에 출장이 아닌 이상은 머무르기가 쉽지 않다. 그나마도 미리 예약하지 않으면 방을 구하기가 어려울 때도 많고 오래된 건물들이 많아 실내가 별로 깨끗하지 않거나 좋지 않은 곳이 적지 않다. 그러므로 직접 찾기보다 한국 여행사 사이트가 추천하는 곳 중에 좋은 위치에 있는 호텔로 미리 예약을 하고 가는 게 좋다.

유용한 사이트  www.octopustravel.co.kr
www.hoteltrees.com

# 뉴욕을 영어로 예약하기

관광객이 유달리 많은 만큼 대부분이 예약을 하지 않고 뉴욕에 가기 때문에 미리 예약을 하고 가면 배고프고 지루하게 기다리지 않아서 좋다. 레스토랑이나 유명 재즈 바는 일주일 전에만 예약해도 되지만 뮤지컬이나 호텔 및 유스호스텔은 적어도 한 달 전에는 예약을 해 두는 것이 좋다.

**점원** Hello, This is OO. May I help you? 여보세요, 여기는 OO입니다. 무엇을 도와 드릴까요?

**나** Can I make a reservation next Friday diner? 제가 다음 주 금요일 저녁을 예약하고 싶은데요?

**점원** Yes, There is available. What time do you want? 네, 가능하십니다. 어느 시간을 원하세요?

**나** At 7 PM. 저녁 7시요.

**점원** How many parties(or people)? 일행이 몇 분이시죠?

**나** We're Four. 우리는 네 명이에요.

**점원** What is your first name? 이름이 어떻게 되시죠?

**나** Yun. 윤입니다.

**점원** What is your last name? 성은 어떻게 되시죠?

**나** Lee. 이입니다.

**점원** Ok, Miss Lee. See you next Friday. 네, 예약되었습니다. 다음 주 금요일에 만나요.

**나** See you. Bye. 그때 봐요, 안녕.

**호텔** Hello, This is OO. May I help you? 여보세요, 여기는 OO입니다. 무엇을 도와 드릴까요?

**나** I'm coming to make a reservation for 2 nights this Friday? 제가 이번 주 금요일에 2박을 예약하고 싶은데요?

**호텔** Sorry, There is nothing available. Everything is already full booked. 죄송하지만 그날은 불가능합니다. 이미 예약이 꽉 차 있어요.

**나** Well, How about next Friday? 다음 주 금요일은 어떤가요?

**호텔** Oh! Yes, We have rooms available. We have a deluxe room with double bed and nice view. The rate is $250 a night. 네, 이용 가능합니다. 더블베드에 전망이 좋은 디럭스 룸이 한 개 있어요. 1박에 250달러입니다.

**나** Ok. But I need an extra bed. 좋아요, 그런데 침대가 하나 더 필요한데요.

**호텔** No problem, The extra bed charge is $30. Does that sound Ok? 문제없어요. 추가 침대 한 개당 30달러인데 괜찮으세요?

**나** Yes. 네.

**호텔** What is your first name? 이름이 어떻게 되시죠?

**나** Yun. 윤입니다.

**호텔** What is your last name? 성은 어떻게 되시죠?

**나** Lee. 이입니다.

**호텔** Ok. Miss Lee, I have you down for next Friday for 2 nights in a deluxe room with an extra bed. Is there anything else? 네, 다음 주 금요일에 2박 추가 침대 한 개가 들어간 디럭스 룸으로 예약하셨습니다. 더 필요한 것은 없나요?

**나** No, thank you, That will be all. 아니, 없어요! 고마워요. 그럼 그때 봐요. 안녕.

**호텔** Well, Then Thank you for coming and Have a nice day. 전화해 주셔서 고맙습니다. 좋은 하루 되세요.

Gratuities : '팁'이라는 뜻이다. 간혹 레스토랑이나 바에서 'NOT included gratuities!' 라고 씌어 있는 문구를 볼 수 있다. 모든 음식 값 또는 입장료에 팁이 포함되지 않았다는 뜻이다.

Party : 동료, 일행이라는 뜻이다. 예약을 하거나 식사를 위해 기다릴 때 점원이 "How many your parties?" 라고 질문하는데 이때 '내 파티가 몇 번이냐고?' 라고 생각하면 동문서답하게 되니 주의!

Tap water : 수돗물이다. 우리나라와 달리 수돗물을 시민들 대부분이 그냥 마신다. 그러나 병에 담긴 물도 판매하므로 레스토랑에 가면 꼭 "탭 워러!" 라고 말하지 않으면 판매하는 물을 가져다 주니 주의할 것!

# 2.
# New York Puzzle

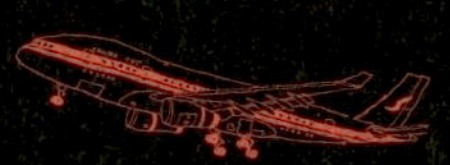




*I JUST SAW IT O CNN.C
ESCAPE TO
YONKERS RACEWAY

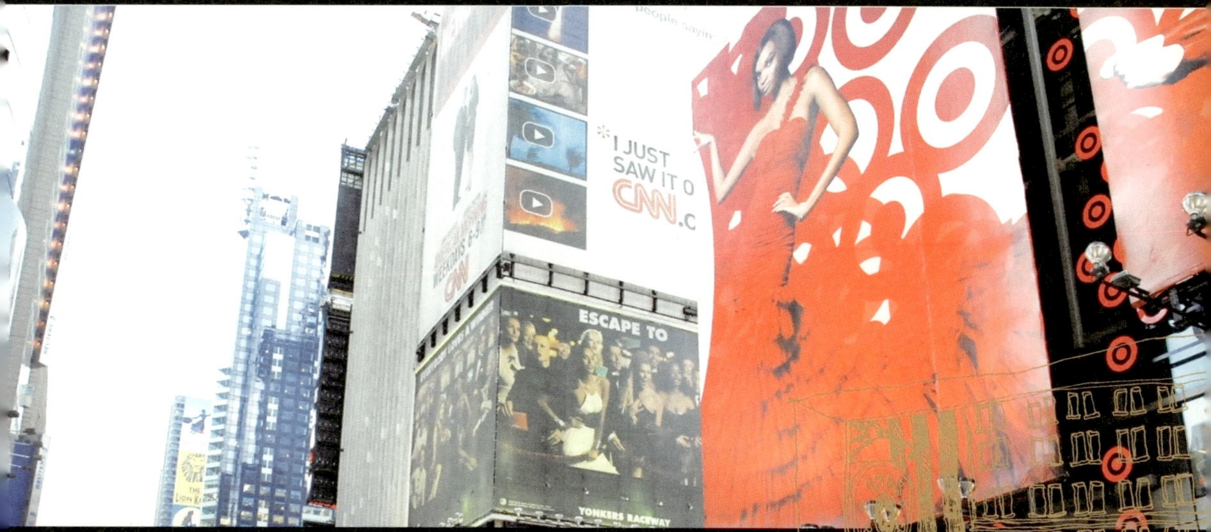

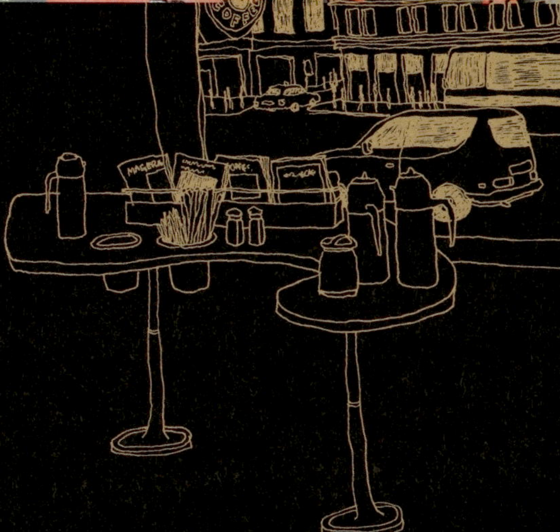

뮤지엄 마일이 있는 어퍼 이스트

# 1. Upper East

센트럴 파크가 내려다보이는 고급 호텔이 많아서일까? 이 지역은 우리나라로 치자면 한강이 내려다보이는 압구정 동 쯤으로 생각할 수 있는 곳이다. 뉴욕의 상류층과 학구열에 불타는 극성 엄마들이 많고 매디슨 애버뉴와 렉싱턴 애버뉴에는 분위기 좋고 비싼 레스토랑과 명품 매장들이 많다. 동네가 조용하고 깨끗하며 문이 예쁜 독특한 단층 주택들이 들어선 지역. 도무지 뉴욕스러운 그래피티도 없고 뮤지컬 〈렌트〉의 배경처럼 빈티지한 멋도 없으며 이색적인 멋쟁이보단 큰 강아지개라는 표현이 더 어울리는들을 산책시키는 사람들을 많이 볼 수 있는 동네임에도 불구하고 우리가 이 곳에 가야 할 이유는 분명히 있다. 바로 휘트니와 구겐하임을 비롯한 뮤지엄 마일이 있기 때문이다.

1. 온몸의 기를 모아 렉싱턴 블루밍데일즈 한 바퀴 •••▶ 2. 트라토리아에서 맛있는 링귀니로 점심 •••▶
3. 프렌치 솔 아웃렛에서 플랫을 구입 •••▶ 4. 본격적으로 명품의 거리 매디슨 애버뉴를 걸어서 올라가기 •••▶
5. 파야드에서 티타임 •••▶ 6. 버스 타고 5th st. 에서 내려오기 •••▶ 7. 매츠에서 저녁 식사 •••▶
8. 세렌디피티에서 프로즌 핫초코.



1. 코라도 베이커리에서 아침에 갓 구운 빵으로 만든 샌드위치 먹기 •••▶ 2. 쿠퍼 휴이트 미술관을 보고 예쁜 정원에서 휴식 •••▶ 3. 구겐하임을 보고 카페에서 핫초코 한 잔 •••▶ 4. 휘트니 뮤지엄 •••▶ 5. 누 갤러리에서 클림트 만나기 •••▶ 6. 카페 사바스키에서 저녁 식사 •••▶ 7. 메트로폴리탄 야외 정원에서 조각들과 함께 노을 바라보기.

MADISON AV
ONE WAY
NO STANDING
1. Upper East
NEW YORK
THE BRONX
Randall's Island
Central Park
Museo del Barrio
Museum of the City of NY
Conservatory Garden
The Loch
North Meadow Ballfields
Meadow Courts
E 104 St
E 102 St
E 102 St
E 99 St
E 98 St
E 96 St
E 96 St
E 94 St
Jewish Museum
E 92 St
Cooper Hewitt Museum
E 90 St
The Reservoir
Guggenheim Museum
E 88 St
Central Park
E 86 St
86th St
4 5 6
E 86 St
E 84 St
E 84 St
Great Lawn
metropolitan Museum of Art
E 82 St
E 82 St
E 79 St
E 79 St
Upper East Side
77th St 6
Loeb Boathouse
Conservatory Water
E 76 St
E 76 St
Whitney Museum
E 74 St
E 74 St
Bethesda Fountain
E 72 St
E 72 St
Frick Collection
E 70 St
E 70 St
68th St-Hunter College 6
E 68 St
E 68 St
E 65 St
E 65 St
Zoo
E 63 St
E 63 St
Lexington Ave-63rd St
F
Wollman Skating Rink
E 61 St
Roosevelt Island Tram
The Pond
E 60 St
park South
E 59 St
Lexington Ave-59th St
N R W
E 57 St
NEW YORK
E 57 St
W 57 St
Sixth Ave
E 56 St
W 55 St
Museum of Modern Art (MoMa)
E 54 St
W 53 St
Fifth Ave (Museum Mile)
Madison Ave
Park Ave
Lexington Ave
Third Ave
Second Ave
First Ave
Jogging Track
Fifth Ave
Sutton Pl
Queen
24 | 25

## Café & Restaurant

1.Cafe Sabarsky(카페 시바스키)  2.Dylan's Candy-har(딜런스 캔디바)
3.Serendipity lll(세렌디피티 3)  4.Alice's Tea Cup(앨리스 티 컵)  5.Jackson Hole(잭슨 홀)
6.Corrado bread & pastry(코라도 브레드 앤 패스트리)  7.Payard(파야드)
8.Sarabeth's(사라베스)  9.Ko sushi(코 스시)  10.J.G Melon(제이지 멜론)
11.Al Forno Pizzeria(알 포노 피자리아)  12.Land(랜드)  13.Da Filippo(다 필립포)

## Museum

1.The METROPOLITAN Museum of Art(메트로폴리탄 뮤지엄)  2.Whitney Museum(휘트니 뮤지엄)  3.Neue Galerie(누 갤러리)
4.Cooper Hewitt Gallery(쿠퍼 휴이트 갤러리)  5.Frick collection(프릭 컬렉션)  6.Solomon Guggenheim(솔로몬 구겐하임)

14.Per lei(퍼 레이) 15.Rosa Mexicano(로사 멕시카노) 16.Trattoria Pesce Pasta(트라토리아 페시 파스타)
17.La Cantina Toscana(라 칸티나 토스카나) 18.Bistro 61(비스트로 61) 19.Sushi Seki(스시 세키) 20.Zaza(자자)
21.Famiglia pizza(파미글리아 피자) 22.le Pain Quotidien(르 페 쾨티디앵) 23.Cilantro(실란트로) 24.Petaluma(페탈루마)
25.Canyon Road Bar & Grill(캐년 로드 바 앤 그릴) 26.Maruzzella(마르젤라) 27.Ciao Bella(차오 벨라) 28.Match(매치)
29.Viand(비앤드) 30.Caffe grazie(카페 그라시에) 31.Choux Factory(슈 팩토리)

**Shop**

1.MISSONI(미소니) 2.Barneys Newyork(바니스 뉴욕) 3.Bloomingdales(블루밍데일즈) 4.DKNY(디케이엔와이) 5.Hermes(에르메스)
6.Jimmy Choo(지미 추) 7.Etro(에트로) 8.Chanel(샤넬) 9.Valentino(발렌티노) 10.Giorgio Armani(조르지오 아르마니)
11.Oscar de la renta(오스카 드 라 렌타) 12.Issey Miyake(이세이 미야케) 13.Ralph Lauren(랄프 로렌)
14.Alessandro Dell'Acqua(알렉산드로 델라쿠아) 15.Donna Karan(도나 카란) 16.Dolce & Gabbana(돌체 앤 가바나) 17.Gucci(구찌)
18.Chloé(글로에) 19.Prada(프라다) 20.Miumiu(미우미우) 21.Tom Ford(톰 포드) 22.Christian Louboutin(크리스찬 루부탱)
23.Sigerson Morrison(시저슨 모리슨) 24.Blue tree(블루 트리) 25.French Sole(프렌치 솔)
26.Pookie & Sebastian(푸키 앤 세바스찬) 27.Williams Sonoma(윌리엄스 소노마) 28.Crave(크레이브) 29.Liz kelsey(리즈 켈시)
30.Bardith(바디스) 31.DIDI's Childrens Boutique(디디스 칠드런스 부티크)

# 1 Cafe Sabarsky 카페 사바스키

이곳의 연어 샌드위치는 그동안 내가 먹어 왔던 연어 샌드위치들의 정체를 의심케 하는 걸작이었다. 누 갤러리와 함께 있어서 더욱 좋다. 뮤지엄 마일의 시작을 누 갤러리에서 하고 우아한 피아노와 깨끗한 대리석의 원테이블에서 멋지게 차려입은 웨이터의 서빙을 받으며 맛있게 브런치를 먹고 다음 코스로 이동하기에 아주 적격인 곳이다. 이곳은 예술작품 중개상이었던 사비스키와 우리에게 너무나 친숙한 에스티 로더 화장품 회사의 회장인 로널드 로더가 이 저택을 사들여 갤러리와 레스토랑으로 리뉴얼했다. 그 후 많은 이들이 이 아름답고 고풍스러운 저택에 다녀갔다. '카페 이름이 사바스키라면 갤러리는 로널드 로더 회장의 것일까?' 하는 생각을 하며 샌드위치를 한 입 크게 베어 문다.

**Location:** 1048 5th ave.(E85th 86th st.)
**Call:** (212) 288-0665
**Hours:** 월 · 수(9:00~18:00), 목~일(9:00~19:00), 화요일 휴무

# 2 Dylan's Candy bar 딜런스 캔디바

랄프 로렌의 딸인 딜런 로렌의 가게라는 사실 하나로 오픈 때부터 각종 매스컴에 회자되었던 화제의 집이다. 사탕 천국답게 테이블 안쪽까지 사탕으로 채운 디스플레이가 알록달록하니 정말 예뻐서 사진을 찍으면 환상이다. 매장 안으로 들어서기 무섭게 일곱 살로 돌아가 사탕을 물고 어리광이나 떼를 쓰고 싶은 충동을 불러일으키는 이곳에서는 다정하고 로맨틱하게 사탕을 고르는 연인들과 완전 흥분 모드로 이것저것 사탕을 고르는 친구들과 어마어마한 사탕 왕국에서 엄마에게 재롱을 부리는 아이들까지 다양한 사람들의 모습을 볼 수 있다. 신기하게도 이 안에서는 모두 행복한 표정으로 웃고 있다. 행복한 사탕 천국.

**Location:** 1011 3rd ave.
**Call:** (646) 735-0078
**Hours:** 11:00~23:00

# 3 Serendipity III 세렌디피티 3

〈세렌디피티〉라는 운명적인 사랑을 소재로 한 영화의 배경이 된 곳이다. 우리나라처럼 뉴욕도 영화나 드라마의 촬영지가 된 레스토랑이나 카페가 인기가 있고 또 유명 맛집인 경우도 많다. 이곳 역시 프로즌 핫 초콜릿($9)이 유명한데 메뉴에도 트레이드마크라고 씌어 있을 정도다. 우리나라 빙수 사이즈의 이 달콤하고 시원한 초콜릿을 한 입 먹으면 아무리 차가운 사람이라도, 사랑이라고는 절대 모르는 사람이라도 눈에서 하트가 뽕뽕 솟아날 만큼 로맨틱한 기분을 불러일으킨다.

**Location:** 225 E 60th st. 3rd & 2nd
**Call:** (212) 838-3531
**Hours:** 11:00~23:00

## 4 Alice's Tea Cup  앨리스 티 컵

외관부터 핑크공주들을 위해 정말 열심히 인테리어에 신경을 쓴 것이 보인다. 실내는 나비 벽지로 꾸며져 아늑하면서도 사랑스럽다. 여자 친구들끼리 수다 떨기에 아주 안성맞춤인 장소여서인지 여기저기 여자들의 수다가 릴레이로 이어지고 곳곳에서 사진을 찍어 대느라 정신이 없다. 아이들도 너무나 좋아하는 곳으로 『이상한 나라의 앨리스』를 느끼게 해 주기에 좋다.

**Location:** 220 E 81st st. 3rd & 2nd
**Call:** (212) 734-4832
**Hours:** 11:00~23:00

## 5 Jackson Hole  잭슨 홀

동네 어르신들이 맥주 한 잔에 햄버거를 점심으로 드시기에 적당한 곳이라고 생각하면 된다. 맛은 일찍이 검증되었고 유명세만큼 어퍼 이스트 곳곳에서 잭슨 홀을 만날 수 있다. 사실 너무나 맛있는 햄버거 레스토랑이 속출하고 있는 데에다 입맛도 변하는 마당에 아직도 잭슨 홀 햄버거가 맛있다고 할 수는 없지만 이곳만의 편안함과 멋이 햄버거 맛과 더해져 지금도 사람들을 불러들이는 것 같다. 즐겨 가는 단골집 같은 편안함이 있는 집이다.

**Location:** 232 E 64th st. 3rd & 2nd
**Call:** (212) 371-7187
**Hours:** 11:00~23:00

## 6 Corrado bread & pastry  코라도 브레드 앤 패스트리

단지 맛있고 부드러운 다양한 종류의 빵 때문만은 아니다. 뉴욕의 맛없는 커피들 중 참 괜찮은 커피 맛과 향 때문만도 아니다. 내가 유독 이곳을 편애하는 이유는 단 한 가지. 날씨 좋은 날 야외 테이블에 앉아서 노트북으로 작업하거나 잡지 보거나 또는 뮤지엄을 돌아다니다가 지치면 이곳에 앉아 햇볕을 쬐기에 내 집처럼 편안함을 주는 곳이 또 없기 때문이다. 그런 이유 때문인지 학생들의 매점인 양 붐비고 북적대지만 그런 부대낌이 전혀 거북하지 않은 즐거운 곳이다.

**Location:** 960 Lexington ave.
**Call:** (212) 774-1904
**Hours:** 11:00~23:00

# ٦ Payard 파야드

파야드는 과일 타르트(Tart)다. 고풍스러운 — 실제로 보면 정말 비싼 레스토랑 분위기가 확 난다. — 외관 때문에 사실 들어가기가 조금 망설여지는데 막상 들어가 앉으면 나가기가 싫어지는 곳이다. 이미 뉴욕에서 유명할 대로 유명해진 디저트 레스토랑인 이집의 자랑은 앞서 말했듯 과일 타르트인데 종류도 많고 맛도 최고다. 아니, 사실 이곳의 모든 케이크는 44~55 사이즈와 멀어지게 만드는, 정말 끊기 힘든 맛이다. 그 어떤 케이크에 도전해도 실패 확률은 매우 낮으니 걱정 말고 주문해도 된다.

**Location:** 1032 Lexington ave. 73rd & 74th
**Call:** (212) 717-5252
**Hours:** 11:00~23:00

# ٨ Sarabeth's 사라베스

이미 한국에서도 유명해질 대로 유명해진 브런치 레스토랑의 대모격인 곳이다. 어퍼 웨스트에도 있고 휘트니 뮤지엄 지하에도 있지만 분위기 있는 사라베스를 즐기고 싶다면 뭐니뭐니해도 어퍼 이스트의 사라베스로 가라고 권하고 싶다. 노란색 문과 잘 어우러져 아기자기하면서도 고풍스러운 실내가 멋스럽고 어퍼 이스트의 부유한 멋쟁이들이 주말 브런치($15~20)를 위해 이곳으로 몰리기라도 하는 날에는 각종 신상 명품을 구경하면서 밥을 먹는 일석이조의 효과를 누릴 수 있기 때문이다.

**Location:** 1295 Madison ave. 92nd & 93rd
**Call:** (212) 410-7335
**Hours:** 점심 12:00~3:00, 저녁 5:30~11:30

### 9   **Ko sushi**   코 스시

저렴한 초밥을 먹고 싶을 때는 코 스시로 고! 점심 도시락 메뉴가 $15로 롤과 초밥이 골고루 들어 있다. 미국에서 일본 음식은 고급 음식 또는 건강 음식으로 인식되어 있어 가격이 좀 비싼 축에 드는 편인데 샌드위치나 햄버거에 질렸을 때 이만한 음식이 없을 정도. 그럴 때 나도 이곳에 간다. 한국 사람들도 좋아한다. 가격과 맛을 모두 만족시켜 주는 신나는 곳!

**Location:** 1329 2nd ave. 69th & 70th
**Call:** (212) 439-1678
**Hours:** 점심 12:00~3:00, 저녁 5:30~11:30

### 10   **J.G Melon**   제이지 멜론

점심시간에 이집의 유명 메뉴인 치즈 버거를 먹으려고 한다면 그냥 포기하라고 말하고 싶다. 기다리는 줄이 얼마나 길고도 긴지 열두 시에 가도 한 시에 가도 두 시, 세 시에 가도 도대체 먹을 수가 없을 만큼 줄이 길다. '돈을 이렇게 잘 벌면서 코딱지만하게 레스토랑을 만들면 어떡하라는 거야.' 라는 생각이 들 만큼 화나게 만드는 집이다. 맥주 집 같은 분위기로 그다지 로맨틱하지도 않다. 그러나 길고도 지루한 기다림에 보답하는 촉촉한 햄버거 패티와 잘 녹아내린 치즈를 한번 맛보면 햄버거가 생각나는 날에는 어김없이 줄을 서지 않고는 못 배기게 만든다.

**Location:** 1291 3rd ave. 74th & 75th
**Call:** (212) 650-1310
**Hours:** 11:00~23:00

### 11   **Al Forno Pizzeria**   알 포노 피자리아

기름기가 쫙 빠진 담백하고 얇은 피자 도우 때문에 한 판을 다 먹는 건 일도 아닌 피자 집이 바로 이집이다. 잘 말아서 KFC의 트위스터처럼 먹고 싶은 충동이 일 만큼 담백하고 바삭한 치즈 피자는 든든하고 느끼하지 않은 점심 한 끼로 제격이다. 날씨 좋은 날은 아이들과 함께 점심을 먹으러 나온 엄마들의 수다가 한바탕 이어지는데 이런 편안한 분위기 때문에 부담 없이 자주 가게 되는 맛집이다.

**Location:** 1484 2nd ave. 77th & 78th
**Call:** (212) 249-5103
**Hours:** 점심 12:00~3:00, 저녁 5:30~11:30

### 12   **Land**   랜드

모든 맛집의 본점이 있는 어퍼 웨스트의 두 번째 지점으로 타이 레스토랑이다. 이집의 특징은 세련된 인테리어에 어울리지 않는 저렴한 점심 메뉴($8.99)가 존재한다는 점이다. 그래서인지 점심 저녁 할 것 없이 늘 붐비고 기다리는 줄이 길다. 특히 요즘 뉴욕에서 베트남 레스토랑을 제치고 트렌디한 레스토랑으로 떠오르고 있는 것이 바로 타이 음식이란 점 또한 이집을 놓치지 말아야 하는 이유다. 멋쟁이 뉴요커들의 어설픈 젓가락질이 귀여워 웃음이 나고 맛과 가격 때문에 먹고 나서도 기분이 좋은 곳이다.

**Location:** 1565 2nd ave. 81st & 82nd
**Call:** (212) 439-1847
**Hours:** 점심 12:00~3:00, 저녁 5:30~11:30

Da Filippo
RISTORANTE
13
TRATTORIA  PESCE PAS
10 79
16
13
17
La Cantina Toscana
La Cantina Toscana
754-5454
1809
Psychic Boutique
per lei
Ristorante
BISTRO61
14
18
15
Rosa Mexicano
19
Sushi Seki

# 13 **Da Filippo** 다 필립포

이탤리언 레스토랑 중에 내로라하는 맛집들은 대부분 어퍼 이스트에 있는데 이집도 그중 하나다. 어퍼 이스트 사이더들의 사랑을 한몸에 받고 있는 이집의 단골들은 입맛 까다로운 할아버지와 할머니들이다. 깔끔하게 잘 차려입은 멋쟁이 할아버지가 친구들과 오랜만에 만나 점심 한 끼를 이곳에서 유쾌하게 즐기는 모습이 정겨워 보여 안으로 들어갔다가 맛에 반해 버린 레스토랑이다.

**Location:** 1315 2nd ave. 69th & 70th
**Call:** (212) 472-6688
**Hours:** 점심 12:00~3:00, 저녁 5:30~11:30

# 14 **Per lei** 퍼 레이

야외에 테이블이 유난히 많은 어퍼 이스트에서는 햇볕이 조금만 쨍하다 싶으면 사람들이 죄다 몰려 나와 점심 식사를 하며 태닝을 즐기는데 퍼 레이의 야외 테이블은 다른 집들보다 좀 더 규모가 크다. 아주 깔끔한 이탤리언 요리들을 선보이는 집인데 특별한 맛을 보여 주기보다는 인테리어 분위기와 같은 맛을 주는 신기한 집이다.

**Location:** 1347 2nd ave. 70th & 71st
**Call:** (212) 439-9200
**Hours:** 점심 12:00~3:00, 저녁 5:30~11:30

# 15 **Rosa Mexicano** 로사 멕시카노

멕시칸 요리는 잘못 시키거나 잘 못하는 집을 가면 특유의 향 때문에 맛있게 먹기가 힘든 특징이 있다. 로사 멕시카노는 멕시칸 요리의 이러한 독특한 특성을 살짝 덜어 내어 부담을 줄인 퓨전 멕시칸 요리 집이라고 보면 된다. 스패니시계 사람들이 많은 뉴욕에서 이집이 인기가 있는 것이 어쩌면 당연한 일이란 생각도 들지만, 단지 그런 이유로 이 비싼 맨해튼에만 세 개의 지점이 있는 레스토랑이 되지는 않았을 터. 인기 있는 이유는 금요일 저녁 이 레스토랑에 가 보면 눈으로 금방 확인할 수 있다. 경쾌함과 뜨거운 무언가가 느껴지는 인테리어와 음악, 그리고 근사한 음식은 정말 환상이다.

**Location:** 1063 1st ave.
**Call:** (212) 753-7407
**Hours:** 점심 12:00~3:00, 저녁 5:30~11:30

# 16 **Trattoria Pesce Pasta** 트라토리아 페시 파스타

꼬들꼬들하고 쫄깃한 면발의 파스타와 소스들의 향연이라는 말이 절로 나오는 집이다. 더불어 이집의 주 요리는 해산물인데 역시 입 속에서 바다 내음이 느껴질 만큼 신선하고 맛있기로 유명하다. 링귀니(Linguine), 쉬림프 칼라마리($14)의 그 짭짜름한 맛이란 웬만해선 잊을 수 없다. 블리커 스트리트에 있는 본점도 좋지만 나는 조용한 구석에 있는 이집을 더 사랑하는데 특히 렉싱턴 블루밍데일즈를 한 바퀴 돈 날은 지름신 영접의 마지막 단계로 꼭 이집에 가서 링귀니를 먹으며 기쁨을 두 배로 만끽해야 하루를 잘 보낸 것 같다. 부동의 강추! 파스타 집이다.

**Location:** 1079 1st ave. NY
**Call:** (212) 888-7884
**Hours:** 점심 12:00~3:00, 저녁 5:30~11:30

# 17 **La Cantina Toscana** 라 칸티나 토스카나

지중해의 맛과 낭만과 열정이 고스란히 느껴지는 맛집이다. 서비스 또한 일품이다. 유머 감각 있는—사진 찍히기를 좋아하는—주인 아저씨의 추천 메뉴들은 맛도 있지만 멋이 있다. 점심보다 저녁이 더 좋고 가격도 합리적이라는 표현이 딱 들어맞는 곳이니 부담 갖지 말고 즐거운 저녁이 그리울 때 꼭 들를 것.

**Location:** 1109 1st ave. 60th & 61st
**Call:** (212) 754-5454
**Hours:** 점심 12:00~3:00, 저녁 5:30~11:30

# 18 **Bistro 61** 비스트로 61

홍합을 머슬(mussel)이라고 하는데, 이 조개는 한국뿐 아니라 세계 수많은 나라들이 다양한 조리법으로 먹고 즐긴다. 나는 뉴욕에 오면 꼭 이집에서 먹어 보라고 권하고 싶다. 특히 해가 뉘엿뉘엿 저물 때 와인 한 잔과 함께 아늑하면서도 고풍스러운 유럽 풍의 인테리어에 취해 홍합을 먹으며 빵도 소스에 찍어 먹다 보면 시간은 쏜살같이 지나가고 만다. 유명한 셰프 안소니의 레스토랑으로 와인과 홍합의 환상적인 궁합을 꼭 한번 즐겨 볼 만한 집이다.

**Location:** 1113 1st ave. 61st & 62nd
**Call:** (212) 223-6220
**Hours:** 점심 12:00~3:00, 저녁 5:30~11:30

# 19 **Sushi Seki** 스시 세키

'이름 참 부르기 뭐하네!' 하면서 갔던 음식점이다. 뭐 이것저것 맛있어서 먹다 보면 가격이 쭉쭉 엘리베이터를 타고 올라가는 곳이다. 주머니 사정과 맛이 반비례로 올라가니 이 점을 감안해 할인이 되는 점심시간을 이용해 맛있는 스시를 맛보길 권한다. 한국의 일식 집에서도 볼 수 있는 평범한 인테리어의 나무로 된 일본식 바에서 뉴요커들과 앉아 일본인 주방장이 쓸어 내오는 사르르 녹는 스시를 먹다 보면 혼자라도 외롭지 않은 풍요로운 식사를 즐기고 있는 모습을 발견하게 된다.

**Location:** 1143 1st ave. 62nd & 63rd
**Call:** (212) 371-0238
**Hours:** 점심 12:00~3:00, 저녁 5:30~11:30

## 20   Zaza    자자

집에서 만든 엄마손 파스타로 승부를 내건 집이다. 이집의 인기 메뉴는 라자냐(Lasagna)인데 따끈따끈한 라자냐 한 스푼이면 모두들 배고픔도 피로도 싹 잊는지 즐거운 표정이 된다. 불편할 정도로 친절하지 않은 서비스가 오히려 더 편안한 곳으로 아늑한 인테리어와 함께 뉴욕에서 친구들과 한 끼 식사를 하기에 좋다.

**Location:** 1207 1st ave.
**Call:** (212) 772-9997
**Hours:** 점심 12:00~3:00, 저녁 5:30~11:30

## 21   Famiglia pizza    파미글리아 피자

아놀드 슈워제네거를 시작으로 연예인들의 흑백사진이 유리창에 도배되어 있는 피자 집이다. 캐주얼한 분위기와 테이크아웃 또는 배달을 주로 많이 하는 피자 집인데 정말 유명 인사들의 사진들을 도배해 놓을 만큼 맛있다. 또 담백하고 맛 좋은 피자를 한 쪽씩 든 채 웃고 떠들면서 행복해하는 중·고등학교 학생들의 충전소이기도 하다.

**Location:** 1284 1st ave. 68th & 69th
**Call:** (212) 288-1616
**Hours:** 10:00~23:00

## 22   le Pain Quotidien    르 페 쿼티디앵

지역마다 있을 정도로 대중화된 르 페는 신선한 유기농 빵으로 만든 샌드위치가 일품이다. 이미 베지테리언들은 물론이고 산뜻한 점심을 원하는 뉴요커들에게도 인기를 얻으며 급성장한 빵집이다. 샐러드와 샌드위치가 맛있고 이외에 반할 만한 또 한 가지는 바로바로 잼! 종류도 어마어마하게 많고 그 맛도 어마어마하다. 팬케이크나 크루아상에 버터와 함께 이집의 특미인 잼을 발라 먹으면 다이어트 고민은 그냥 고민일 뿐이다.

**Location:** 1131 Madison ave. 84th & 85th
**Call:** (212) 327-4900
**Hours:** 10:00~23:00

## 23   Cilantro    실란트로

마가리타 한 잔과 화이타(Fajita)를 먹으며 시끌벅적한 화이타 나이트를 계획했거나 뮤지엄 마일을 순례한 후 화이타가 먹고 싶다면 실란트로에 가야 한다. 냄새에 유독 민감한 내게 멕시칸이나 쿠바 요리는 웬만해서는 끌리지 않는 메뉴다. 웬만큼 잘하는 집이 아니고서는 그다지 당기는 음식이 아닌데도 화이타가 생각날 때는 어김없이 실란트로가 동시에 떠오른다. 뉴욕의 거리를 거닐다가 마가리타와 화이타 이 두 가지가 갑자기 그리워질 땐 곧장 실란트로로 달려갈 것!

**Location:** 1712 2nd ave. 88th & 89th
**Call:** (212) 722-4242
**Hours:** 점심 12:00~3:00, 저녁 5:30~11:30

# 24 Petaluma 페탈루마

넓고 깨끗한 실내 분위기가 심플하면서도 내 집 같은 편안함을 선사하는 피자 집 페탈루마는 어린아이들과 젊은 엄마들이 즐겨 찾는 곳이다. 피자 토핑의 종류가 많고 선택의 폭이 넓어 아이들은 먹고 싶은 피자를 고르느라 신이 난다. 장난꾸러기 아이들과 함께 맛있는 피자 한 끼를 원하는 가족이라면 이곳을 추천한다.

**Location:** 1356 1st ave. 72nd & 73rd
**Call:** (212) 772-8800
**Hours:** 점심 12:00~3:00, 저녁 5:30~11:30

# 25 Canyon Road Bar & Grill 캐년 로드 바 앤 그릴

멕시칸 레스토랑이다. 사실 이곳은 특별 메뉴보다 저녁 때 남자들끼리 모여 맥주 한 잔에 소시지와 고기가 잔뜩 들어간 멕시칸 요리를 먹으며 집안 얘기부터 시작해 스포츠, 정치, 여자에 이르기까지 지구상의 모든 화젯거리를 안주삼아 토론하는 곳으로 유명하다. 그래서인지 여성스러운 인테리어라기보다는 펍(pub) 같은 남성적인 느낌의 레스토랑이다. 남자 친구들끼리의 여행이라면 맥주 한 잔 놓고 뉴요커들의 수다와 함께해 보자.

**Location:** 1470 1st ave. 76th & 77th
**Call:** (212) 734-1600
**Hours:** 점심 12:00~3:00, 저녁 5:30~11:30

# 26 Maruzzella 마르젤라

노란 벽과 붉은 차양, 원목 소재의 다른 음식점과 별 다를 것 없는 인테리어만 보고 음식 맛도 비슷하겠거니, 하고 판단했다가는 뉴욕에서 맛볼 수 있는 정통 이탈리아 코스 요리를 놓치고 만다. 이집은 제대로 된 이탈리언 음식을 선보이는데, 일요일 저녁 시간에는 그 많게만 보이던 테이블이 꽉 차고 모자랄 정도로 가족 단위 손님들로 시끌벅적하다. 내 집처럼 편안한 분위기에 맛있는 음식을 먹으며 이성을 탐색하기에도 좋아서 소개팅 장소로도 그만이다.

**Location:** 1483 1st ave. 77th & 78th
**Call:** (212) 988-8877
**Hours:** 점심 12:00~3:00, 저녁 5:30~11:30

# 27 Ciao Bella 차오 벨라

여자들이 좋아하는 아이스 크림에, 여자들이 좋아하는 분위기의 어퍼 이스트에 있다는 점, 거기에다 깔끔한 인테리어라 사진까지 잘나오는 삼박자를 고루 갖춘 아이스 크림 집이다. 이집에 앉아 있다 보면 관광객과 어퍼 이스트 주민들과 한창 멋을 부릴 나이인 고등학생들까지 다양한 사람들이 똑같은 목적으로 이곳에 들어오는 모습을 목격할 수 있다. 특히 베리가 들어간 새콤달콤한 젤라토가 인기 있다.

**Location:** 27 E 92nd st. 5th & Madison
**Call:** (212) 831-5555
**Hours:** 11:00~23:00

## 28 Match 매치

프렌치 퓨전 일식이라고 하면 너무 거창한가 싶고 정말 저게 맛있을까 싶은 묘한 섞임. 그러나 이 두 가지 매치가 너무나 잘 어우러져 음식을 먹을수록 그 모든 게 다 기우였음을 깨닫게 되는 곳이 바로 여기, 매치다. 신선한 스시와 바닷가재 라비올리(Ravioli)에 잘 어우러진 프렌치 소스들까지 기가 막히게 맛이 있다. 사람들이 좋아하는 프렌치 요리와 일식을 적절하게 조합해 완벽한 맛을 추구한 당신은 욕심쟁이 우후훗!

**Location:** 29 E 65th st.
**Call:** (212) 737-4400
**Hours:** 점심 12:00~3:00, 저녁 5:30~11:30

## 29 Viand 비앤드

어퍼 이스트에서 편안한 다이너(diner) 같은 곳이다. 유명한 다이너가 없는 이곳에서 비앤드는 사람들이 편안하게 신문이나 보면서 내 집 같은 편안함으로 브런치도 먹고 커피도 마시고 강아지 산책도 시키다가 쉬어 가는 쉼터다. 근처를 지나다가 잠시 테이블에 앉았다가 가기도 하는 그런 편안한 곳이다.

**Location:** 300 E 86th st. # 1
**Call:** (212) 879-9425
**Hours:** 10:00~23:00

## 30 Caffe grazie 카페 그라시에

가족 단위로 식사하는 사람들이 유달리 많은 가족 전문 이탤리언 레스토랑이다. 노란색 입구가 산뜻하고 실내 역시 아늑해 어느 미국의 가정집에 들어온 듯하다. 가끔 아이들을 위한 특별 요리를 할인된 가격으로 선보이는 프로모션도 있어 '아, 이래서 가족 외식이 많구나.' 를 실감할 수 있는 다채로운 서비스들이 많은 집이다.

**Location:** 26 E 84th st. 5th & Madison
**Call:** (212) 717-4407
**Hours:** 11:00~23:00

## 31 Choux Factory 슈 팩토리

가끔 일본인들이 대단하다고 생각될 때가 있다. 슈 크림($4)을 뉴욕에까지 가져와서 뉴요커들의 입맛을 사로잡았을 때도 그렇다. 디저트 케이크보다도 커피와 너무나 잘 어울리는 환상의 슈 크림 맛을 선보이는 집, 슈 팩토리다. 오리지널 슈 크림은 바삭한 패스트리(pastry) 속에 슈가 한가득 들어 있다. 슈 크림을 별로 좋아하지 않는다면 녹차 맛 슈와 딸기 맛 슈도 있으니 한번 도전해 볼 것! 예사롭지 않은 크림의 세계를 맛볼 수 있을 테니 놓치지 마라.

**Location:** 1685 1st ave. 87th & 88th
**Call:** (212) 289-2023
**Hours:** 11:00~23:00

# 1 MISSONI  미소니

한국에서는 아줌마 아저씨들의 골프 웨어 또는 평상복으로 인기 만점이지만 뉴욕의 미소니 매장에 가 보면 생각이 확 달라진다. 뉴욕에서는 각종 잡지의 베스트 원피스로 미소니 니트 원피스가 빠지지 않고 실릴 정도로 많은 이들의 사랑을 받는 브랜드다. 그만큼 너무나 예쁜 원피스와 빈티지한 코트가 셀 수 없이 많이 그리고 행복하게 걸려 있다. 물론 한번 입어 보고 나아 미소니의 예쁜 손녀인 마르게리타라도 된 양 한 바퀴 돌아주되 계산은 하지 않는 용기와 인내를 발휘해야만 하는 곳이다.

**Location:** 1009 Madison ave.
**Call:** (212) 517-9339
**Hours:** 11:00~18:00

# 2 Barneys Newyork  바니스 뉴욕

어퍼 이스트에 있는 상류층 아니, 나이가 지긋한 상류층들이 주로 즐겨 가는 백화점이다. 그래서인지 제품들이 대부분 아주 고가이면서 고급스럽고 우리나라에서는 명품이라 제대로 매장에 들어가기도 꺼려지는 제품들이 너무나 자유분방하게 오픈 디스플레이가 되어 있어 쉽게 입어 볼 수 있다. 그동안 쳐다만 봤던 옷이나 가방이 있다면 이 기회에 마음껏 들어 보고 입어 보자!

**Location:** 660 Madison ave. 60th & 61st
**Call:** (212) 826-8900
**Hours:** 11:00~18:00

# 3 Bloomingdales  블루밍데일즈

브라운 백이라고 씌어 있는 쇼핑백으로 유명한 블루밍데일즈는 메이시스(Macy's) 백화점 다음으로 뉴요커들이 즐겨 가는 백화점이다. 우리나라로 치자면 현대백화점 정도로 볼 수 있는 이 백화점에는 다양한 중저가 브랜드들이 많다. 특히 메이시스와 함께 관광객에게는 11%를 더 할인해 준다 (Visiter Discount 11%). 물론 루이 비통이나 티파니, 샤넬 같은 명품은 이 일레븐 디스카운트에서 제외되지만 이러한 브랜드들을 제외하고는 대부분 적용되므로 여권을 '커스터머 서비스(Customer Service)'에 보여 주고 쿠폰을 받아 사용할 일만 남았다.

**Location:** 1000 3rd ave. 59th & 60th
**Call:** (212) 705-2000
**Hours:** 11:00~18:00

# 4 DKNY  디케이엔와이

매디슨 애버뉴를 시작하는 디케이엔와이 매장은 규모가 큰 매장이다. 그래서인지 옷의 종류가 엄청나게 많고 가격도 저렴해 뉴욕 관광객들에게 사랑받는 브랜드다. 우리나라에서는 고가인 코트들을 저렴하게 판매하므로 세일 기간을 이용해 장만해 보자.

**Location:** 655 Madison ave. 59th & 60th
**Call:** (212) 223-3569
**Hours:** 11:00~18:00

## 5   **Hermes**   에르메스

〈섹스 앤 더 시티〉에서 캐리가 빅의 화이트 셔츠를 원피스처럼 입었을 때 허리에 두른 벨트가 바로 에르메스 벨트다. 'H(에이치)' 로고가 매력적이라 하나쯤 장만하고 싶은데 의류나 가방은 너무 고가이고 정장 분위기가 많이 나서 망설여진다면 벨트나 지갑을 추천한다. 또 매장 분위기가 고풍스럽고 어퍼 이스트와 잘 어울리는 멋진 건물이므로 입구에서 사진 찍기!

**Location:** 691 Madison ave. 62nd & 63rd
**Call:** (212) 751-3181
**Hours:** 11:00~18:00

## 6   **Jimmy Choo**   지미 추

크리스찬 루부탱(Christian Louboutin)이나 마놀로 블라닉(Manolo Blahnik)이 뜨기 전까지 스스로 이멜다라 부르던 구두 마니아들의 사랑을 독차지했던 브랜드다. 마놀로가 창조적인 디자인을 선보이고 루부탱이 섹시한 디자인을 지향한다면 지미 추는 러블리 그 자체다. 더불어 가격도 세일 기간을 이용하면 한 켤레를 20만 원 정도에 장만할 수 있다.

**Location:** 716 Madison ave. 63rd & 64th
**Call:** (212) 759-7078
**Hours:** 11:00~18:00

## 7   **Etro**   에트로

우리나라에서 머리띠와 헤어핀으로 전폭적인 사랑을 받았던 바로 그 브랜드다. 여전히 핀은 예쁘고 고무줄이 짱짱해서 포니테일을 할 때면 정말 좋다. 그러나 뉴욕에 있는 이 브랜드 매장에서 중점적으로 봐야 할 것은 파우치 백도 머리띠도 아니다. 바로 니트 카디건과 머플러! 머플러는 한겨울 검정 코트로 일관된 무겁고 칙칙한 의상에 포인트로 그리고 따뜻함을 위해 꼭 필요한 아이템이다.

**Location:** 720 Madison ave. 63rd & 64th
**Call:** (212) 317-9096
**Hours:** 11:00~18:00

## 8   **Chanel**   샤넬

말이 필요 없는 브랜드 샤넬의 역사와 그 오래된 사랑은 대를 물려 대대손손 내려와 지금도 여전히 톱의 자리를 유지하고 있다. 퀼팅 백과 지갑이 대체적인 인기 아이템이지만 샤넬의 재킷 한 벌의 유용성이란 이루 말할 수 없을 정도다. 진이든 치마든 어디에 매치해도 너무나 잘 어울리는 전천후 아이템이니 쇼핑을 위해 뉴욕에 왔다면 하나 질러봄직하다.

**Location:** 737 Madison ave. 64th & 65th
**Call:** (212) 535-5505
**Hours:** 11:00~18:00

## 9   Valentino   발렌티노

유명 연예인들과 친분이 깊은 발렌티노 아저씨. 레드카펫에서 발렌티노의 드레스는 늘 빠지는 일이 없다. 그만큼 멋지고 아름답다. 실루엣이 예쁜 치마와 블라우스가 인기 아이템이지만 워낙 고가이니 만큼 그냥 매장에서 몇 벌 골라 입어 보기라도 해 보자!

**Location:** 747 Madison ave.
**Call:** (212) 772-6969
**Hours:** 11:00 18:00

## 10   Giorgio Armani   조르지오 아르마니

환갑이 넘은 나이에도 불구하고 하얀 백발이 근사해 보일 만큼의 '몸짱' 할아버지 디자이너 아르마니의 옷들은 실루엣에 신경을 쓴 옷들이 많다. 면접용 정장으로 한 벌 장만하기에 아르마니만 한 브랜드가 없다는 사실은 알 만한 사람들은 다 안다. 그런데 늘 가격이 문제다.

**Location:** 760 Madison ave. 65th & 66th
**Call:** (212) 988-9191
**Hours:** 11:00~18:00

## 11   Oscar de la renta   오스카 드 라 렌타

러블리하면서도 독특한 이 브랜드는 한국에선 아직 편집 매장에서만 볼 수 있다. 기가 막힌 컬러매치에 반한 〈섹스 앤 더 시티〉의 캐리가 갖고 싶어하던 바로 그 드레스가 이 매장에 걸려 있다는 사실!

**Location:** 772 Madison ave. 66th & 67th
**Call:** (212) 288-5810
**Hours:** 11:00~18:00

## 12   Issey Miyake   이세이 미야케

트라이베카와 어퍼 이스트 두 곳에 매장이 있는 브랜드로서 기하학적인 패턴으로 사실 입기에 곤란한 옷들이 엄청 많아서인지 마니아 층을 거느리고 있는 집이다. 블라우스가 인기 아이템인데 정말 독특한 디자인을 사랑한다면 마니아가 될 수 있다.

**Location:** 802 Madison ave. 67th & 68th
**Call:** (212) 439-7822
**Hours:** 11:00~18:00

## 13   Ralph Lauren   랄프 로렌

미국을 대표하는 디자이너 랄프 로렌의 매장이다. 폴로 셔츠가 붐을 일으켰다가 사라질 줄 알았는데 요즘 뉴욕에선 재킷으로 또다시 주가를 올리고 있다. 한국보다 20% 정도 더 저렴한 가격으로 랄프 로렌의 멋진 재킷을 구입할 수 있으니, 뉴욕에 온 김에 하나 장만하자. 닳고 닳을 때까지 입을 만큼 스쿨걸 룩의 화룡점정을 찍는 멋진 디자인과 핏(fit)을 자랑하니 말이다.

**Location:** 867 Madison ave.
**Call:** (212) 434-8000
**Hours:** 11:00~18:00

## 14 Alessandro Dell' Acqua 알렉산드로 델라쿠아

어퍼 이스트는 파티의 계절 겨울이 오면 〈가십 걸〉의 세리나 엄마처럼 우아하고 멋진 델라쿠아 드레스를 차려입은 40~50대 날씬한 부인들의 만남의 장소가 된다. 그녀들은 너무 날씬하고 멋있어서 사실 30대로도 보이는데 그들의 모습을 넋 놓고 보고 있자면 '나도 곱게 늙어야지.' 하며 다이어트 욕구가 솟아오른다.

**Location:** 818 Madison ave. 68th & 69th
**Call:** (212) 253-6861
**Hours:** 11:00~18:00

## 15 Donna Karan 도나 카란

지극히 뉴욕적인 디자이너이고 화목한 가정생활을 유지해 귀감이 되고 있는 도나 카란. 그녀의 디자인은 심플함과 단순함을 기본으로 한 모던한 옷들이 많다. 그래서 뉴욕의 직장 여성들이 선호하는 브랜드라는 수식어가 늘 붙어 다닌다.

**Location:** 819 Madison ave. 68th & 69th
**Call:** (866) 240-4700
**Hours:** 11:00~18:00

## 16 Dolce & Gabbana 돌체 앤 가바나

돌체와 가바나 이 두 디자이너의 만남은 인간에게서 동물적인 섹시함을 이끌어내는 데에 성공했다는 평가를 받고 있다. 마치 애니멀 프린트를 입고 꼬맨 듯한 새틴 팬츠와 스커트, 그리고 속옷을 겉옷처럼 섹시하고 아름답게 입는 데에 성공한 것 등등 한두 가지가 아니다. 특히 'D&G(디앤지)'의 데님 팬츠는 핏이 예술이다.

**Location:** 825 Madison ave.
**Call:** (212) 249-4100
**Hours:** 11:00~18:00

## 17 Gucci 구찌

소지섭이 쓰고 나왔던 구찌 피도러(fedora)는 섹시한 남자들에게 필수 아이템이 됨은 물론 여자들에게도 많은 인기를 끌었던 적이 있다. 나는 그때의 충격(?)으로 지금도 구찌 피도러를 쓴 남자만 보면 그 섹시함에 넋을 잠시 놓고 만다. 다른 아이템들이 고가여서 망설여진다면 패션 액세서리나 휴대전화 줄 또는 운동화는 욕심 낼 만할 듯!

**Location:** 840 Madison ave. 69th & 70th
**Call:** (212) 717-2619
**Hours:** 11:00~18:00

# 18 Chloé 끌로에

한국 드라마의 여 주인공들이 많이 입고 나오는 브랜드. 사랑스러우면
서도 러블리한 캐릭터를 소화할 때면 이 끌로에의 블라우스나 원피스가
등장한다. 특히 커다란 자물쇠가 달린 가방이 한국에선 한때 큰 인기를
끌었는데 잠옷 같은 느낌의 편안하면서도 하늘하늘 가녀리게 보이는 핏의
원피스는 남성들의 보호 본능을 자극하기에 그만이다.

**Location:** 850 Madison ave. 69th & 70th
**Call:** (212) 717-8220
**Hours:** 11:00~18:00

# 19 Prada 프라다

『악마는 프라다를 입는다』라는 책 제목처럼 완벽함을 추구하는 미란다 같
은 여성들이 선호하는 브랜드. 한국에서는 특히 프라다 백과 배낭이 큰
인기몰이를 한 적이 있다. 가격이 워낙 고가여서 이태원에 가면 진짜 같
은 가짜를 저렴한 가격에 살 수 있어 더욱 유명해진 브랜드. 미란다처럼
꼭 입어 줘야 하는 스커트들은 너무 곱고 곱다.

**Location:** 841 Madison ave. 69th & 70th
**Call:** (212) 327-4200
**Hours:** 11:00~18:00

# 20 Miumiu 미우미우

'벌룬(balloon) 스타일' 하면 떠오르는 브랜드. 소매도 벌룬, 치맛단도 벌
룬. 몸매를 감추고 페미닌하게 보이는 데에 아주 바람직한 디자인인데 평
소 벌룬 스타일을 좋아하는데 만족스러운 풍성함을 발견한 적이 없다면
세일 기간을 이용해 미우미우 매장에 들러 보자.

**Location:** 831 Madison ave. 69th & 70th
**Call:** (212) 249-9660
**Hours:** 11:00~18:00

# 21 Tom Ford 톰 포드

구찌의 수석 디자이너였던 톰 포드가 만든 브랜드. 론칭하기가 무섭게 선
글라스 등의 패션 액세서리는 물론이고 고가인 남성복 라인도 쭉쭉 팔려
나가며 급성장하고 있다. 늘 톰 포드 매장 앞에 멋진 외제차들이 즐비하
게 서 있다는 사실만 봐도 요즘 뉴욕에서 얼마나 인기를 얻고 있는지 알
수 있다.

**Location:** 845 Madison ave. 70th & 71st
**Call:** (212) 359-0300
**Hours:** 11:00~18:00

## 22 Christian Louboutin 크리스챤 루부탱

빨간색 구둣바닥이 트레이드마크인 루부탱의 아찔한 하이힐은 무릎이 꺾이도록 높지만 그런 것은 아랑곳하지 않는다는 듯 여전히 많은 여성들의 꿈의 구두로 자리 잡았다. 아찔한 스틸레토 힐(stiletto heel)이라도 편안한 착용감으로 여심을 잡고 섹시하다 못해 도발적인 디자인으로 뭇 남성들의 시선을 사로잡은 브랜드다.

**Location:** 965 Madison ave. 75th & 76th
**Call:** (212) 396-1884
**Hours:** 11:00~18:00

## 23 Sigerson Morrison 시저슨 모리슨

플랫 슈즈와 가락신이 예쁜 집이다. 특히 샌들이나 굽이 거의 없는 슈즈가 예쁜 게 많은데, 한국에서도 요즘 발레리나 슈즈처럼 굽이 거의 없는 구두 종류가 인기를 얻는 만큼 뉴욕에 왔으니 예쁘다 싶으면 망설이지 말고 질러야 한다. 신발도 편안하고 어느 옷에나 잘 어울리는 디자인이 많으니 사고도 후회하는 일은 절대 없을 듯!

**Location:** 987 Madison ave. New
**Call:** (212) 734-2100
**Hours:** 11:00~18:00

## 24 Blue tree 블루 트리

주얼리 편집 숍으로 가격대는 좀 있는 편이지만 워낙 유명한 곳이라 할리우드 스타들도 곧잘 볼 수 있는 매장이다. 유명한 주얼리 디자이너들의 제품을 다양하게 보유하고 있는 데다가 신상(품)도 빨리 들어와 멋쟁이들이 꼭 들르는 뉴욕의 쇼핑 코스 중 한 곳이다. $200~400 사이의 디자인이 독특한 제품들이 많으므로 큰맘먹고 하나 구입해 두면 두고두고 유용하다.

**Location:** 1283 Madison ave. 91st & 92nd
**Call:** (212) 369-2583
**Hours:** 11:00~18:00

## 25 French Sole 프렌치 솔

발레리나 슈즈를 전 세계적으로 유행시킨 문제의 브랜드다. 리본이 달린 플랫 슈즈가 에나멜부터 애니멀 프린트까지 다양한 컬러로 유혹한다. 오드리 헵번처럼 우아하고 편안하게 신고 다니기에 너무 좋다. 많이 걸어 다녀야 하는 뉴욕 여행에서도 하나 사서 신고 다니는 게 좋으니 꼭 장만해 두자. 길을 가운데 두고 양쪽에 매장이 있는데 한쪽은 아웃렛($50~)이라 가격이 더욱 저렴하다는 사실! 본 매장도 한국보다는 가격($150~)이 저렴하니 사 갖고 가면 돈 번다.

**Location:** 985 Lexington ave. 71st & 72nd
**Call:** (212) 737-2859
**Hours:** 11:00~18:00

## 26 **Pookie & Sebastian** 푸키 앤 세바스찬

어퍼 웨스트에도 있는데 어퍼 이스트에만 매장이 세 개나 있을 만큼 어퍼 이스트 사이더들의 마음을 사로잡은 매장이다. 그럴 것이 저렴한 가격에 디자인까지 예쁘고 선택의 폭이 넓어서 뉴요커들이 많이 찾아 올 수밖에 없는 곳이다. 이스트에 있는 매장에는 웨스트보다 더욱 다양한 옷들이 많고 예쁘다. 신진 디자이너의 제품과 백화점에 입점하지 않은 브랜드의 옷들이 주를 이루고 있다.

**Location:** 1488 2nd ave.
**Call:** (212) 861-0550
**Hours:** 11:00~18:00

## 27 **Williams Sonoma** 윌리엄스 소노마

배가 나온 유명한 요리사들이 텔레비전에서 요리하는 모습을 보여줄 때 주방을 보면 얼굴이 비칠 만큼 깨끗하고 밝은 컬러의 은색 냄비들과 프라이팬들을 볼 수 있다. 왠지 그런 멋스러운 요리 도구들 덕분에 고기 익는 소리와 소스가 졸여지는 모습이 더욱 먹음직스러워 보이는 효과가 있는지도 모를 일이다. 그런데 요리사나 쓸 법한 멋진 요리도구들이 이집에 다 있다. 무게감이 조금 있는 만큼 요리가 천천히 익고 천천히 식는다고 한다. 딸이 시집 갈 때 주려고 어머니들이 뉴욕에 오면 꼭 한 보따리씩 장만해 가는 집이다.

**Location:** 1175 Madison ave.
**Call:** (212) 289-6832
**Hours:** 11:00~18:00

## 28 **Crave** 크레이브

뉴욕에 있는 매장들은 대체로 안쪽의 피팅 룸 앞에 기다리는 고객들을 위해 커다란 소파와 잡지들을 놓아 둔다. 서로 옷을 골라 주고 입는 동안 앉아서 수다도 떨고 잡지도 보면서 자신에게 어울리는 옷을 구입할 수 있게 한 매장 측의 배려다. 그래서인가 크레이브에는 편안한 분위기 덕분에 어퍼 이스트의 고교 학생들이 친구들과 자주 모인다.

**Location:** 1376 3rd ave. 78th & 79th
**Call:** (212) 744-8855
**Hours:** 11:00~18:00

## 29 **Liz kelsey** 리즈 켈시

〈가십 걸〉의 블레어가 즐겨 입는 디자인의 원피스($90~)들이 즐비한 매장이다. 블레어처럼 부티 나면서 사랑스럽고 톡톡 튀게 옷을 입고 싶다면 강추. 화려한 컬러와 기하학적 문양의 원피스들이 이집의 트레이드마크로 이미 어퍼 이스트 사이더들에게는 입소문이 자자한 집이다. 친구 결혼식이나 졸업식처럼 사진으로 남아 영원히 기억되고 남들보다 은근히 돋보이고 싶을 때 입으면 딱인 드레스들이 특히 많다.

**Location:** 1439 2nd ave. 74th & 75th
**Call:** (212) 288-8555
**Hours:** 11:00~18:00

# ㄹO   Bardith   바디스

빈티지하고 앤티크한 그릇들이 빼곡하게 채워진 이 가게는 마치 거대한 찬장 같다. 가격이 저렴한 커피 잔 세트부터 뉴욕 초창기 부자들이 사용했을 법한 고가의 접시들과 주전자들에선 여유와 낭만까지 묻어난다. 주인의 그릇 사랑은 들어가서 구경하는 내내 진지한 설명으로도 이어지는데 사람들처럼 그릇에도 각각 태어난 연도까지 있어 무척 놀라웠던 매장이다.

**Location:** 901 Madison ave. 72nd & 73rd
**Call:** (212) 737-3775
**Hours:** 11:00~18:00

# ㅋ1   DIDI's Childrens Boutique   디디스 칠드런 스부티크

장난감들과 피겨(figure)들이 시원해 보이는 통유리 창으로 보여 아이들의 발걸음은 물론 어른들의 동심까지 붙잡는 가게다. 세계 어느 나라든 아이들은 다 똑같은지 엄마와 한참 동안 실랑이 벌이는 모습을 이 매장 앞에선 자주 볼 수 있다. 꼭 밤이 되면 살아 움직이며 자기들끼리 한바탕 놀아제낄 것 같은 환하고 밝은 기분 좋은 곳이다.

**Location:** 1196 Madison ave.
**Call:** (212) 860-4001
**Hours:** 11:00~18:00

# 1 The METROPOLITAN Museum of Art 메트로폴리탄 뮤지엄

뉴요커들 사이에서 'MET(멧)'이라는 귀엽고 자꾸 만나고 싶은 애칭으로 불리는 이 미술관은 세계 4대 미술관 중 하나다. 1870년 세워지고 지금의 센트럴 파크 안쪽 자리에는 1880년부터 서 있었으니 128년 세월의 작품이 모두 저 안에 있다고 보면 된다. 그만큼 넓고 다양한 작품들이 있으니 로비에서 한국어로 된 지도를 보고 골라서 다니는 것이 체력 분배상 좋다. 돌아다니다 출출하면 지하층에 있는 카페테리아에서 저렴한 ($5~15) 가격으로 맛있게 요기를 할 수 있다. 그리고 멧에 가면 로이 리히텐슈타인의 조각 작품들을 벤치에 앉아서 바라보는 사진 한 장을 꼭 남기길 바란다. 더불어 여자들끼리의 여행이라면 미국 드라마 〈가십 걸〉의 한 장면처럼 미술관 앞 계단에서 간단히 수다를 떨며 음료를 마시는 것도 좋겠다. 앗 중요 포인트! 조각 공원은 5월부터 10월까지 개장한다. 그리고 할

렘의 꼭대기 쪽에는 클로이스터스(Cloisters)라는 중세 사원 분위기의 멋진 미술관도 있는데 비가 부슬부슬 내리는 날, 가 볼 것! 중세 유럽의 고성 같은 분위기에 안개가 살짝 껴서 그야말로 장관이다. 사색에 잠기기에 안성맞춤. 이곳 역시 도네이션(donation)이니 주머니에 동전만 있으면 들어갈 수 있다.

**Price:** 입장료는 성인 $12, 학생 $7로 씌어 있지만 도네이션, 즉 기부 형식이기 때문에 $1를 주며 "One person, Please!" 또는 "donation!" 이라고 외쳐 주면 입장이 가능하다.
**Location:** 1000 Fifth ave. at 82nd st.
**Call:** (212) 535-7710(청각장애자용 전화 : (212) 570-3828, (212) 650-2551)
**Hours:** 금~토 9:30~21:00, 화~목 · 일 9:30~17:30, 월 휴관

## 2 Whitney Museum 휘트니 뮤지엄

에드워드 하퍼(Edward Hopper; 미국 화가)의 그 외로움이 잔뜩 묻어나는 쓸쓸하고 공허한 그림들을 실제로 보면 왠지 그림 속 피에로나 여자의 어깨에 손을 올려주며 '당신은 혼자가 아니에요'라고 말해 주고 싶은 충동이 일어난다. 가끔 미술에 지식이 얕고 넓은 내가 서점에서 그림책으로만 보던 그 그림들이 뉴욕에 다 있다. 그중 하퍼의 그림 대부분을 이곳 휘트니에서 볼 수 있는데 휘트니 뮤지엄의 장점은 전시된 그림에 맞게 방을 모두 다르게 인테리어를 해 방 한가운데에 서서 그림을 보고 있으면 내가 꼭 그 그림 속에 있는 기분을 느끼게 해 주는 매력이 있다는 것. 큰 사이즈의 그림들이 많아서 더 신난다.

**Price:** 어른 $15, 62세 이상 어른 및 ID가 있는 학생 $10. 휘트니 뮤지엄 회원 및 ID가 있는 뉴욕 시 공립학교 학생, 12세 이하 어린이 무료(매주 금요일 오후 6:00~9:00까지 도네이션 입장).
**Location:** 945 Madison ave.
**Call:** (212) 570-3600
**Hours:** 수~목 · 토~일 11:00~18:00, 월~화 휴관

## 3 Neue Galerie 누 갤러리

에곤 실레(Egon Schiele; 오스트리아 화가)와 구스타프 클림트(Gustav Klimt; 오스트리아 화가)의 그림들이 이곳에 잘 간직되어 있다. 오스트리아 작가들의 이상 야릇한 성적 판타지가 가미된 그림들을 보고 있자면 왠지 모르게 기분이 우울해진다. 이럴 것을 예상이나 한 듯 이 안에는 아주 고요하고 맛 좋은 '카페 사바스키'라는 보험이 있으니 걱정 말고 한없이 우울해도 좋다.

**Price:** 어른 $15, 62세 이상 어른 및 ID가 있는 학생 $10
**Location:** 1048 Fifth ave. 85th & 86th
**Call:** (212) 628-6200
**Hours:** 월~일 11:00~18:00, 금 11:00~21:00, 화~수 휴관

## 4 Cooper Hewitt Gallery — 쿠퍼 휴이트 갤러리

갤러리도 갤러리지만 날씨 좋은 날 쿠퍼 휴이트의 정원에 앉아 있으면 세상 그 무엇에도 화가 나지 않을 만큼 여유롭고 평화로움을 느낄 수 있다. 개인적으로 날씨가 좋은 날이면 선글라스 하나, 책 한 권을 가방에 챙겨 넣고 갤러리 속 작은 정원으로 여행을 떠난다. 죽을 때까지 내가 이런 평화로움을 이런 예쁜 정원에서 언제 또 느껴 볼까 싶게 좋다. 아! 갤러리의 그림들까지 훌륭하니 이곳을 안 오고는 못 배긴나. 정원은 5월부디 9월끼지만 오픈한다.

**Price:** 어른 $15, 62세 이상 어른 및 ID가 있는 학생 $10
**Location:** 2 E 91st st. 5th & Madison
**Call:** (212) 849-8400
**Hours:** 월~목 10:00~17:00, 토~일 12:00~18:00, 금 10:00~21:00

## 5 Frick collection — 프릭 컬렉션

강철왕 헨리 프릭(Henry C. Frick)의 집에 그가 소유했던 그림들이 그대로 걸린 채 갤러리가 되었다. 엄청난 미술 애호가였던 듯 고전적인 그림들을 좋아한다면 한번 방문해 보면 좋다. 부잣집 집들이에 초대되어 그 집을 구경하는 기분이 드는 묘한 갤러리인데 도서관이 있는 것이 매우 인상적이었다. 이곳에서 공부하면 왠지 더 잘될 것 같은 기분이 드는 곳. 그 밖에도 쿠퍼 휴이트의 정원과는 다른 분위기의 잘 가꾸어진 연못이 있는 정원을 바라보면 중세 시대로 거슬러 간 느낌이 든다.

**Price:** 어른 $15, 62세 이상 어른 $10, ID가 있는 학생 $5
**Location:** 1 E 70th st. 5th & Madison
**Call:** (212) 288-0700
**Hours:** 화~일 10:00~18:00, 월 휴관

## 6 Solomon Guggenheim — 솔로몬 구겐하임

구겐하임이라는데 더 이상 뭐가 더 쓸 필요가 있을까 싶다. 현대 미술하면 떠오르는 대명사인 구겐하임에는 역시 톡톡 튀는 그림과 조각, 설치 미술 작품들이 모던하면서도 거대한 현대 건축물인 미술관과 함께 어우러져 거대한 작품 덩어리를 형성하고 있다. 계단 형식으로 되어 있어 올라가면서 쭉 둘러보기에 편하고 그래서 단시간 내에 관람을 완료할 수 있다는 장점이 있다. 또 이곳에는 구겐하임 못지않게 빨간 벽과 액자로 유명한 카페가 있는데 이곳의 핫초코와 파이들 또한 거의 작품에 가까운 맛이니 꼭 맛보도록.

**Price:** 어른 $15, 62세 이상 어른 및 ID가 있는 학생 $10(매주 금요일 오후 6:00~8:00까지 도네이션 입장이다. 그러나 오후 7시 15분까지는 입장해야 한다).
**Location:** 1071 5th ave. 88th & 89th
**Call:** (212) 423-3500
**Hours:** 토~수 10:00~17:45, 금 10:00~19:45, 목 휴관

# Have to do!

## 센트럴 파크 옆 5th 애버뉴 걸어 내려오기

서울에 최고의 데이트 코스로 덕수궁 돌담길이 있다면 뉴욕에
는 센트럴 파크의 돌담길이 있다. 낮은 돌담 너머로 센트럴 파크
의 푸름이 보이고 고즈넉한 돌담길을 걷다 보면 내가 그 바쁘고
정신이 없다는 뉴욕에 와 있는지를 잊게 된다. 돌담길 맞은편으
로 보이는 예쁘고 고급스러운 단층 주택들을 바라보며 버스 정류장 벤치에 앉아
버스를 기다리면서 남은 여행을 생각해 보기에 좋은 장소다.

## 메트로폴리탄 5층의 야외 정원에서 마티니 한 잔하기

센트럴 파크를 발밑에 두고 어퍼 이스트와 웨스트를 한눈에 보고 싶다면 메트로폴리탄 뮤지엄 5층의 야외 정원으로
가야 한다. 이곳에 올라와 평생에 보기 힘든 유명한 작가들의 작품을 감상하며 마티니 또는 맥주를 한 잔 하고 있으면
정말 감동의 눈물이 주룩주룩 내린다. 경치도 좋고 분위기도 좋고 생각보다 규모가 작은 사이즈의 아기자기한 정원이지
만 벤치에 앉아 뉴욕의 노을을 감상하기는 최적이다.

## 2. Upper West

뉴욕에 있는 대부분의 브로커에게 가장 비싼 집을 보고 싶다고 하면 어퍼 웨스트로 가라고 할 만큼 아주 오래된 부자 동네다. 겉으로 보면 그냥 이스트와 별 다를 게 없어 보이지만 내부만큼은 초호화라고 한다. 그만큼 조용하고 쾌적하고 어퍼 이스트가 활기찬 부자 동네라면 이곳은 차분한 부자 동네라고 설명할 수 있다. 자연사 박물관 외에는 별 다른 관광 명소가 없어 관광객보다는 실제 거주하는 사람들이 더 많이 카페나 레스토랑에 있지만 사실 이곳은 부자들이 가는 실속 있는 맛집과 멋집이 있고 뉴욕의 소호나 노리타에 있는 수많은 맛집의 본점들이 다 어퍼 웨스트에 있다는 사실 하나로 이곳은 충분히 돌아봐야 할 '머스트 고' 라는 점!

1. 컴퍼스에서 런치 프리픽스 메뉴 먹기 ···▶ 2. 베이스먼트에 가서 소화시키기 ···▶
3. 어번에서 수영복 구입 ···▶ 4. 프리티 네일에서 네일과 페디큐어 비키니 왁싱받기 ···▶
5. 자연사 박물관 앞에서 사진 찍고 센트럴 파크 그레이트 론으로 직행 ···▶
6. 예쁘게 발린 페디큐어를 뽐내며 비키니 입고 태닝하기 ···▶ 7. 랜드에서 저녁 식사 ···▶
8. 빈 71에서 치즈, 타파스와 와인 한 잔!

**Hey Play!**

1. 제나로에서 스파게티로 점심을 든든하게 장전 ! ···▶ 2. 자연사 박물관으로 입장해서 사진도 찍고 쇼도 보며 신나게 놀기 ···▶ 3. 오션 그릴에서 이른 저녁 식사 ···▶ 4. 센트럴 파크 벨베데레 성에 올라가 노을 지는 것 바라보기.

RIVERSIDE PARK
Riverside Dr
West End Ave
Amsterdam Ave
Broadway
Columbus Ave
Central park west
W 108 St
W 106 St
W 104 St
W 102 St
W 100 St
W 98 St
W 96 St
W 94 St
W 92 St
W 90 St
W 88 St
W 86th St
W 84 St
W 82 St
W 79 St
W 77 St
W 74 St
W 72 St
W 70 St
W 65 St
W 62 St
W 60 St
W 57 St
W 55 St
W 53 St
2. Upper West
Upper Wast Side
American Museum of Natural History/ Rose Center for Earth & Space
Museum of American Folk Arts
Lincoln Center
DAMROSCH PARK
Columbus Circle
86th St
B C
81st St-Museum of Natural History
B C
79th St
72nd St
B C
66th St-Lincoln Center
59th St-Columbus Circle
A B C D
Block House
Harlem
THE BRONX
Central Park
The Lake
Strawberry Field
Fountain
Wollman Skating Rink
The pond
tral park South
Cafe Lalo
Pretty Angel Nail
Viand Cafe
West Side Hwy
ler 96
DEWITT CLINTON
Twelft
Elevent
Tenth
Ninth
Eighth
Broad
Sixth Ave
W 57 St
W 55 St
W 53 St
NEW YORK
50  51
Museum Modern (MoM)

## Café & Restaurant

1.Gennaro(제나로)  2.Saigon Grill(사이공 그릴)  3.Popover café(팝오버 카페)
4.Flor De Mayo(플로르 드 마요)  5.Café Lalo(카페 랄로)  6.Sushi Hana(스시 하나)
7.Hampton chutney.co(햄튼 처트니)  8.Land(랜드)  9.Roppongi(롯폰기)  10.Compass(컴퍼스)

## Park & Museum

1.Central Park west side(센트럴 파크 웨스트 사이드)  2.American museum of natural history(자연사 박물관)

## Shop

# 1   Gennaro   제나로

그리니치 빌리지에서 11번 버스를 타고 업으로 올라가는 길에 만나 수다를 떨게 된 할머니가 알려 준 맛집이다. 그리니치에 사시는 그 멋쟁이 할머니의 단골집으로 가격($12~)도 저렴하고 맛있는 이탈리아 요리들이 많다고. 특히나 파스타를 강추하여 반신반의하며 가 보았는데 이런 집을 놓쳤다면 정말 후회가 크고 또 클 뻔했다. 면발을 포크에 돌돌 말아 먹으면 정말 맛있다. 알맞게 익은 면발과 점심으로 먹기에 너무나 알맞은 양과 메뉴들을 보면서 '아, 역시 보통 할머니가 아니었어!' 라고 외치게 만드는 집이다.

**Location:** 665 Amsterdam ave.
**Call:** (212) 665-5348
**Hours:** 점심 11:30~3:00, 저녁 5:30~11:30

# 2   Saigon Grill   사이공 그릴

유니언 스퀘어에 있는 유학생들에게 그 유명한 사이공 그릴의 원조집이다. 원조인 만큼 맛이 더 깊고 풍부하며 한국말을 거의 들을 수 없을 만큼 외국인들이 주로 많이 이용하는 맛집이다. 해장용 포(Pho) 국수가 $5로 우리나라에서 7천~8천 원하는 가격보다 오히려 더 싸고 맛이 깊다. 그래서인지 남녀노소 국적불문하고 이곳의 음식은 늘 사랑받는다. 모든 메뉴가 다 먹어도 먹어도 먹고 싶은 자꾸자꾸 손이 가는 맛집이다.

**Location:** 620 Amsterdam ave. # 90
**Call:** (212) 875-9072
**Hours:** 점심 11:30~3:00, 저녁 5:30~11:30

# 3   Popover café   팝오버 카페

이름을 너무 잘 지은 것 같다는 생각을 먹어 보면 바로 할 수 있다. 팝오버라는 빵에 잼을 발라 먹는데 입 안에서 맛이 톡 튀다 못해 끝으로 가면 은은히 퍼져 웃음이 흘러 넘치게 되는 맛이다. 각종 유명한 식도락 전문지에 이름을 올린 지 꽤 되어서인지 주말 브런치 때는 아직까지도 이곳의 팝오버에 질리지 못한 이들의 발길이 끊이지 않고 있다. 집에 오는 길 내내 자꾸만 생각나는 맛으로 신이 나는 집이다.

**Location:** 551 Amsterdam ave. W 87th st. 86th st.
**Call:** (212) 595-8555
**Hours:** 점심 11:30~3:00, 저녁 5:30~11:30

# 4   Flor De Mayo   플로르 드 마요

로스트 치킨과 프라이드 라이스 단 두 가지 요리로 어퍼 웨스트 사이더들을 사로잡고 놓아 주지 않고 있는 엄청난 맛집이다. 치킨이 이렇게도 맛이 날 수 있다는 사실이 그저 신기할 따름이다. 허름한 입구와 예쁘지도 않은 인테리어가, 꼭 허름하고 열악한 시설을 보유하고 심지어 욕까지 하는 할머니가 있는 서울의 치킨 집을 떠올리게 하는 곳이다. 이곳에서 저녁에 친구들과 치킨에 맥주 한 잔은 진한 추억을 만들기에 좋다.

**Location:** 484 Amsterdam ave.
**Call:** (212) 787-3388
**Hours:** 점심 11:30~3:00, 저녁 5:30~11:30

## 5 Café Lalo  카페 랄로

영화 〈유브 갓 메일〉에서 귀여운 맥 라이언과 톰 행크스가 수줍게 데이트
하던 그곳이 바로 여기. 너무 유명할 대로 유명해져 있지만 이곳의 창가
자리는 조용히 디저트를 먹고 일기쓰기에 최적의 장소다. 각종 케이크와
파이들은 포장해 가는 사람들도 많을 만큼 맛있는데 이집에서 내가 가장
좋았고 감동받았던 부분은 바로 입구. 입구의 계단 아래 놓인 강아지들을
위한 물그릇은 아주 작은 부분까지 신경을 쓴 이집만의 배려를 엿볼 수
있었다.

**Location:** 201 W 83rd st.
**Call:** (212) 496-6031
**Hours:** 11:00~23:00

## 6 Sushi Hana  스시 하나

하얀색 도트무늬가 경쾌하게 유리창에 프린팅 되어 있어서 나도 모르게
'바에서 한 끼 해결하자.' 하고 들어간 집인데 예상을 뛰어넘는 맛에 놀라
버린 곳이다. 가격도 점심 도시락이 $14로 그다지 높지 않은 스시 집으로
야외 테이블은 이미 점령되어 있어서 바에서 먹었지만 친구와 함께 주말
브런치를 생각하게 만드는 곳이다.

**Location:** 466 Amsterdam ave. # 1
**Call:** (212) 874-1076
**Hours:** 점심 11:30~3:00, 저녁 5:30~11:30

## 7 Hampton chutney.co  햄튼 처트니

도사(Dosa)의 본고장 아니 본점이라고 하면 딱 좋다. 노리타에 있는 매장
의 본점으로 이 조용한 어퍼 웨스트에서도 붐비는 맛집 중 하나다. 점심
에는 주변에 있던 대학생들과 직장인들이 죄다 몰려들어 붐빈다. 고소하
고 쫀득 바삭한 도사($9~) 속에 그 맛나는 재료들이 담뿍 들어 있는데 맛
있는 다이어트 음식으로 제격이다.

**Location:** 464 Amsterdam ave.
**Call:** (212) 362-5050
**Hours:** 점심 11:30~3:00, 저녁 5:30~11:30

## 8    Land    랜드

이스트에서도 설명했지만 그래도 '난 본점으로 갈 테야'라고 주장하는 이들에게 꼭 말해 주고 싶다. 당장 움직이라고. 가격($12~), 맛 모든 것을 충족시켜 주는 이런 레스토랑의 발견은 정말 나에게 있어서 즐겁고도 행복한 일이다. 타이 레스토랑으로 웬만한 요리는 다 맛있지만 더 친절하게도 인기 메뉴에 별표까지 찍어 놓았다. 별 세 개와 두 개짜리는 절대 실패할 확률이 적은 베스트 메뉴들이니 마음껏 식사를 즐기고 뉴욕을 느끼기를 바란다.

**Location:** 450 Amsterdam ave. # 2
**Call:** (212) 501-8121
**Hours:** 점심 11:30~3:00, 저녁 5:30~11:30

## 9    Roppongi    롯폰기

텐젠(Tenzan)과 더불어 정말 맛있는 스시 집이다. 가격이 조금 비싼 것이 흠이지만 마키부터 스시, 사시미에 롤까지 그 어느 한 메뉴도 놓칠 수 없고 신선하고 먹음직해 군침이 꿀떡꿀떡 넘어가는 일식 집이다. 일본 요리를 건강식으로 생각하는 뉴요커들에게 롯폰기에서의 저녁 식사는 맛과 건강을 다 생각하는 만찬이 된다. 그리고 혼자 여행을 하는 여행자에게 가장 괴로운 나홀로 식사시간이 불편하지 않은 일식 집들 중 하나다.

**Location:** 434 Amsterdam ave.
**Call:** (212) 362-8182
**Hours:** 점심 11:30~3:00, 저녁 5:30~11:30

# 10 Compass 컴퍼스

살짝 고가($35~)의 레스토랑이다. 프렌치 레스토랑인데 유명한 셰프의 레스토랑이라고 한다. 역시 맛은 말로 표현 불가 판정을 받았고 가격이 높은 데다가 저녁에는 혼자 가기에는 뻘쭘한 레스토랑이라 점심을 이용할 것을 권한다. 점심에 프리픽스 메뉴(Prix fixe menu; 정식)를 시키면 $29로 뉴욕에서 프랑스를 느낄 수 있다. 이런 것이 바로 뉴욕의 매력이 아닐까?

**Location:** 208 W 70th st.
**Call:** (212) 875-8600
**Hours:** 점심 11:30~3:00, 저녁 5:30~11:30

# 11 Pomodoro 포모도로

선남선녀들의 소개팅 장소로 유명한 맛집이다. 이곳에서 소개팅을 하면 무언가 이루어질 확률도 꽤 높을 것 같다. 그도 그럴 것이 각종 기념일 또는 주말 저녁이 되면 이쪽저쪽 테이블에서 사랑을 속삭이는 커플들을 많이 볼 수 있기 때문. 커다란 강아지들이 주인들의 로맨틱한 저녁에 방해되지 않도록 길가에 철퍼덕 앉아서 사람들을 구경하는 모습도 종종 보이는 아주 자연스러운 매력과 맛의 이탤리언 레스토랑이다.

**Location:** 229 Columbus ave.
**Call:** (212) 721-3009
**Hours:** 점심 11:30~3:00, 저녁 5:30~11:30

# 12    Bin 71    빈 71

포모도로와 지척에 이렇게 좋은 와인리스트를 보유한 와인 바가 있다는 것은 전혀 신기할 것이 없는 당연한 일이다. 파스타와 와인의 궁합은 이미 모두들 알고 있으니 말이다. 글라스로도 판매하는 와인들은 관광객들은 물론 이 지역 주민들에게도 사랑을 받는데 주말 저녁이면 거의 반상회가 열리는 수준으로 들어오는 사람들과 앉아 있는 사람들이 대부분 서로를 알아 인사를 하면서 한 테이블에 합류해 와인을 즐긴다. 레드 와인과 타파스(Tapas)라고 불리는 우리니리 꼬치 요리 같은 스페이 식 와인 안주를 먹으면서 친목 도모를 하기에 최고의 플레이스다.

**Location:** 237 Columbus ave.
**Call:** (212) 362-5446
**Hours:** 점심 11:30~3:00, 저녁 5:30~11:30

# 13    Earthen Oven    어든 오븐

너무 진하지 않은 매콤한 인도 카레(Curry)가 뉴요커들의 입맛을 단숨에 사로잡아 버린 문제 있는 집이다. $15에 양도 많아서 근처 유스호스텔의 학생 여행자들도 자주 테이크아웃을 해서 먹는 장소인데 맛까지 있으니 일석이조다. 의외로 한국 카레처럼 김치와 궁합이 아주 잘 맞는 게 햄버거와 샌드위치의 대안 음식이 필요할 때에는 어든 오븐으로 가세요!

**Location:** 53 W 72nd st.
**Call:** (212) 579-8888
**Hours:** 점심 11:30~3:00, 저녁 5:30~11:30

# 14    Tenzan    텐젠

어머니! 2층 자리 아래쪽이 유리로 되어 있어서 밖으로 다리들이 죄다 노출이 되는 곳이다. 다행히 얼굴이 보이지 않아 '두꺼운 내 다리가 내 다리인지 누가 알겠어?' 하고 들어가 맛본 곳! 주말 저녁은 반드시 예약을 해야 하고 분위기는 고급스러운 일식 집 분위기인데 맛이 문제다. 도대체 생선에 무슨 짓을 한 것인지 입 안에 들어가면 녹아 버려 아이스크림인지 스시인지를 분간하기 힘들게 한다. 꼭 흠을 하나 잡자면 비싼 것이 흠이다.

**Location:** 285 Columbus ave.
**Call:** (212) 580-7300
**Hours:** 점심 11:30~3:00, 저녁 5:30~11:30

# 15    Arte café    아르떼 카페

뉴욕에서 가장 중요한 레스토랑 철칙 세 가지는 맛, 가격, 자리라고 할 수 있는데 이집은 그 세 가지를 다 갖추었다. 그래서 점심 때면 카페에서 $8짜리 점심을 먹기 위한 직장인들과 안쪽의 비노(와인 바)에는 테이크아웃을 해 가는 샌드위치 마니아들로 늘 북적거린다. 비노에서 샐러드와 낮술로 와인을 한 잔 딱 하면 뉴욕이 서울 같고 영어가 한국말 같을 만큼 자신감이 쑥쑥 자라난다. 어퍼 웨스트의 단란한 가족적인 분위기에 잘 어울리는 카페의 저녁도 맛있다.

**Location:** 106 W 73rd st. # 1
**Call:** (212) 501-7014
**Hours:** 점심 11:30~3:00, 저녁 5:30~11:30

## 16 Emack & Bolio's ice cream   에멕 앤 볼리오즈 아이스 크림

부드럽고 달달한 아이스 크림이 당기는데 살찔 것이 걱정인 걸들을 위한
에멕 앤 볼리오스 아이스 크림은 저지방이다. 'LOW FAT!' 그 한마디에
용기를 얻어 아이스 크림 킬러인 사람들에게는 무한대의 기쁨을 선사하는
곳이다. 대부분이 다 맛있어서 실패할 확률도 적고 맛을 보고 결정할 수
있으니 "이건 어때요?" 하고 물어 보면서 은근슬쩍 다 맛보고 골라 살 것!

**Location:** 389 Amsterdam ave.
**Call:** (212) 362-2747
**Hours:** 12:00~20:00

## 17 Ocean Grill   오션 그릴

바다가 느껴지는 바닷가재를 사랑하는 사람과 함께 달콤한 화이트 와인과
함께 뉴욕에서 맛보고 싶다면 이곳이 딱이다. 더군다나 자연사 박물관 뒤
쪽에 있는 해산물 요리 집이라 그런지 저녁 무렵이면 관광객으로 바글바
글 미어터진다. 조용한 식사가 되기는 힘들지만 즐거운 저녁 식사가 되기
는 충분한 곳이다.

**Location:** 384 Columbus ave.
**Call:** (212) 579-2300
**Hours:** 점심 11:30~3:00, 저녁 5:30~11:30

## 18 Cafe frida   카페 프리다

자연사 박물관에서 지친 다리를 질질 끌고 가서 쉬려면 카페 프리다로 가
야만 한다. 조금만 더 조금만 더 하면서 걸어 나가 도착한 이곳은 정열적
인 멕시칸들의 열정이 느껴지는 레스토랑으로 쿠바 음식들과 술들이 인기
가 있다. 대낮에도 와인 한 잔을 즐기는 뉴욕 관광객이라면 모지토(Mojito)
를 마셔 볼 것! 좀 강하긴 하지만 모든 피로를 잊기에 필요 충분하다.

**Location:** 368 Columbus ave.
**Call:** (212) 712-2929
**Hours:** 11:00~23:00

## 19 Fairway   페어웨이

과일 섭취가 부족하기 쉬운 여행길에 이런 페어웨이를 꼭 챙겨 가고 싶을
정도로 각종 야채와 과일이 그득하다. 더불어 모두 그 유명한 캘리포니아
산이라는 사실. 신선하기가 이루 말할 데가 없고 엄청나게 쌓여 있는 사
과와 딸기, 포도들은 보는 것만으로도 비타민이 온몸으로 축적된다. 어퍼
웨스트에 사는 사람들의 장터로 아줌마들끼리 더 좋은 걸 고르려는 신경
전이 만만치 않다.

**Location:** 2127 Broadway
**Call:** (212) 595-1888
**Hours:** 11:00~21:00

## 20 Viand café   비앤드 카페

편안한 노천 카페지만 이집의 카푸치노와 라테는 정녕코 맛이 있다. 그 편안한 분위기처럼 맛도 부드러운데 그래서인지 이 동네 사람들의 아지트인 곳이기도 하다. 이 편한 분위기가 어퍼 이스트에도 있는데 그만큼 사람들이 즐겨 가는 다이너 같은 집이라고 보면 된다. 이스트와 달리 웨스트는 아기 엄마들의 수다 모임 장소인 날이 많다.

**Location:** 2127 Broadway # 2
**Call:** (212) 595-1888
**Hours:** 11:00~22:00

## 21 Ruby Foo's   루비 푸즈

미드타운에 크게 자리잡은 레스토랑으로 이집 주인장은 아주 발이 넓은 사람이라고 한다. 그래서 오픈 때부터 엄청난 프로모션과 광고로 맛집이라는 인식을 사람들에게 심어 줘 자주 찾게 만들었다는 혹평에도 불구하고 지점 수는 자꾸 늘어만 간다. 정통 차이니즈는 아니고 약간 퓨전이지만 오리엔탈리즘을 매력적으로 여기는 뉴요커들을 사로잡기에 충분한 인테리어가 멋스럽다. 맛은 특별할 게 없지만 미국식 자장면이 당길 때 저녁 한 끼 먹기에 괜찮다.

**Location:** 2182 Broadway
**Call:** (212) 724-6700
**Hours:** 점심 11:30~3:00, 저녁 5:30~11:30

## 22 H&H Bagels   에이치앤에이치 베이글스

베이글을 파는 곳이다. 샌드위치로 만들어져 있는 뮤레이즈 베이글이나 베이글 존과는 달리 집으로 싸 가서 직접 크림 치즈를 바르고 훈제 연어를 얹어서 먹어야 하는 번거로움이 있지만 그것도 한 입 베어 물고 나면 바로 기억상실 상태로 5분 전의 귀찮음이 잊히는 맛이다. 고소한 세서미 베이글과 어니언 베이글은 환상 그 자체! 유태인들의 음식이었다는데 이렇게 맛있을 수가 있나 싶다. 베이글의 사이즈가 다른 가게보다 조금 큰 게 특징이다.

**Location:** 2239 Broadway
**Call:** (212) 595-8000
**Hours:** 11:00~22:00

## 1 Pretty angel nail spa    프리티 에인절 네일 스파

날씨도 좋고 비키니도 샀는데 막상 입으려니 부담스러운 살 말고도 한 가지 문제점이 더 있었다. 바로 매끈하지 못한 비키니 라인! 섹시하게 센트럴 파크에 비키니만 입고 드러누워 완벽한 태닝 자세를 취하다가 잠이라도 들어 포즈가 망가지면 망신살이 뻗칠 텐데 하는 걱정이 태산일 때 구세주처럼 나타난 집! 다리와 비키니 왁싱이 $38다. 그 외에 네일과 페디큐어도 저렴하니 같이 받고 예쁜 발로 가락신 신고 비키니 입고 나가면 천하무적!

**Location:** 580 Amsterdam ave.
**Call:** (212) 799-2613
**Hours:** 11:00~22:00

## 2 Allan & Suzi    알란 앤 수지

연도가 다 적혀 있는 고가의 빈티지부터 저렴한 수공품 빈티지까지 박물관을 연상케 할 만큼 수많은 빈티지들이 전시(?)되어 있는 집이다. 그리고 다른 빈티지 숍과는 차별화되는 컬러풀한 디스플레이와 비싼 가격대의 제품인데도 꼭 굉장히 저렴한 듯해 그렇게 진열돼 있는 모습이 이러면 안 될 것 같은 재미난 보물 창고 같은 집이다.

**Location:** 416 Amsterdam ave.
**Call:** (212) 724-7445
**Hours:** 11:00~19:00

## 3 Theory    씨어리

국내에도 론칭한 브랜드로 지난겨울 털 달린 보머 재킷이 카피가 될 만큼 성행한 브랜드다. 핏이 예뻐서 여자들의 몸매가 좀 더 날씬해 보이는 것이 이 브랜드의 하이라이트다. 커리어 우먼들의 상징이 되어 버린 그레이 컬러의 씨어리 정장은 우리나라와 비교했을 때 저렴하니 꼭 한 벌 장만할 것을 권한다. 추가 팁 하나! 그래도 비싸다 하는 경우 씨어리 우드버리 매장으로 가 보도록 하자. 물건이 많지는 않지만 그래도 가면 눈이 이경규 아저씨보다 더 빠르게 돌아갈지니……

**Location:** 230 Columbus ave.
**Call:** (212) 362-3676
**Hours:** 11:00~19:00

POSTERS
POSTERS
AUTHENTI
pookie & sebastian
pookie & sebastian
FILENE'S BASEMENT
6
FILENE'S BASEMENT
6
7
La Belle Epoque
Vintage Posters Inc.
AIR FRANCE
ANTIQUE POSTERS
4
LAJAUNIE
CONSOMMÉ "P'TI POT"
EN VENTE PARTOUT
Full Service
CUSTOM FRAMING
AUTHENTIC ANTIQUE POSTERS · Art Deco & Art Nouveau · 1890's - 1950

# 4 La belle Epoque 라 벨르 에포크

앤티크한 포스터가 그림 작품처럼 액자에 끼워져 전시되어 있는데 대부분
의 포스터가 뉴욕 초기의 작품들이라 가격도 고가이고 너무나 예쁘다. 팝
아트적인 방으로 꾸미고 싶은 사람들에게는 정말 욕심이 날 만한 포스터
들이 한가득이다. 보는 것만으로도 행복하고 눈이 높아지니 구경 한번 해
보는 것도 좋다. 작은 사이즈보다 큰 사이즈의 작품 중에 더 멋진 것들이
많다.

**Location:** 280 Columbus ave.
**Call:** (212) 362-1770
**Hours:** 11:00~19:00

# 5 Pookie & Sebastian 푸키 앤 세바스찬

원피스와 러블리한 스커트가 그득하고 가격대도 중가($70~)로 신진 디자
이너 제품들을 많이 선택해 선보이는 덕분에 어퍼 이스트 웨스트 사이더
들의 사랑을 잔뜩 받고 성장하고 있는 숍이다. 웨스트와 이스트에 몇 개
의 숍이 있는데 조용한 쇼핑을 원한다면 웨스트에 있는 매장으로 가는 것
이 좋다.

**Location:** Columbus ave. 75th & 76th st.
**Call:** (212) 861-0550
**Hours:** 11:00~19:00

# 6 Basement 베이스먼트

각종 중저가 브랜드의 아웃렛 매장이라고 생각하면 된다. 정장 종류의 옷
들이 주로 많은데 그래서인지 주말이 되면 직장 여성들의 아지트가 되어
버린다. 여기저기서 양팔이 축 처지도록 많은 정장들과 원피스를 들고 피
팅 룸으로 향하는 모습을 쉽게 볼 수 있는데 가만히 보고 있다 보면 새로
입사한 것으로 보이는 여자들과 이미 베이스먼트에 베테랑이 되어 버린
커리어 우먼들로 나뉜다.

**Location:** 2220 Broadway # 26
**Call:** (212) 873-8000
**Hours:** 11:00~19:00

# 7 Barneys coop 바니스 쿱

바니스 쿱은 바니스 뉴욕 백화점 안에 있는 제품들과는 좀 차별화된 젊은
백화점이라고 보면 된다. 유능한 바이어들에 의해 신진 디자이너의 옷들
을 너무나 잘 골라낸 VMD(Visual Merchandiser)들의 손에 의해 아주 멋
지게 디스플레이가 되어 있어서 옷 못 입기로 소문난 미국 사람들이 뉴욕
관광을 오면 마네킹이 입은 대로 사 가기도 한다고 한다.

**Location:** 2151 Broadway
**Call:** (212) 335-0978
**Hours:** 11:00~19:00

# Park & Museum

## 1 Central Park west side
### 센트럴 파크 웨스트 사이드

센트럴 파크를 볼 시간이 너무 짧은 사람들에게 말해 주고 싶다. 센트럴 파크의 드넓은 잔디와 예쁜 성을 보고 싶다면 웨스트로 가야 한다고 말이다. 그만큼 웨스트 쪽에는 드넓은 풀밭이 많다. 시프 메도(The Sheep Meadow)와 그레이트 론(The Great Lawn)이 모두 웨스트에서 더 가깝기 때문이다. 태닝과 휴식을 목적으로 한다면 센트럴 파크 웨스트 사이드를 강추한다.

## 2 American museum of natural history
### 자연사 박물관

거대한 공룡 화석이 입구에서부터 포스를 내뿜는 곳이다. 엄청나게 넓고 넓은 그래서 다 보려다가는 장렬하게 기어 나오는 규모다. 이미 영화에도 많이 나와 잘 알려져 있는데 리얼하게 꾸며진 모든 곳이 볼 만하다. 아무리 '난 자연사 따위는 관심 없어!'라는 쇼퍼홀릭(shopperholic)들도 어느 순간 자기도 모르게 카메라를 들고 사람들에게 사진 좀 찍어달라고 부탁하게 될 만큼 재미있는 박물관이다.

**Location: Central Park W 79th st.**
**Call: (212) 769-5100**
**Hours: 10:00~17:45**

# Have to do!

### 비키니 왁싱하고 센트럴 파크 가기

비키니 왁싱을 저렴하게 하고 수영복을 입고 센트럴 파크 그레이트 론에 엎드려 태닝도 하고 잡지도 보고 그동안의 여행에 대한 일기도 써 보자. 시간 가는 줄 모르게 놀다 자다  하고 나면 적당히 잘 그을리므로 자꾸 캐미솔 톱이 입고 싶을 것이다. 적당히 태우면 날씬해 보이는 효과도 있으므로 적극 강추이며 나는 피부가 벗겨지고 다시 하얗게 되는 천하의 흰둥이라며 두려워하는 사람들에게도 말해 주고 싶다. 뉴욕의 햇빛은 누구든 태울 수 있다고……

### 자연사 박물관 가기

자연사 박물관은 메트로폴리탄 뮤지엄과 거의 비슷한 규모이므로 하루에 다 볼 생각을 했다는 것은 곧 자폭을 의미할 만큼 크다. 그러니 꼭 보고 싶은 관만 보거나 센트럴 파크를 산책할 때마다 들러 조금씩조금씩 퍼즐을 맞추듯 보는 것도 좋다. 자연, 과학에 관심이 없는 사람들도 들어가자마자 나오는, 영화에도 많이 등장하는 거대한 공룡 화석을 보면 '우아!' 소리가 절로 나오게 되니 꼭 한번 들어가 보기를 추천한다.

# 3. Midtown

　우리가 영화로 보고 느낀 뉴욕의 모든 것이 미드타운에 있다. 킹콩이 뛰어내린 엠파이어 빌딩도, 〈포시즌〉이나 〈가십걸〉의 세리나가 사는 뉴욕 팰리스 같은 초호화 호텔과 모마 뮤지엄도, 수많은 뮤지컬의 노래가 끊임없이 흘러 나오는 브로드웨이 길, 그리고 네이키드 카우보이가 섹시하게 기타를 치는 세계에서 가장 광고비가 비싼 전광판의 동네 타임스스퀘어가 있다. 한 블록마다 있는 스타벅스와 바쁘게 걸어 다니며 직장 생활을 하고 있는 뉴요커들의 모습은 모든 관광객의 발걸음도 빠르게 만드는 동네다. 정신없고 화려하고 높은 빌딩숲이 가득한 동네지만 밤이 되어 모든 전광판에 불이 켜지고 나면 그 반짝임 뒤에는 왠지 모를 외로움이 느껴지는 것이 미드타운의 멋이지 않나 싶다.

## Oh! Buy

1. 모마 뮤지엄에서 관람 후 모마2에서 점심 ···▶ 2. 마놀로 블라닉 매장에서 예쁜 구두들 마음껏 신어 보기 ···▶ 3. 애플 스토어에서 나노를 귀에 장전시키기 ···▶ 4. 아베크롬비 매장에서 신나게 쇼핑 ···▶ 5. 헨리 벤델 꼭대기 층에 있는 초콜릿 바에서 초콜릿 티 한 잔 ···▶ 6. 5th st. 를 따라 내려오며 명품의 세계에 빠져 보기 ···▶ 7. BLT스테이크에서 저녁 식사 ···▶ 8. 콜럼버스 서클 분수에서 아이스 크림 먹기 ···▶ 9. 43rd st. 에 12 ave.에 있는 페리($23)를 타고 맨해튼 야경 감상하기.

## Hey Play!

1. 버질스 바비큐로 든든히 점심 ···▶ 2. 타임스스퀘어에서 네이키드 카우보이 찾기 ···▶ 3. 주니어스의 치즈 케이크를 테이크아웃해서 뮤지컬 공연 티켓을 사러 무브무브무브! ···▶ 4. TKTS에 줄서서 기다리면서 치즈 케이크 먹기 그리고 할인 뮤지컬 티켓을 50% 할인된 가격에 구입 ···▶ 5. 라디오 시티와 록펠러 센터 구경하기 ···▶ 6. 멘키테이에서 완탕 라멘을 저녁으로 따뜻하게 먹기 ···▶ 7. 뮤지컬을 보러 극장으로 달려가기.

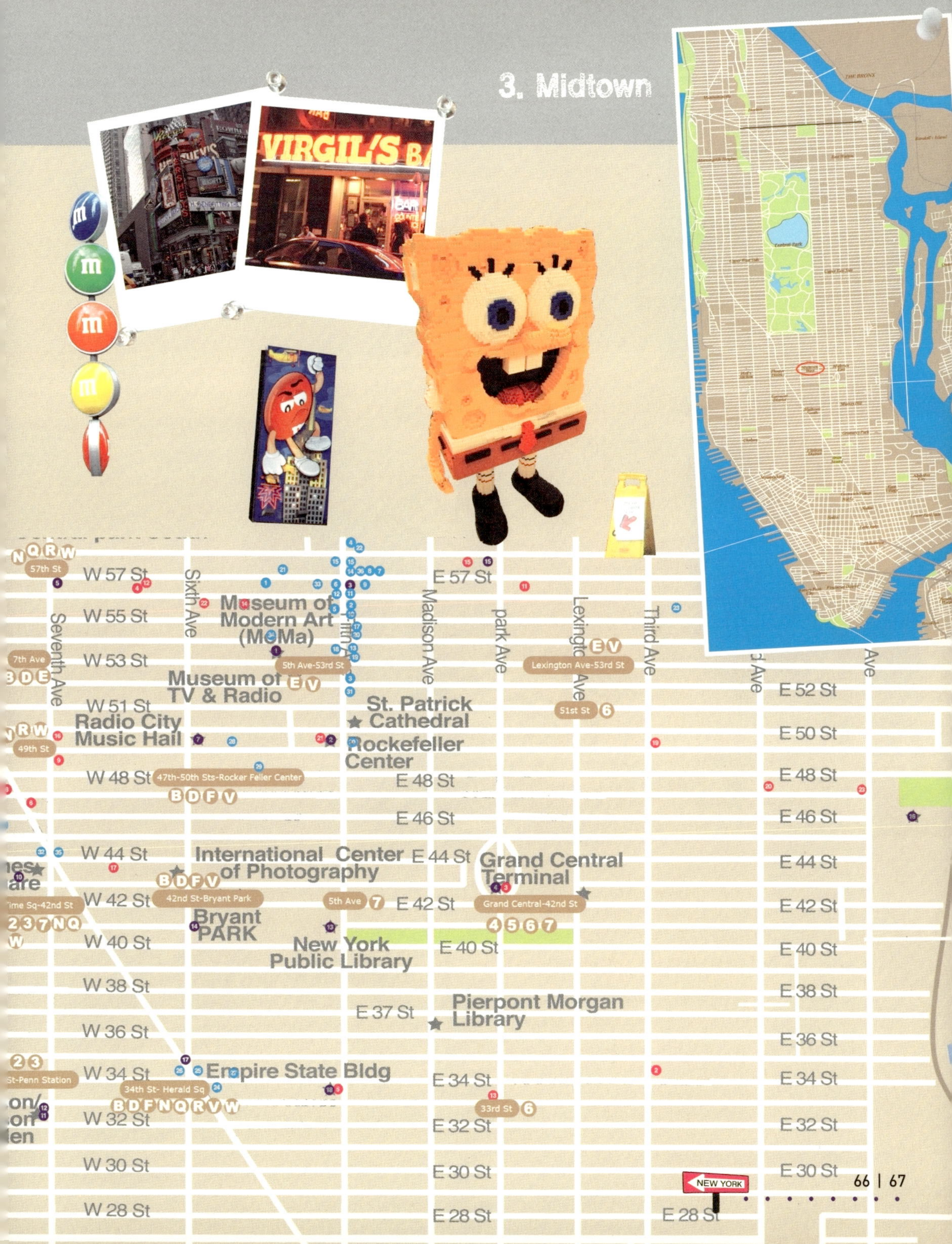
VIRGIL'S BA
NEW YORK
THE BRONX
Kendall's Island
Central Park

NQRW
57th St
W 57 St
Sixth Ave
Fifth Ave
E 57 St
Madison Ave
Park Ave
Lexington Ave
Third Ave
Ave
W 55 St
Museum of
Modern Art
(MoMa)
7th Ave
W 53 St
Seventh Ave
BDE
5th Ave-53rd St
Lexington Ave-53rd St
EV
E 52 St
Museum of
TV & Radio
EV
St. Patrick
Cathedral
51st St 6
W 51 St
Radio City
Music Hall
NRW
49th St
Rockefeller
Center
E 50 St
W 48 St
47th-50th Sts-Rocker Feller Center
E 48 St
BDFV
E 46 St
E 48 St
E 46 St
W 44 St
International Center
of Photography
E 44 St
Grand Central
Terminal
E 44 St
BDFV
42nd St-Bryant Park
5th Ave 7
E 42 St
Grand Central-42nd St
E 42 St
Time Sq-42nd St
237NQ
W
Bryant
PARK
New York
Public Library
4 5 6 7
E 40 St
E 40 St
W 40 St
W 38 St
E 38 St
E 38 St
Pierpont Morgan
Library
E 37 St
W 36 St
E 36 St
23
St-Penn Station
W 34 St
Empire State Bldg
34th St- Herald Sq
E 34 St
E 34 St
33rd St 6
BDFNQRVW
E 32 St
W 32 St
E 32 St
W 30 St
E 30 St
NEW YORK
E 30 St
W 28 St
E 28 St
E 28 St

## Café & Restaurant

3.Oyster bar(오이스터 바)
4.Topaz(토파즈)  5.Heartland Brewery(하트랜드 브루어리)
6.Dale & Thomas Popcorn(데일 앤 토마스 팝콘)  7.Hershey's(허쉬스)  8.M&M(엠앤엠)
9.Hawaiian Tropic Zone(하와이안 트로픽 존)  10.Rio & you(리오 앤 유)

## Park & Museum & Tower

1.Moma museum(모마 뮤지엄)  2.Rockefeller Center(록펠러 센터)  3.Trump Tower(트럼프 타워)  4.Grand Central(그랜드 센트럴)
5.Carnegie Hall(카네기 홀)  6.Port Authority bus terminal(포트 어소리티 버스 터미널)  7.Radio City(라디오 시티)
8.Columbus Circle(콜럼버스 서클)  9.Lincoln center Jazz Rose Hall(링컨 센터 재즈 로즈 홀)  10.New York Times(뉴욕 타임즈)
11.Penn Station(펜 스테이션)  12.Madison Square Garden(매디슨 스퀘어 가든)  13.Newyork Library(뉴욕 라이브러리)
14.Bryant Park(브라이언 파크)  15.Four Seasons Hotel(포시즌 호텔)  16.UN(유엔)  17.Herald Square(헤럴드 스퀘어)
18.Empire State Building(엠파이어 스테이트 빌딩)

11.BLT Steak(비엘티 스테이크)  12.Burger joint(버거 조인트)  13.Wolfgang's(볼프강)  14.Joe's Shanghai(조스 상하이)
15.Tao(타오)  16.Godiva(고디바)  17.Virgil's Barbecue(버질스 바비큐)  18.Gray's Papaya(그레이스 파파야)
19.Smith & Wollensky(스미스 앤 울렌스키)  20.Nino's Positano(니노즈 포지타노)  21.Teuscher Chocolatier(튜처 쇼콜라티에)
22.MenKui-Tei(멘키테이)  23.Megu(메구)

## Shop

1.Mackenzie Childs(매켄지 차일드)  2.Escada(에스카다)  3.Salvatore Ferragamo(살바토레 페라가모)  4.Apple Store(애플 스토어)
5.Henri bendel(헨리 벤델)  6.Prada(프라다)  7.Dior(디올)  8.Chanel(샤넬)  9.Nike Town(나이키 타운)  10.Disney Shop(디즈니 숍)
11.Gucci(구찌)  12.Abercrombie & Fitch(아베크롬비 앤 피치)  13.Mikimoto(미키모토)  14.Louis Vuitton(루이 비통)
15.Bergdorf Goodman(버그도프 굿맨)  16.TKTS(티케이티에스)  17.Takashimaya(타카시마야)  18.Gap(갭)  19.Fendi(펜디)
20.Bottega Veneta(보테가 베네타)  21.Rizzoli Book Store(리졸리 북 스토어)  22.F.A.O Schwarz(에프에이오 슈워츠)
23.H&M(에이치앤엠)  24.Forever 21(포에버 21)  25.Victoria's Secret(빅토리아 시크릿)  26.Macy's(메이시스)
27.Banana republic(바나나 리퍼블릭)  28.Anthropologie(앤스로폴로지)  29.J.crew(제이크루)  30.Saks Fifth avenue(삭스 피프스 애버뉴)
31.Cartier(까르띠에)  32.The Mtv Store(엠티비 스토어)  33.Club Monaco(클럽 모나코)  34.Manolo Blahnik(마놀로 블라닉)
35.Toy's rus(토이즈러스)  36.Burberry(버버리)

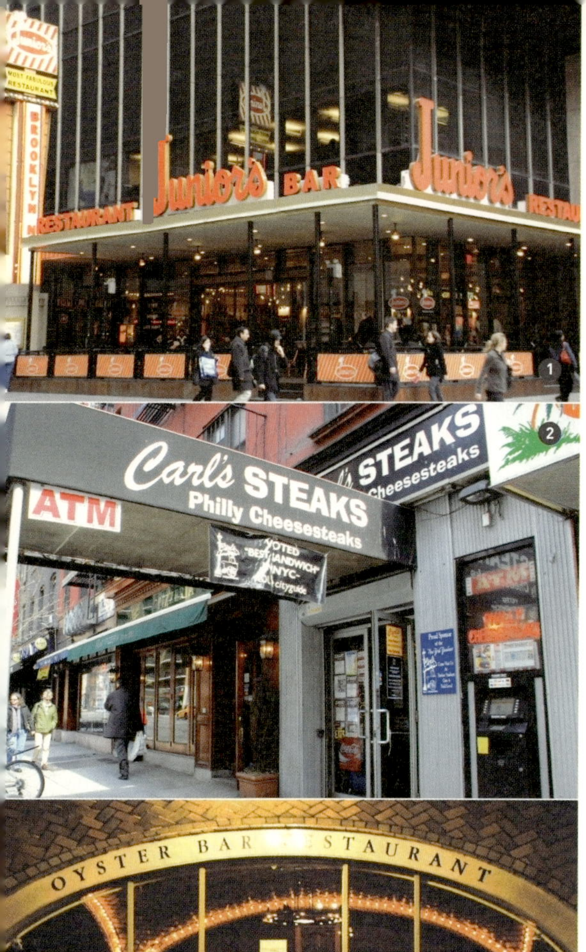

## 1    Junior's    주니어스

단단한 질감이지만 부드럽게 입 안에서 녹는 치즈 케이크가 유명한 집이다. 특히 딸기 시럽이 뿌려진 치즈 케이크는 타임스스퀘어를 돌고 저녁을 먹은 후 뮤지컬 보기 전 디저트로 최고의 아이템이다. 이왕이면 카페에서 먹지 말고 카페 바로 옆에 있는 테이크아웃 점에서 하나 사서 타임스스퀘어를 걸어 다니며 먹어 보자. 그 맛이 색다르다.

**Location:** 1515 Broadway
**Call:** (212) 302-2000
**Hours:** 11:00~20:00

## 2    Carl's Steaks    칼스 스테이크

필리 치즈 스테이크(Philly cheese steak)로 유명한 집인데 양키즈 후원 업체다. 그래서 실내 곳곳에 양키즈 뉴스와 사진이 좍 깔려 있는데 치즈 스테이크는 살짝 짜므로 그냥 스테이크를 시키거나 'without cheese!'를 외쳐 주면 양파와 스테이크만 넣은 담백하고 맛있는 샌드위치를 준다. 고기가 듬뿍 들어 있어 콜라와 함께 먹으면 보양식이 따로 없다.

**Location:** 507 3rd ave.
**Call:** (212) 696-5336
**Hours:** 11:00~20:00

## 3    Oyster bar    오이스터 바

그랜드 센트럴 역 지하에 위치한 레스토랑이다. 신선한 굴 요리들이 드글드글하다. 생굴을 못 먹는 사람이어도 다양한 종류의 굴들과 굴 튀김을 먹으면 그 맛에 중독되게 된다. 종류는 굴이 나는 지역에 따라 맛이 달라지는데 주문할 때에 "sweet!"한 것으로 달라고 하면 비리거나 짜지 않은 달달하고 신선한 굴을 가져다 준다. 애 이 오이스터 바에서 또 재미있는 사실은 입구에 있는 기둥이다. 대각선으로 기둥에 한 사람씩 붙어 서서 작게 이야기하면 반대편 사람에게 기둥이 말을 전달해 준다. 은근히 재미있는 놀이.

**Location:** 89 E 42nd st.
**Call:** (212) 490-6650
**Hours:** 점심 11:30~3:00, 저녁 5:30~11:30

## 4 Topaz 토파즈

타이 음식이 유행이긴 하지만 그만큼 맛이 있는 곳과 없는 곳은 확연히 구별이 되는 곳이 바로 뉴욕이다. 이 비싼 땅에서 살아남으려면 맛과 가격으로 승부해야 한다. 미드타운의 알짜배기 땅에 있는 이집은 저렴한 가격에 너무나 맛 좋은 팟타이(Phat thai; $9)로 유명한 타이 레스토랑이다. 각종 매스컴도 많이 타고 상도 많이 받았으니 그 맛은 당연히 인정받은 사실이고 도무지 이런 구석에 이런 집이 있다는 게 믿기지 않을 정도로 사람들에게 사랑받는 집이다.

**Location:** 127 W 56th st. # 1
**Call:** (212) 957-8020
**Hours:** 점심 11:30~3:00, 저녁 5:30~11:30

## 5 Heartland Brewery 하트랜드 브루어리

칵테일 맥주 집이다. 엠파이어 빌딩 1층에 있는데 메뉴 판에 오트밀 스타우트라($15)라고 빨간색으로 씌어 있는 맥주는 수차례 상을 받은 유명한 맥주! 흑맥주에 초콜릿과 커피 맛이 살짝 들어가서인지 여자들이 아주 좋아한다. 그래도 알코올 도수는 은근히 높으므로 자제하면서 마셔야 취하는 것을 막을 수 있다. 안주로는 나초(nacho)가 최고!

**Location:** 127 W 43rd
**Call:** (646) 366-0235
**Hours:** 점심 11:30~3:00, 저녁 5:30~11:30

## 6 Dale & Thomas Popcorn 데일 앤 토마스 팝콘

미국의 영화관은 우리나라와 달리 여러 상영관의 맨 앞 입구에서만 표를 받기 때문에 한번 표를 끊고 들어가서 영화가 끝난 뒤 다른 하나를 더 보고 나와도 아무런 문제가 없다. 영화 볼 때 빼놓을 수 없는 것이 바로 팝콘. 이집의 팝콘 중 초콜릿 척 캐러멜($7.5)의 맛은 그 진한 캐러멜과 초콜릿의 하모니가 영화를 더욱 즐겁게 해 주니 꼭 사 갖고 들어가야 한다.

**Location:** 1592 Broadway
**Call:** (212) 581-1872
**Hours:** 11:00~20:00

## 7 Hershey's 허쉬스

엠앤엠보다 더 화려환 외관에 이끌려 들어가지만 사람들 대부분 실망하고 나온다. 허쉬 초콜릿의 모든 것이 이 안에 다 있지만 엔터테인먼트 요소가 부족해 관광지로서는 약간 미흡하다. 그러나 앞에서 찍은 사진은 타임 스스퀘어 사진만큼 멋지게 나온다는 사실을 명심할 것!

**Location:** 1593 Broadway
**Call:** (212) 581-9100
**Hours:** 11:00~20:00

## 8 M&M 엠앤엠

전광판만 바라보고 있어도 너무 귀여워 달려 들고 싶을 정도로 예쁜 초콜릿 천국이다. 다양한 크기의 엠앤엠 초콜릿들이 아이 어른 할 것 없이 모든 사람들의 시선을 잡아끈다. 역시나 시선에 이끌려 들어온 아이와 어른들로 사람들이 많은데 그저 초콜릿 월드를 구경하는 것만이 아닌 2층에는 사진을 찍을 수도 있게 해 주는 등 맘에 쏙 드는 이벤트들이 열리니 구석구석 돌아봐야 한다.

**Location:** 1600 Broadway # 1
**Call:** (212) 295-3850
**Hours:** 11:00~20:00

## 9 Hawaiian Tropic Zone 하와이안 트로픽 존

이곳에 가면 남자들은 밥을 못 먹는 현상이 벌어진다. 서빙하는 언니들의 초특급 핫팬츠와 톱, 그리고 그 톱 안에 풍만하게 자리한 가슴 때문이다. 음식은 딱히 맛있다고 볼 수는 없지만 양은 푸짐한데 남자들은 그 사실도 모른다.

**Location:** 729 7th ave. NY
**Call:** (212) 626-7312
**Hours:** 점심 11:30~3:00, 저녁 5:30~11:30

## 10 Rio & you 리오 앤 유

일본 사람들이 비즈니스 파트너를 데리고 갈 정도로 정갈하고 맛있는 일식 레스토랑이다. 주로 사부샤부를 판매하는데 라멘의 국물이 진국이다. 미소와 소유 라멘은 해장용으로 최고! 그러나 이집에는 메뉴 판에도 없는 비밀 병기가 하나 있다. 중독성이 강하고 두툼한 고깃살이 예술로 씹히는 가츠동($12)이 바로 그것 돈가스 덮밥 집 중에서는 뉴욕에서 이집이 최고라고 엠파이어 꼭대기에서 소리치고 싶다.

**Location:** 328 W 45th st.
**Call:** (212) 307-0717
**Hours:** 점심 11:30~3:00, 저녁 5:30~11:30

## 11 BLT Steak 비엘티 스테이크

딱 봐도 비싼 레스토랑이라는 게 느껴지는 외관과 실내가 이렇게 넓을 거라고는 상상할 수 없게 만드는 외관을 가진 집이다. 들어가면 은은한 조명이 너무 멋있는 근처의 금융계에서나 일할 법한 멋진 슈트의 아저씨들이 점심, 저녁에 이곳을 가득 메우는데 BLT 스테이크($25~)가 인기 메뉴다. 친구와 같이 먹을 때는 BLT 프라임을 시키면 되는데 양도 많고 고기가 육즙이 제대로 살아 있다. "셰어(Share)할 거예요!" 라고 말하고 하나만 주문해도 뭐라 하는 사람 하나 없고 오히려 동양인들이 적게 먹는다는 사실을 알기 때문에 대부분의 요리를 시키면 나누어 먹을 거냐고 물어 보는 집이다. 그러나 이집에는 뉴욕 전체를 통틀어 스테이크 집에서 나올 수 있는 공짜 빵 중에서는 단연 일등을 차지할 수밖에 없는 팡파레 아이스 크림처럼 생긴 독특한 빵이 구워져 나오는데 그 따뜻하고 부드러운 맛에 또 정신을 못 차리게 된다. 빵 최고! 사랑해요 빵!

**Location:** 106 E 57th st.
**Call:** (212) 752-7470
**Hours:** 점심 11:30~3:00, 저녁 5:30~11:30

Reese's
HERSHEY'S
HERSHEY'S COCOA
CROWNE PLAZA HOTEL
Milk Chocolate
PayDay
Almond Joy
HERSHEY'S SPECIAL DARK
Twizzlers
CACAO RESERVE by Hershey's
...TH, BENEFITTING THE YOUNG SUN/
GREAT AMERICAN CHOCOLATE
World Savings Bank is now Wachovia
7
8
Milk Chocolate
CROWNE
HERSHEY
SHERWOOD
9
TROPIC ZONE
BROTHERS
HAWAIIAN Tropic RESTAURANT
HAWAIIAN Tropic
RESTAURANT - BAR
RESTAURANT - BAR
THE TROPIC ZONE DANCERS!
9
You
10
JAPANESE RESTAURANT
328w
涼友 Rio & You
涼友 Rio & You
IMPORTED BEER

# 12 Burger joint 버거 조인트

메르디앙 호텔 안 커튼 뒤쪽에 숨겨진 비밀 맛집이다. 뭐가 그렇게 대단한 맛이라고 꼭꼭 숨어 있어서 짜증이 날 정도인데 점심 때 가면 줄서는 사람들이 거의 로비까지 나와 있어서 금세 들통나는 유명한 버거 집이다. 우리나라의 유명한 식당들처럼 벽에는 이집을 다녀간 수많은 스타들의 사인이 있다. 줄이 길어서 대개 주문부터 하는데, 계산대 위에 쌓이는 주문서만 봐도 이집이 얼마나 인기가 있는지 알 수 있다. 이집에서 만큼은 버거($8~)와 콜라의 아름다운 조합을 버리고 버거와 셰이크를 신닥해야 한다. 셰이크가 몹시 유명한 만큼 필수 옵션이다.

**Location:** 118 W 57th st.
**Call:** (212) 245-5000
**Hours:** 점심 11:30~3:00, 저녁 5:30~11:30

# 13 Wolfgang's 볼프강

피터 루거(Peter Luger:미국의 유명 스테이크 하우스)의 요리사가 트라이베카와 이곳 미드타운에 스테이크 집을 오픈했다. 피터 루거의 맛이 그대로 옮겨진 특유의 바삭한 겉과 살살 녹아내리는 고기가 일품인 집으로 피터 루거는 너무 멀고 예약도 어려운데다가 갈 시간적인 여유도 없다면 이집이 대안이 될 수 있다. 점심($20)으로 스테이크를 먹으면 좋은데 버터로 구운 독특한 스피니치(시금치)와 곁들여 먹으면 맛있다.

**Location:** 4 Park ave.
**Call:** (212) 889-3369
**Hours:** 점심 11:30~3:00, 저녁 5:30~11:30

# 14 Joe's Shanghai 조스 상하이

차이나 타운에도 있지만 정신없는 그곳에서 먹는 것보다는 관광하다가 이곳에서 먹게 되는 일이 더 많아서 이곳을 소개한다. 애플 스토어에서 전자제품을 눈이 휘둥그레지게 구경한 후 FAO슈워츠의 빅 피아노에서 조금 뛰어다니며 피아노를 치고 나면 출출할 때 이곳으로 온다. 점심에 딤섬만큼 맛있고 속이 편하고 가격도 편해 지갑이 울지 않는 든든한 음식이 또 있을까 싶다. $12.5의 점심 메뉴는 요리 하나와 밥이 나오는데 요리들도 다 맛있다.

**Location:** 24 W 56th st.
**Call:** (212) 333-3868
**Hours:** 점심 11:30~3:00, 저녁 5:30~11:30

# 15 Tao 타오

동양적인 맛과 여백의 미를 보여주는 음식 디스플레이가 외국인의 눈에 고급스럽게 비쳐진 탓에 고가의 레스토랑으로 거듭난 유명한 집이다. 그 앞에 세워진 차만 봐도 얼마나 갑부들이 묵었는지 알 수 있는 포시즌 호텔 바로 옆에 위치한 까닭과 실내에 놓인 거대한 불상 탓도 있겠지만 손님들의 대부분이 뭔가가 달라 보이는 사람들이 많다. 〈섹스 앤 더 시티〉에 나온 이후로는 관광객들도 많이 이용하기 하지만 말이다. 맛보다는 분위기에 압도당하는 집이다. 가격은 1인당 $35선이다.

**Location:** 42 E 58th st.
**Call:** (212) 888-2288
**Hours:** 점심 11:30~3:00, 저녁 5:30~11:30

## 16 Godiva 고디바

스위스라는 나라는 도대체 무슨 생각으로 이렇게 아름답고 기가 막힌 맛의 초콜릿을 보편화시켜 살을 찌게 만들었는지 모를 일이다. 그저 비싼 초콜릿으로만 생각되었던 고디바는, 친구 집에 초대받았을 때 선물로 하기에 좋다. 그래서인지 포장 손님들이 늘 많다. 록펠러 센터와 타임스스퀘어 두 군데에 있는데 진한 핫초코도 판매하니 여행 중의 피로가 누적되어 뉴욕이 눈에 잘 안 들어올 때 이만한 명약이 없다.

**Location:** 701 Fifth ave.
**Call:** (212) 593-2845
**Hours:** 점심 11:00~18:00

## 17 Virgil's Barbecue 버질스 바비큐

타임스스퀘어에는 다소 많은 체인점이 생긴 달라스 비비큐 말고도 버질스 바비큐가 있다. 골목 안쪽에 위치해 달라스에 비해 조금 허름해 보일 수 있지만 맛은 이곳이 더 낫다. 부드럽게 쭉쭉 찢어지는 그 깨가 솔솔 뿌려진 바비큐를 한 입 가득 넣고 있다 보면 어린아이처럼 마냥 행복해진다. 옆 테이블의 아이와 어른들의 표정이 같은 걸로 봐서 내 표정도 그러겠지 하며 계속 먹게 되는 곳이다.

**Location:** 152 W 44th st.
**Call:** (212) 921-9494
**Hours:** 11:00~23:00

## 18 Gray's Papaya 그레이스 파파야

길에서 핫도그를 먹는 것은 사실 조금 위험하긴 한데 이유는 당연히 위생이 문제다. 그러나 그레이스 파파야는 이야기가 180도 달라진다. 위험하기는커녕 아니 사실 그 부드러운 빵과 소시지 맛 때문에 눈이 뻥 뜨이게 되니 오히려 건강에 좋다고 해야 하나? $2짜리 뉴욕의 맛이니 먹어 볼 것!

**Location:** 539 8th ave.
**Call:** (212) 904-1588
**Hours:** 24시간

## 19 Smith & Wollensky 스미스 앤 울렌스키

〈섹스 앤 더 시티〉만큼 여자들에게 센세이션을 일으켰던 영화 〈악마는 프라다를 입는다〉에서 미란다가 시켜서 먹으려고 했던 그 거대한 스테이크가 바로 이집의 스테이크다. 독일의 광장에 있는 맥주 집 같이 생긴 이집은 특대 사이즈의 스테이크로 유명한 집이다. 관광객들로 바글바글한데 양은 엄청나게 많은 편이니 한 개 시키고 샐러드를 시키거나 해서 둘이 나눠 먹는 게 가격($25~35)을 절약하는 좋은 방법이다.

**Location:** 797 Third ave. 49th st.
**Call:** (212) 753-1530
**Hours:** 점심 11:30~3:00, 저녁 5:30~11:30

## 20 Nino's Positano 니노즈 포지타노

피자가 주 특기인 집으로 빨간색 차양 밑에서 피자를 먹고 있으면 딱 이탈리아에 온 기분이 들어 좋은 곳이다. 풍성한 샐러드도 일품인데 바삭하게 구워진 피자($12) 맛과 예쁜 인테리어로 식사하고 가만히 앉아서 다음 여행지에 대한 정보를 습득하기에 너무 좋은 분위기가 조성된 곳이다.

**Location**· 890 2nd ave.
**Call:** (212) 355-5540
**Hours:** 점심 11:30~3:00, 저녁 5:30~11:30

## 21 Teuscher Chocolatier 튜처 쇼콜라티에

록펠러 센터의 아이스 링크를 가는 길에 있는 이집은 알록달록한 다양한 종류의 초콜릿들이 잔뜩 쌓여 있는 〈찰리의 초콜릿 공장〉 같은 곳이다. 그러나 한 개당 가격이 $2라서 괴로운 곳이기도 하다. 몇 개만 조금 맛보려고 고르다 보면 금세 $20가 넘으니 주의해야 하는 곳이기도 한 집으로 유명한 쇼콜라티에의 하우스이므로 밥 먹고 한 개만 디저트 삼아서 먹어 볼 것! 예쁜 이 가게 앞에서 사진 찍는 것도 필수 코스다.

**Location:** 620 Fifth ave.
**Call:** (212) 246-4416
**Hours:** 11:00~18:00

## 22 MenKui-Tei 멘키테이

유달리 일본 라멘을 좋아하는 나에게 "뉴욕에서 제일 맛있는 라면집 딱 한 군데만 말해 줘!" 한다면 "바로 여기야!" 라고 말해 줄 만큼 맛있는 집이다. 개운한 국물의 소유 라멘($9)과 완탕 라멘($11)이 최고로 맛있는데 사이드로 김치를 더 시켜서 놓고 먹으면 그렇게 눈물나게 맛있을 수가 없다는. 그러나 이집에서 가츠동 류의 덮밥은 피해야 한다. 이집은 오로지 라멘만 최고인 집이다.

**Location:** 60 W 56th st.
**Call:** (212) 757-1642
**Hours:** 점심 11:30~3:00, 저녁 5:30~11:30

## 23 Megu 메구

유엔에서 1st ave.를 따라 조금 올라가다 보면 건너편에 트럼프 타워가 나오는데 거기 1층에 위치한 고급 레스토랑이다. 프렌치 요리 전문인 이집은 분위기와 맛 모두 괜찮은 편이지만 사실 그렇게 꼭 가 볼 음식점은 아니다. 각종 드라마나 영화에 많이 등장해 관광객들에게도 유명하지만 맛은 중상 정도의 레벨이라고 보면 된다. 더불어 가격($35~)도 만만치 않고 나이키나 컨버스 운동화 차림으로 들어가기에 민망한 입구를 가졌다는 사실도 알고 갈 것!

**Location:** 845 United Nations Plz. # B
**Call:** (212) 964-7777
**Hours:** 점심 11:30~3:00, 저녁 5:30~11:30

## 1 **Mackenzie Childs** 매켄지 차일드

알록달록한 컬러가 너무 예쁘고 음식이 담기면 정말 먹음직스러울 것만 같아 보이는 그릇 전문 가게다. 이집은 특히 포크와 나이프, 스푼 등이 너무 예쁘다. 이 예쁜 접시에 음식을 담고 포크를 쥐어 준다면 그 어떤 어린 이가 밥을 거부할까 싶게 예쁜 그릇 집이다. 혼수장만 용으로 스푼과 포크 세트($65~150) 강추!

**Location:** 14 W 57th st.
**Call:** (212) 570-6050
**Hours:** 11:00~18:00

## 2 **Escada** 에스카다

커다란 에스카다의 기본 문양이 그려진 스카프가 매장 인테리어에 이용되어 저 멀리서도 '저기 에스카다다!' 라고 알 수 있다. 당연히 엄마와 할머니 선물로 이곳 스카프는 인기 만점이니 아직 선물을 못 샀다면 마지막에 꼭 들러야 할 중요한 곳이다.

**Location:** 715 5th ave.
**Call:** (212) 755-2201
**Hours:** 11:00~18:00

## 3 **Salvatore Ferragamo** 살바토레 페라가모

이미 국내에선 구두로 한번 선풍적인 인기를 한바탕 치르고 난 브랜드다. 그때 그 추억의 바라 슈즈(Vara shoes)만큼 인기를 끄는 제2의 대박 구두는 아직 나타나지 않았지만 스포티한 밑창의 구두는 아빠 선물로 너무 좋다. 정장스러우면서도 캐주얼해서 오래 신고 있어도 발이 편안한 구두 한 켤레 선물하기에 좋은 곳이다.

**Location:** 655 5th ave.
**Call:** (212) 759-3822
**Hours:** 11:00~18:00

## 4   **Apple Store**   애플 스토어

'저 놈의 사과가 뭐기에…….' 온전한 사과도 아닌 누가 한 입 베어 먹고 간 저 마크가 어쩜 그렇게 예뻐 보이는지 맥 컴퓨터는 도저히 사용할 일이 없어서 사는 게 돈 낭비일 거라는 생각을 주입시키지만 최근 출시된 애플 에어($189)는 디자이너가 누구인지 존경스럽기까지 할 정도다. 여자들은 아이팟 나노를 보느라 분주하고 남자들은 노트북에 푹 빠져 시간 가는 줄 모르게 되는 사과 천국!

**Location: 767 5th ave.**
**Call: (212) 336-1440**
**Hours: 24시간**

## 5   **Henri bendel**   헨리 벤델

〈가십 걸〉 때문에 유명해졌다. '왜 다들 저 백화점에 가는 걸까?' 라는 생각을 하면서 갔다가 '아!' 하고 손에 쇼핑백 하나씩 들고 나오게 되는 곳이다. 다른 백화점에 비해 진열되어 있는 상품들이 신상(품)인데다가 거대한 편집 숍처럼 다른 백화점에는 없는 브랜드가 꽤 많이 들어와 있어서 선택의 폭이 넓다. 그리고 무엇보다 논스톱 풀 쇼핑을 하기에 너무 편하게 디자인되어 있다는 점! 화장품을 고르고 향수를 고른 뒤 선글라스와 액세서리를 사고 옷과 속옷을 사는 코스로 이루어져 있는데 그 길이 나선형으로 이루어져 있어 앞사람을 자동적으로 따라가며 쇼핑하게 된다.

**Location: 712 5th ave.**
**Call: (212) 247-1100**
**Hours: 11:00~19:00**

## 6   **Prada**   프라다

그 유명한 뉴욕의 5th st.에 위치한 프라다 매장이다. 프라다의 심플함이 매장에서도 그대로 돋보이는 매장이다. 타임스스퀘어 다음으로 뉴욕스러움을 찍기에 이곳만큼 좋은 곳도 없으니 아낌없이 사진을 찍으며 사진만 된장녀 놀이를 시작해 볼 것!

**Location: 724 5th ave.**
**Call: (212) 664-0010**
**Hours: 11:00~18:00**

## 7   **Dior**   디올

옷보다는 가방에 더 눈이 가는 브랜드로 몇 년 전까지 가우초 백으로 한 차례 '완소 잇백'의 반열에 올랐던 브랜드다. 화장품 라인도 괜찮다.

**Location: 17 E 57th st.**
**Call: (212) 421-6009**
**Hours: 11:00~18:00**

# 8 **Chanel** 샤넬

마드모아젤이라는 단어가 절로 나오는 샤넬의 슈트가 마네킹에 걸려 있는 것만 봐도 여자들은 행복하다. 어쩌면 '5번가'에 가장 잘 어울리는 브랜드인 듯하다. 바로 넘버 5(파이브) 향수 때문. 최근에 출시한 샹스(Chance)라는 향수와 2.55백(bag)으로 인기몰이 중이다.

**Location:** 15 E 57th st.
**Call:** (212) 355-5050
**Hours:** 11:00~18:00

# 9 **Nike Town** 나이키 타운

뉴요커들은 어디서나 잘 달린다. 나이키 정신에 걸맞는 이들이 나이키를 사랑하지 않는 게 더 이상할 정도로 틈만 나면 뛰는데 심지어 회사에 출근할 때는 정장바지에 나이키를 신고 걸어가 회사에서 구두로 갈아 신고 다니는 직장인들이 적지 않다. 신상(품)들이 깔끔하게 진열되어 있는데다가 그 초특급 에어는 발이 진짜 편안해 무릎에 무리가 가는 것을 최소화해 준다. 세일할 때는 $150에 멋진 나이키 운동화를 살 수 있다.

**Location:** 6 E 57th st.
**Call:** (212) 891-6453
**Hours:** 11:00~19:00

# 10 **Disney Shop** 디즈니 숍

미키와 미니의 집이다. 생일 파티나 할로윈 의상을 위해 어린이들이 꼭 들르는 곳으로 신데렐라 드레스부터 백설공주의 머리띠까지 이 세상 모든 공주들의 의상과 액세서리를 판매한다. 더불어 산처럼 쌓여 있는 미키와 미니마우스 인형 그리고 정말 거대한 구피 인형까지 다 너무 예쁘다. 안에서 사진을 찍을 수 있으니 해리포터처럼 마술 모자를 쓰고 사진 한방 찍어주자.

**Location:** 711 5th ave.
**Call:** (212) 702-4124
**Hours:** 11:00~20:00

# 11 **Gucci** 구찌

블랙 컬러의 유리로 된 인테리어와 나무가 한 폭의 동양화를 연상시키는 매력적인 구찌 매장은 아주 넓은 편이고 이 매장에는 다른 매장보다 더 다양한 상품들이 있으니 구찌 마니아라면 놓쳐서는 안 되고 놓칠 수도 없는 곳이다. 5th st.에서 트럼프 타워와 루이 비통 매장 다음으로 돋보이는 곳이니 말이다.

**Location:** 685 5th ave. # 13
**Call:** (212) 826-2600
**Hours:** 11:00~18:00

# 12 Abercrombie & Fitch 아베크롬비 앤 피치

아베크롬비 입구에는 배에 초콜릿처럼 근육이 짝짝 갈라진 멋진 모델들이 최대한 섹시하게 노출한 채 느끼하게 인사를 하는데 이 매장의 트레이드 마크처럼 된 이벤트라고 한다. 실내는 아주 어둡고 음악은 시끄러워 무슨 클럽에 온 것 같은 느낌이 들어 처음에는 쇼핑에 집중하기 어렵지만 소파에 앉아서 잠시 눈에 조금만 익으면 그때부터 예쁜 집업(zipup)과 청바지들 그리고 가볍고 편한 가락신들이 눈에 쏙쏙 들어온다.

**Location: 720 5th ave.  Call: (212) 306-0936  Hours: 11:00~20:00**

# 13 Mikimoto 미키모토

진주하면 일본, 일본에서도 미키모토는 알아주는 진주 브랜드다. 결혼 예물로도 많이 한다고 하는데 대를 물려도 될 만큼 디자인이 신선하고 심플해 질리지 않고 예쁘다고 한다. 다양한 컬러의 '조개의 눈물'들이 여자들의 손 위에서 빛을 발하는데 목걸이가 예쁘다.

Location: **730 5th ave.**
Call: **(212) 664-1800**
Hours: **11:00~18:00**

# 14 Louis Vuitton 루이 비통

투명한 느낌의 글라스로 된 외관에 구찌, 펜디와 더불어 '5번가'를 빛내는 윈도 디스플레이로 유명한 그리고 이미 전 세계적으로 사랑받아 신상(품)이 나오기가 무섭게 책가방이 되어 버리는 바로 그 루이 비통이다. 인기가 너무 많은 탓에 가짜도 많지만 엄마들의 로망인 지갑 코너에는 늘 사람들이 바글바글하다.

Location: **1 E 57th st.**
Call: **(212) 759-5195**
Hours: **11:00~18:00**

# 15 Bergdorf Goodman 버그도프 굿맨

뉴욕의 최상류층이 이용한다는 버그도프 굿맨 백화점인데, 남성과 여성이 아예 건물이 나뉘어 있다. 들어가 보면 그 멋스러운 분위기에 놀라고 가격대도 만만치 않게 높은 제품들이 대부분이다. 연말이 되면 고가의 파티 드레스들이 넘실거린다.

Location: **754 5th ave.**
Call: **(212) 753-7300**
Hours: **11:00~18:00**

# 16     TKTS     티케이티에스

당일 뮤지컬 50% 할인 티켓을 사려면 이곳에서 줄 서야 한다. 비할인 뮤지컬을 제외하고는 대부분의 뮤지컬이 이곳에서 판매되는데 평균적으로 $45선으로 티켓을 살 수 있다. '자리도 할인 티켓이라 나쁘면 어쩌지?' 하고 걱정하지 말 것! 랜덤으로 판매하기 때문에 의외로 정말 좋은 자리가 걸릴 수도 있다. 카드 사용 불가로 오직 현금으로만 판매하므로 이점 유의할 것!

Location: 252 W 45th st.   Call: (212) 221-0013   Hours: 11:00~18:00

# 17     Takashimaya     다카시마야

일본계 백화점이다. 규모는 작지만 일본 사람들이 좋아할 만한 독특한 디자인의 제품들이 많다. 백화점으로는 그다지 쇼핑이 즐겁지 않을 만큼 너무 쉽게 구경이 끝나 버릴 정도로 작지만 주얼리 라인만큼은 보기만 해도 감탄이 절로 나올 만큼 멋진 제품들이 많으니 눈높이를 높여 주기에 좋다.

Location: 693 5th ave.
Call: (212) 350-0100
Hours: 11:00~18:00

# 18     Gap     갭

최근 유명한 디자이너들과의 공동작업으로 다양한 종류의 셔츠와 원피스를 선보였는데 반응이 가히 폭발적이다. 갭은 가격에 비해 퀄리티가 좋은 천을 사용해서 좋다. 사이즈도 폭넓게 나와서 뚱뚱하다고 말하는 사람들도 가면 쇼핑을 즐길 수 있다.

Location: 680 5th ave.
Call: (212) 977-7023
Hours: 11:00~18:00

# 19     Fendi     펜디

거대한 펜디의 베어브릭(Bear brick)이 떡하니 5th st.를 내려다보며 지나다니는 사람들에게 구경하라고 호객행위를 하는 듯했던 펜디 매장. 윈도 디스플레이가 너무 예뻐 사람들이 전부 들어가는 바람에 매장 안은 사람들로 붐볐다. 선글라스와 가방이 인기 있고 특히, 큰 버클이 달린 모양의 가방은 너무 예쁘다.

Location: 677 5th ave.
Call: (212) 644-1879
Hours: 11:00~18:00

## 20 Bottega Veneta 보테가 베네타

가죽을 엮어서 만든 디자인이라 부드럽고 지갑의 경우 심플하면서도 감촉이 좋고 가벼워 남자들에게 인기 있는 제품이다. 자신의 몸통보다 더 커다란 바둑판 모양의 가죽을 엮은 빅 백을 메고 거울을 보는 모델 같은 여자들이 많다.

**Location:** 697 5th ave.
**Call:** (212) 371-5511
**Hours:** 11:00~18:00

## 21 Rizzoli Book Store 리졸리 북 스토어

시끌벅적한 바깥과는 너무나 대조적인 이 오래된 서점 안에는 고요와 정적과 따뜻함만이 감돈다. 유난히 예쁜 화보나 사진집이 많아서 책 구경을 하다 보면 한두 시간은 훌쩍 가게 되는데 고급 주택을 개조해 만든 것 같은 실내 인테리어와 중앙의 커다란 샹들리에(chandelier)가 너무나 감동적이다.

**Location:** 31 W 57th st.
**Call:** (212) 759-2424
**Hours:** 11:00~20:00

## F.A.O Schwarz  에프에이오 슈워츠

아주 오래전 영화인 〈빅〉에 나오는 그 커다란 피아노가 있는 곳이 바로 이곳이다. 매장 안 여기저기서 울려 퍼지는 "엄마 나 저거 사 줘!" 는 '세계 어디서나 아이들은 똑같이 순수하구나!'를 알 수 있게 해 줘서 웃음이 나게 된다. 인기 있는 빅 피아노는 2층에 있는데 아이들이 신나게 뛰어다니며 연주를 하게끔 아예 룸으로 만들어져 있다. 각종 레고도 판매한다.

**Location:** 767 5th ave.
**Call:** (212) 644-9400
**Hours:** 11:00~20:00

## 24 Forever 21 포에버 21

한국인이 대표라고 하는 이 브랜드는 동대문 물건을 저렴한 가격으로 선보이며 뉴요커들의 마음을 단숨에 사로잡아 버린 브랜드다. 막상 이런 내용을 알고서는 선뜻 역수출을 하게 될까 두려워 가기가 꺼려지는데 이곳은 절대로 그냥 지나치기가 어렵다. 미국 시장을 겨냥해 만든 알록달록하고 예쁜 캐미솔 톱 원피스들은 입으면 얼굴이 환해지는 효과까지 있으니 이를 어떻게 거부하겠는가 말이다.

**Location:** 50 W 34th st.
**Call:** (212) 564-2346
**Hours:** 11:00~18:00

## 25 Victoria's Secret 빅토리아 시크릿

세계에서 가장 섹시한 모델을 쓰기로 유명한 빅토리아 시크릿은 속옷 전문 브랜드다. 그다지 퀄리티가 좋은 편은 아닌데 디자인이 너무 예뻐서 엄청난 사랑을 받고 있다. 레이스 달린 제품부터 심플한 디자인까지 속옷 디자인으로 나올 수 있는 것은 거의 다 있다고 생각하면 된다. 당연히 망사와 레이스 끈 팬티도 있다.

**Location:** 1328 Broadway
**Call:** (212) 356-8380
**Hours:** 11:00~18:00

## 26 Macy's 메이시스

가장 보편적이고 대중적인 뉴욕의 백화점이다. 한 애버뉴를 다 차지할 만큼 규모가 큰데 세일이 시작되면 정신 못 차리게 사람들이 많이 몰려든다. 퇴근 후에 정신없이 달려오는 뉴요커들을 보면 '뉴요커라고 해도 세일 앞에서는 우리와 다를 게 없구나!' 라는 것을 실감하게 해 주는데 이 백화점은 추수감사절 퍼레이드로도 유명한 곳이다.

**Location:** 151 W 34th st.
**Call:** (212) 695-4400
**Hours:** 11:00~20:00

## 28  Anthropologie  앤스로폴로지

꽃무늬의 빈티지 풍 원피스들과 그릇과 향초까지 여자들이 좋아하는 것은
다 있다고 보면 된다. 평소에는 가격대가 조금 있는 편인데 세일을 하면
편안하게 쇼핑을 하기에 좋은 가격대($70~150)가 형성된다. 꽃무늬 천으
로 만들 수 있는 모든 것이 이 안에 다 있다.

**Location:** 50 Rockefeller Plz.
**Call:** (212) 246-0386
**Hours:** 11:00~18:00

## 29  J.crew  제이크루

엄마 아빠께 커플 옷을 사 드리기에 좋은 깔끔하고 심플한 디자인의 옷들
이 많다. 워낙 가격에 비해 제품의 질이 좋아서 어른들께 선물해도 좋아
하실 것이다. 여름에는 가죽 가락신이 특히 예쁜 게 많으니 들러볼 것!

**Location:** 30 Rockefeller Plz.
**Call:** (212) 765-4227
**Hours:** 11:00~18:00

## 30  Saks Fifth avenue  삭스 피프스 애버뉴

백화점 레벨로는 딱 중간보다 위 정도다. 이 백화점은 브랜드 수로 승부
하는데 실제로 조금 뜬 디자이너다 싶으면 과감히 자리를 내 준다. 그래
서인지 정말 다양한 브랜드를 구경할 수 있어서 좋다. 쇼핑백도 그래피티
적인 게 멋스럽다.

**Location:** 12 E 49th st.
**Call:** (212) 644-1704
**Hours:** 11:00~20:00

## 31  Cartier  까르띠에

까르띠에의 박물관 같은 느낌의 매장이다. 늘 사람들로 바글바글해서 제
품 하나를 제대로 구경하기가 힘든 티파니 매장에 비해 훨씬 수월하게 구
경할 수 있다. 까르띠에의 전통 문양이 새겨진 얇은 커플링이 인기 최고!

**Location:** 653 5th ave.
**Call:** (212) 446-3459
**Hours:** 11:00~18:00

## 32   The Mtv Store   엠티비 스토어

엠티비의 로고가 찍힌 티셔츠부터 술잔까지 없는 게 없는데 가격이 비싸다. 딱 소주잔으로 좋기에 선물로 사려고 보니 한 잔에 $5라 곱게 내려두었을 정도로 편하게 쇼핑을 하기에는 어려운 곳이다.

Location: 233 W 42nd st.
Call: (212) 840-6011
Hours: 11:00~20:00

## 33   Club Monaco   클럽 모나코

클럽 모나코 매장들 중 단연코 으뜸 규모와 세련되고 멋진 윈도 디스플레이를 자랑한다. 단지 줄무늬 민소매들을 컬러별로 나란히 입혔을 뿐인데 마네킹이 특별한 건지 마냥 예뻐 보여 잊고 있었던 지름신이 다시 부활하게 된다. 우리나라 매장과 옷도 다르고 가격도 저렴하니 정장 같은 것은 출퇴근 용으로 장만하기 좋다.

Location: 160 5th ave.
Call: (212) 352-0936
Hours: 11:00~18:00

## ∃Ч Manolo Blahnik  마놀로 블라닉

〈섹스 앤 더 시티〉의 캐리가 노래를 하던 마놀로 블라닉! 커리어 우먼들의 상징이자 자칭 타칭 이멜다인 구두 마니아들에게는 생활 필수품인 구두 브랜드다. 모마에서 나오면 바로 앞에 매장이 있는데 조용히 들어가서 한 가득 신어 보고 쇼핑하기에 좋은 분위기다. 아무리 힐이 높아도 정말 편하다.

**Location:** 31 W 54th st.
**Call:** (212) 582-1583
**Hours:** 11:00~18:00

## ∃5 Toy's rus  토이즈러스

에버랜드의 관람차 미니어처가 이 숍 안에 들어가 있을 줄은 정녕코 알 수 없었다. 겉만 보면 입구도 작아서 내부가 이렇게 넓은 줄은 상상도 못할 만큼 장난감 천국이라는 말이 딱 맞아 떨어지는 가게다. 하루 종일 여기서 놀라고 하면 누구든 놀 수 있을 것 같은 풍경은 문 닫을 시간이 돼서 억지로 끌려 나가는 아이들을 보는 것 같아 재밌다. 특히 "내일 또 와도 되나?" 고 물어 보는 모습은 너무 사랑스럽다.

**Location:** 1411 Broadway
**Call:** (800) 935-9935
**Hours:** 11:00~20:00

## ∃6 Burberry  버버리

우리나라에서 버버리하면 체크 머플러와 트렌치코트를 쉽게 떠올린다. 군인들을 위해 영국에서 만들어진 비옷인 트렌치코트가 트레이드마크였던 이 브랜드가 요즘 뉴욕에서 새로운 트렌드로 떠오르고 있다. 트렌치코트가 미니스커트가 되어 사랑을 듬뿍 받고 있으니, 뉴욕의 버버리만큼은 꼭 가 보도록 하자.

**Location:** E 57th st.
**Call:** (212) 407-7100
**Hours:** 11:00~18:00

MoMA
RUMP TOW
OPEN TO
THE PUBLIC
8 AM TO 10 PM
SKATING RINK
ENTRANCE
PORT AUTHORITY BUS TERMINAL

## 1 Moma museum  모마 뮤지엄

사람들 대부분이 뉴욕에 오는 이유 다섯 가지 안에 이 모마를 순위에 넣는 데는 그만한 이유가 있다. 미술관 안에서 사진을 찍을 수 있고 마티스부터 앤디워홀, 피카소까지 미술책에서나 보았던 작품들이 이 안에 다 있기 때문이다. 그리고 이 안에는 '모마 2'라는 레스토랑이 있는데 가격은 1인당 $25~35선으로 비싸지만 유명 셰프가 하는 곳이니 꼭 한 끼 먹어보길 권한다. 언제 또 모마에서 앤디워홀, 피카소와 함께 식사를 할지 알 수 없으니 말이다.

**Price:** 성인 $20, 노약자 $16(65세 이상, 신분증 지참 필수), 학생 $12(유효기간 안에 학생 신분증 지참), 16세 이하 어린이 무료. 단 , 어린이 단체 입장인 경우 본 무료 입장 방침이 적용되지 않는다. 회원 입장료 무료. 매주 타깃 무료 금요일 밤(Target Free Friday Nights) 오후 4:00~8:00 사이의 모든 관람객 입장 무료
**Location:** 44 W 53rd st.
**Call:** (212) 767-1050
**Hours:** 수~목 · 토~일 11:00~18:00, 월~화 휴관

## 2 Rockefeller Center  록펠러 센터

뉴욕 시에다가 너무나 많은 돈을 기부한 까닭에 5층 건물 이상의 물값을 공짜로 만들어 주신 존경스러운 부자 중 한 사람이다. 우리나라와 다르게 부자들의 기부문화가 보편화된 미국에서는 그들을 인생의 롤모델로 삼고 열심히 공부하고 일하는 젊은이들을 쉽게 볼 수 있는데 이곳은 한겨울이면 아이스 링크와 거대한 크리스마스트리로 유명해지니 크리스마스 시즌에 방문했다면 이곳에서 '나홀로 집에'를 찍어 보는 것이 어떨까. 몹시 춥긴 하겠지만 말이다.

**Location:** 45 Rockefeller Plz.
**Call:** (212) 632-3975

## 3 Trump Tower  트럼프 타워

골드 컬러로 된 벽에서 물이 흘러 내리는 모습이 럭셔리 그 자체다. 2층에는 스타벅스가 있고 지하 1층에 깨끗하고 좋은 화장실이 있어서 관광객들이 늘 들락날락거린다. 지하에 있는 레스토랑보다는 스타벅스 의자에 앉아서 내려다보고 올려다보는 것이 더 멋지고 사진도 잘나온다.

**Location:** 725 5th ave.
**Call:** (212) 317-8466

## 4 Grand Central  그랜드 센트럴

우리나라로 치자면 서울역이라고 보면 되는데 늘 헤어지고 만나는 일이 빈번한 곳이다. 그래서인지 한가운데 시계탑이 있다. 이곳의 자랑 중 하나는 바로 마켓! 신선하기로 유명한 마켓의 모든 제품들은 출퇴근 장보기에서 빠질 수 없는 코스다. 치즈와 각종 향신료와 파스타, 과일과 채소 등은 집에 가서 요리하는 것을 즐겁게 만든다.

**Location:** 8 E 42nd th.
**Call:** (718) 330-1234

## 5 Carnegie Hall  카네기 홀

재즈부터 각종 팝과 클래식까지 모든 장르의 음악이 공연되는 곳이다. 중후하게 생긴 외관과 다르게 업타운 쪽에서는 단연코 으뜸으로 인기가 좋은 곳이니 주저하지 말고 가 볼 것! 여러 개의 홀에서 듣는 재즈 연주는 관객들을 무아지경으로 만든다. 음악을 사랑하는 마니아라면 주기적으로 가서 도장을 찍게 될 것이다.

**Location:** 881 7th ave.
**Call:** (212) 632-0540

## 6 Port Authority bus terminal  포트 어소리티 버스 터미널

대부분의 버스가 여기서 출발한다. 그레이 하운드라는 버스가 대부분인데 우드버리부터 AC까지 뉴욕의 근교 여행에는 한 번은 꼭 가게 되는 곳이다. 시설이 그다지 좋지 않고 밤에는 노숙자들이 몰려들어 살짝 무서우니 정신 바짝 차릴 것!

**Location:** 625 8th ave.
**Call:** (212) 502-2504

# 7 **Radio City** 라디오 시티

방송국과 붙어 있는 이곳은 뉴욕 여행 사진에서 빼놓을 수 없는 코스다. 건물 내부를 견학하는 건 그다지 재미는 없고 밤에 타임스스퀘어에서 산책하듯이 걸어와 사진을 찍어 두자. 록펠러 센터와도 가까워 한번에 다 보기에 바람직한 동선이다.

**Location:** 1260 ave. of the Americas
**Call:** (212) 247-4777

# 8 **Columbus Circle** 콜럼버스 서클

콜럼버스 동상이 높은 빌딩들 사이에 솟아 있는데 그 주변에 동그랗게 벤치를 놓아 두어 음식을 테이크아웃해서 점심 때 앉아 먹기에도 좋고 밤에는 분수가 나와 로맨틱한 분위기가 연출되니 연인끼리는 꼭 한 번 가 볼 것을 권하는 장소다. 엎어지면 코 닿을 지척에 센트럴 파크 웨스트의 입구가 있어서 공원을 거닐기도 좋다.

# 9 **Lincoln center Jazz Rose Hall** 링컨 센터 재즈 로즈 홀

나는 사실 카네기 홀도 엄청나게 좋지만 이 링컨 센터의 새로 리뉴얼한 로즈 홀 또한 빼놓을 수 없는 절대 뒤지지 않는 재즈 공연장이라고 생각하는데 딱 $35로 행복한 여행의 마무리를 하기에 너무나 좋기 때문이다. 뉴욕의 유명 재즈 바인 빌리지 뱅가드(Village Vanguard)도 좋지만 이곳의 매력은 공연을 보고 나와 천천히 걷거나 버스를 타고 타임스스퀘어까지 내려오는 그 길이 뉴욕을 잊을 수 없게 마지막으로 비수를 꽂아 버리는 감동을 선사하니 강추한다.

**Location:** 33 W 60th st.
**Call:** (212) 258-9500

# 10 **New York Times** 뉴욕 타임즈

그 유명한 신문 「뉴욕 타임즈」의 건물이다. 저 안에 있는 기자들은 과연 어떻게 생겼을까 무척 궁금한 그리고 부러운 곳이기도 할 만큼 전 세계 매체의 중심에 있다고 해도 과언이 아닌 이곳에서 읽지는 못해도 「뉴욕 타임즈」 하나 사 주는 센스는 필요하다.

**Location:** 229 W 43rd st.
**Call:** (212) 556-1744

# 11 Penn Station 펜 스테이션

"나 기차가 타고 싶어!"라고 말하는 친구를 뉴욕에서 데려갈 수 있는 곳.
주말이면 롱 비치로 가는 사람들로 인해 북적대는데 맨해튼과는 또 다른
뉴욕을 느껴 보기에 덜컹거리는 소리가 경쾌한 LIRR(Long Island Rail
Road)을 타는 것도 즐겁다.

**Location:** New York Penn staion a. 33rd & 7th Ent
**Call:** (212) 630-6401

# 12 Madison Square Garden 매디슨 스퀘어 가든

아이스 하키부터 시작해 농구까지 각종 경기가 열리는 매디슨 스퀘어 가
든은 거대한 돔 형식으로 수많은 극장과 먹을거리들이 안에 있는데 경기
가 있는 날이면 주변 일대가 경기를 보러 온 팬들로 인해 걸어 다니기 힘
들 정도로 스포츠 마니아들에게 이곳은 즐거운 놀이터다.

**Location:** 116 W 31st st.
**Call:** (212) 947-9700

# 13 Newyork Library 뉴욕 라이브러리

노트북을 할 수 있는 장소를 따로 만들어 놓을 정도로 아주 배려심 깊은
도서관이다. 긴 테이블에 조명을 받으며 책을 보거나 숙제를 하기에 이렇
게 좋은 조건을 만들어 주는 곳은 없을 것 같은 편견마저 생기는 곳이다.
우리나라로 순간 이동시키고 싶었던 건물 중 하나.

**Location:** 498 5th ave.
**Call:** (212) 340-0866
**Hours:** 9: 00~21:00

# 14 Bryant Park 브라이언 파크

뉴욕 라이브러리에서 필 받아 심하게 숙제를 한 사람들을 위해 나오자마
자 삼림욕하는 기분을 느끼기에 충분한 잔디 냄새가 일품인 브라이언 파
크는 여름부터 가을까지 각종 크고 작은 행사들이 많이 열린다. 한쪽 구
석에는 회전목마도 있고 브라이언 파크 레스토랑까지 있으니 놀고 쉬고
먹고 내가 좋아하는 삼박자가 딱 맞는 도심 속의 쉼터다.

**Location:** 25 W 40th st.

## 15 **Four Seasons Hotel** 포시즌 호텔

뉴욕에서는 유명한 별 다섯 개짜리 호텔이다. 입구에 세워진 외제차들만 봐도 알 수 있다. 길에서 쉽게 보기 힘든 멋진 차들 앞에는 아침마다 운전기사가 대기하는 모습을 쉽게 볼 수 있는 곳. 입구부터 부티가 좔좔 흐르는데 들어가 그냥 쓰윽 한 바퀴 둘러보고만 나와도 도어맨이 나올 때 문을 열어 주면 왠지 그곳에서 묵고 나온 것 같은 기분이 들어 종종 한 바퀴 산책하듯 돌고 나온다.

**Location:** 57 E 57th st.
**Call:** (800) 332-3442

## 16 **UN** 유엔

반기문 사무총장 님이 계신 그곳! 전 세계의 많은 국가가 가입되어 있는 엄청나게 큰 국제 단체로 강이 보이는 전망이 일품인 곳이다. 미드타운의 중심부에서 벗어나 있어서 잘 찾아가게 되진 않지만, 내부 견학도 할 수 있게 되었으니 한 번쯤 견학하는 것도 좋다.

**Location:** 3 United Nations Plz.
**Call:** (212) 963-8687

## 17 **Herald Square** 헤럴드 스퀘어

메이시스 백화점 앞에 위치한 이 작은 공원은 늘 교통체증으로 인해 시끄럽고 쇼핑 족들로 붐비는 복잡한 곳에서 잠깐 벗어나게 해 주는 유일한 쉼터라고 할 수 있다. 점심을 먹는 사람부터 체스를 두는 사람들까지 각자 나름대로 이 공원을 즐기고 있는데 유달리 나무와 꽃이 많다. 봄에 가 볼 것을 강취!

## 18 **Empire State Building** 엠파이어 스테이트 빌딩

그 유명한 뉴욕에서 가장 높은 건물인 엠파이어 스테이트 빌딩이 미드타운의 한가운데에 있다. 킹콩이 사랑하는 여인과 함께 보낸 마지막 시간이 바로 뉴욕의 전망이 한눈에 보이는 엠파이어 꼭대기에서였다. 엠파이어 전망대는 낮에도 밤에도 날씨가 맑아도 비가 와도 늘 색다른 뉴욕의 모습을 잘 보여 주는 곳이다. 특히, 비가 오는 날이면 내 발 아래로 비구름들이 빠른 속도로 몰려와서 지나가는 느낌은 가히 경이롭기까지 하다.

**Price:** 성인 $19, 12~17세 아동과 62세 이상 노인 $17, 6~11세 아동 $13
**Location:** 3 United Nations Plz.
**Call:** (212) 963-8687

# Have to do!

### 뮤지컬 할인 티켓으로 보기

타임스스퀘어의 메리어트 호텔 뒤편 아케이드에 'TKTS'라는 뮤지컬 할인 티켓 판매 장소가 있다. 오후 3시부터 티켓을 판매하는데 그 전에 점심을 먹고 치즈케이크를 하나 사 들고 줄을 서면 딱 좋게 티켓도 구매하고 시간을 아깝게 버리지 않을 수 있다. 극심한 성수기에는 열 시부터 줄을 서기도 하지만 모든 뮤지컬들이 다 괜찮고 볼 만하다. 무조건 현금으로만 구매할 수 있으므로 현금을 좀 두둑히 가지고 나가야 한다.

### 비할인 뮤지컬 보기

4대 뮤지컬이 있다. 유명한 만큼 할인이 안 되는 그래서 예약이 필수인 뮤지컬이 뉴욕 브로드웨이 안에도 있다. 바로 〈라이온 킹 Lion King〉, 〈위키드 Wicked〉, 〈저지 보이스 Jersey boys〉, 〈몬티 파이튼의 스팸어랏 Monty python's spamalot〉이다. 이 사대천왕들은 할인 티켓이 없으므로 예약을 하지 않았다면 제값을 주고 극장에서 좋지 않은 자리를 구매하거나 조금이라도 좋은 자리는 이미 6개월치가 예약되어 있으므로 여행 계획을 세움과 동시에 사이트에서 미리 티켓을 사 두는 것이 안전하다. 물론 티켓 값에 $30 정도의 예약비가 추가로 들지만 안전하게 최고의 뮤지컬을 뉴욕에서 좋은 자리에서 본다고 생각하면 전혀 아깝지 않다. 예약 사이트: www.broadway.com, www.nyc.com/broadway_tickets

### 네이키드 카우보이와 사진 찍기

카우보이 씨는 날씨 좋은 날에만 근무하기 때문에 만나기가 몹시 힘들다. 특히 겨울 시즌에 여행하는 사람들이라면 보기 힘들고 봄, 가을에 여행하는 사람이라면 주말 오후 3~6시 사이에 타임스스퀘어에 가면 거의 만날 수 있는 인물이다. 〈타임〉 지에도 실릴 만큼 유명 인사라 그런지 기타 통에 돈 넣고 사진 찍으려면 줄을 서야 할 정도다. 아줌마 관광객들과 사진 찍을 때면 관광객들의 엉덩이를 살짝 느끼한 표정으로 잡아 아줌마들이 '꺅!' 소리를 지르는 타이밍에 사진을 찍을 수 있도록 해 주는 센스까지 있다. 타임스스퀘어의 명당자리인 45st. 한가운데에 서 있으니 사진이 이상하게 찍힐까 두려워할 필요는 없다.

현대 미술 갤러리들이 숨어 있는 첼시

# 4. Chelsea

게이라고 하면 우리나라 사람들은 모두 예쁘장한 남자들을 떠올리지만 이곳에는 뜻밖의 게이들을 만날 수 있다. 예를 들어, 할아버지 게이 커플이라든가 대머리 게이 아저씨와 배 나온 흑인 게이 아저씨가 바로 그들이다. 왠지 정겨운 느낌을 주는 그래서 게이여도 마음 한구석이 슬퍼지지 않는 후덕한 사람들이 나에게 "카메라로 멋진 자신을 왜 안 찍냐?"고 장난 반 진담 반 농담을 하는, 너무나 즐겁고 재미난 곳이 바로 '첼시'다. 그리고 그들의 까다로운 취향을 맞춰 낸 영웅 같은 레스토랑과 바, 그리고 마켓이 길 곳곳에 숨어 있고 그 사이사이에 현대 미술 갤러리들이 또 곳곳에 숨어 있고 그 숨어 있는 한가운데에 꼼 데 가르송 매장과 발렌시아가 매장이 동굴 속 호랑이처럼 숨어 있다.

1. 발렌시아가에서 가방 한 점 구입 ▸▸▸ 2. 첼시의 갤러리 돌기 ▸▸▸ 3. 모리모토에서 점심으로 프리픽스 메뉴 먹기 ▸▸▸ 4. 첼시 마켓에서 간단하게 차 한 잔 ▸▸▸ 5. 제프리와 다이안 본, 스텔라 매카트니 알렉산더 맥퀸 매장 순회하기 ▸▸▸ 6. 쿡숍에서 맛있고 멋있는 저녁 먹기 ▸▸▸ 7. 클럽 마키에서 근사한 나이트 라이프 즐기기.

## Hey Play!

1. 카페테리아에서 점심 ▸▸▸ 2. 베르가못의 파이 먹기 ▸▸▸ 3. 첼시의 갤러리 돌기 ▸▸▸
4. 마룬에서 저녁 식사하기 ▸▸▸ 5. 핑크 엘리펀트나 방갈로 8에서 불타는 댄스의 밤 보내기.

EAT
NEW YORK
THE BRONX
Central Park
ARARIO GALLER
28th St
W 30 St
W 28 St
W 28 St
W 26 St
W 26 St
Chelsea
W 23 St
C E
23rd St
F V
23rd St
W 23 St
Flatiron
Building
W 22 St
elsea Piers
W 20 St
Flatiron
District
Eighth Ave
Ninth Ave
Tenth Ave
Seventh Ave
Sixth ave
W 18 St
18th St
W 16 St
W 14 St
8th Ave-14th St
14th St
6th Ave-14th St
A C E L
1 2 3
W 13 St
F L V
Little W 12 St
Gansevoort St
Meatpacking
Greenwich Ave
W 12 St
Pier 52
Horatio St
Jane St
Waverly
W 10 St

## Café & Restaurant

1.Bottino(보티노)  2.Empire Diner(엠파이어 다이너)  3.Cookshop(쿡숍)
4.Le Grainne(르 그라니)  5.La Bergamote(라 베르가못)  6.Morimoto(모리모토)
7.Chelsea Market(첼시 마켓)  8.Buddakan(부다칸)  9.POPburger(팝버거)  10.Maroons(마룬)
11.Food Bar(푸드 바)  12.Cafeteria(카페테리아)  13.Viceroy(바이스로이)
14.Murray`s bagels(뮤레이스 베이글스)  15.El Quijote(엘 키호테)
16.Patsy`s Pizzeria(팟치스 피자리아)

## Park & Museum

1.Chelsea park(첼시 파크)  2.Fashion Institute of Technology(패션 스쿨)  3.Chelsea Art Gallery(첼시 아트 갤러리)
4.Paul Kasmin Gallery(폴 카스민 갤러리)  5.Pace Gallery(페이스 갤러리)  6.Paula Cooper Gallery(폴라 쿠퍼 갤러리)
7.Matthew Marks Gallery(매튜 막스 갤러리)  8.Vanina Holasek Gallery(바니나 호라섹 갤러리)
9.Sundaram tagore Gallery(선다람 타고르 갤러리)  10.George Adams Gallery (조지 아담스 갤러리)
11.James Cohen Gallery(제임스 코헨 갤러리)  12.Agora Gallery(아고라 갤러리)  13.Whitebox Gallery(화이트박스 갤러리)
14.Greene Naftali Gallery(그리니 나프탈리 갤러리)  15.Cheim & Read Gallery(차임 앤 리드 갤러리)
16.Robert miller Gallery(로버트 밀러 갤러리)  17.Arario Gallery(아라리오 갤러리)  18.535 Gallery(535 갤러리)
19.Silverstein Gallery(실버스타인 갤러리)  20.Andrea Rosen Gallery(안드레아 로젠 갤러리)  21.DIT Fine Art(디아이티 파인 아트)
22.Jim Kempner Fine Art(짐 캠프너 파인 아트)  23.Gladstone Gallery(글래드스톤 갤러리)
24.Fredericks Freiser Gallery(프레데릭스 프레이저 갤러리)  25.Perry Rubenstein Gallery(페리 루벤스타인 갤러리)
26.D`amelio Terras Gallery(다멜리오 테라스 갤러리)  27.Van de Weghe Fine Art(반 드 웨이 파인 아트)
28.Mike Weiss Gallery(마이크 바이스 갤러리)  29.Tanya Bonkadar Gallery(타냐 본카다르 갤러리)

## Bar & Club

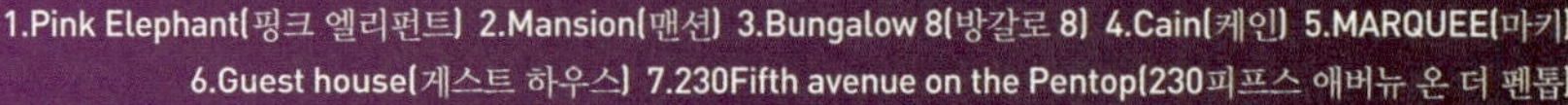

1.Pink Elephant(핑크 엘리펀트)  2.Mansion(맨션)  3.Bungalow 8(방갈로 8)  4.Cain(케인)  5.MARQUEE(마키)
6.Guest house(게스트 하우스)  7.230Fifth avenue on the Pentop(230피프스 애버뉴 온 더 펜톱)

## Shop

1.Comme des garçons (콤 데 가르송) 2.Balenciaga(발렌시아가) 3.Jeffrey(제프리)
4.Stella McCartney (스텔라 매카트니) 5.Alexander Mcqueen (알렉산더 맥퀸) 6.Apple Store(애플 스토어)
7.Diane von Furstenberg (다이안 폰 푸르스텐베르그) 8.Scoop(스쿱) 9.Barneys Coop(바니스 쿱)
10.Banana Republic(바나나 리퍼블릭) 11.Pippin(피핀)

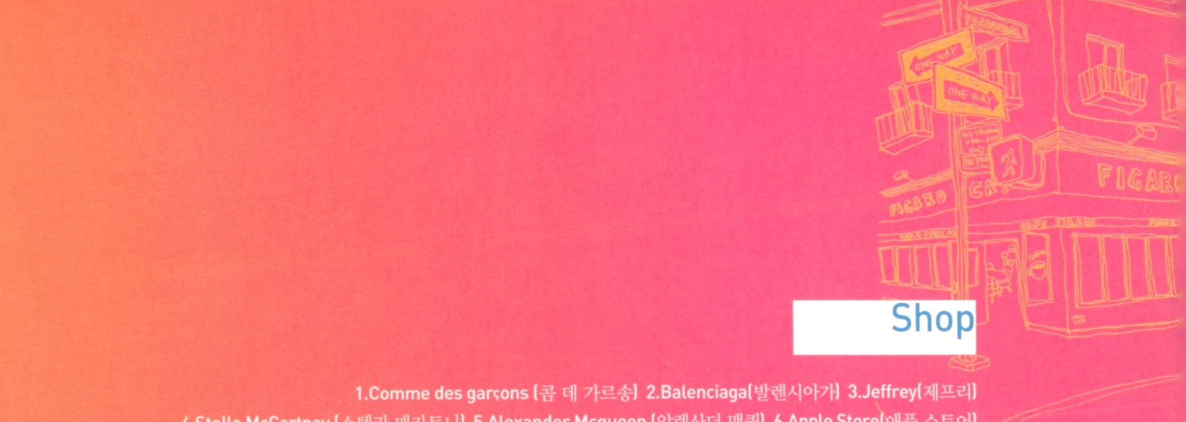

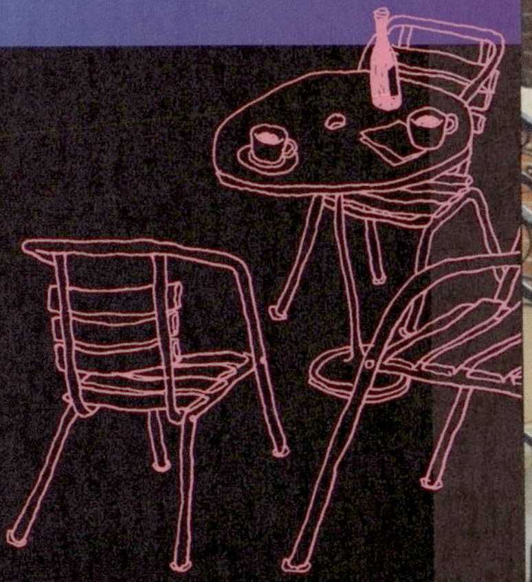

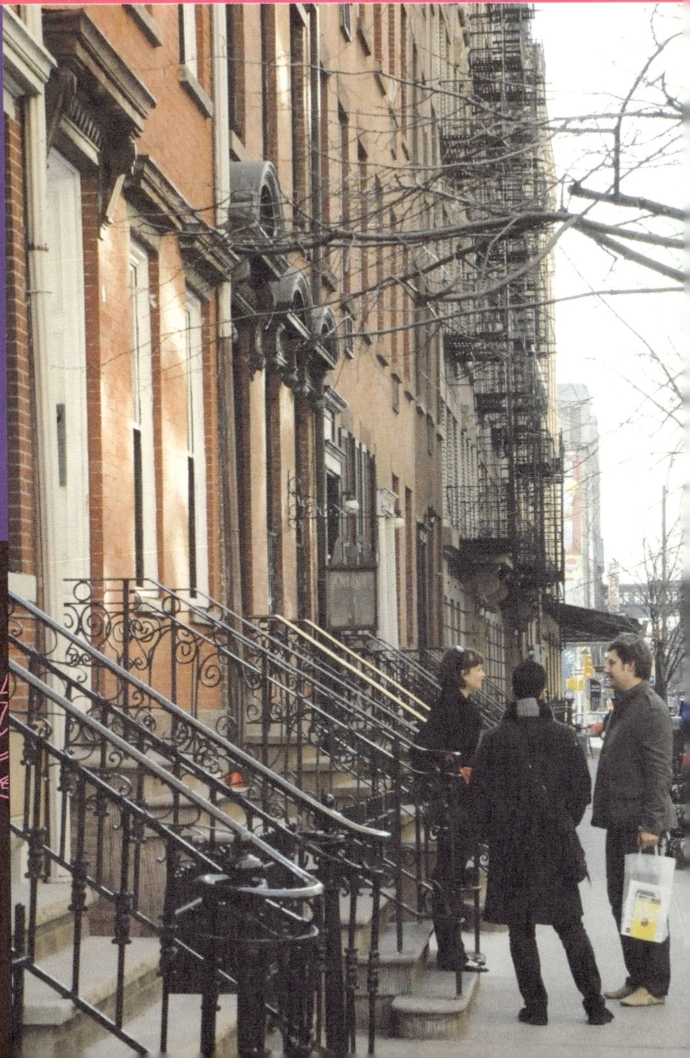

## **1** **Bottino** 보티노

안쪽으로 들어가면 정원에서 식사하는 듯한 분위기를 연출할 수도 있는
이곳은 이탈리언 레스토랑. 샐러드들도 신선하고 맛있고 라자냐가 맛있
다. 점심에 친구들과 하얀 테이블보에서 라자냐와 스파게티($16)를 먹기에
좋다. 바로 옆에 테이크아웃만 할 수 있는 가게가 붙어 있는데 라자냐를
테이크아웃해 집에 가져가서 먹는 사람들이 많다.

**Location:** 248 10th ave.
**Call:** (212) 206-6766
**Hours:** 11:00~23:00

## **2** **Empire Diner** 엠파이어 다이너

스틸로 된 외관이 영화와 잘 어울린다고 생각되었는지 영화에 자주 등장
하는 단골 다이너. 24시간 하는 식당으로 클럽들이 밀집한 거리와 가까
워 클러버들이 새벽까지 놀다 지친 몸을 쉬어가거나 한바탕 놀기 전에 에
너지 축적을 위해 간단히 요기를 하는 곳으로 밤에 가는 것이 더 즐겁다.
사진을 찍으면 〈맨 인 블랙〉 포스터 같이 나오는 곳!

**Location:** 210 10th ave. # 1
**Call:** (212) 243-2736
**Hours:** 24시간

## **3** **Cookshop** 쿡숍

세련된 인테리어와 시원한 창가 자리는 주말 브런치 타임 또는 평일 저녁
와인 한 잔을 하려는 이들로 인해 예약이 필수인 곳이다. 가족 단위로 많
이 찾는 주말과 대조적으로 평일 저녁에는 첼시의 멋쟁이 게이 커플들의
데이트 장소로 탈바꿈한다. 은은한 조명이 매력적인 이집은 알고 보니 푸
드 스타일링 상을 받은 경험이 있는 집이었는데 그에 걸맞게 예쁘고 깔끔
하게 음식이 담겨 나온다. 브런치가 $15~20선이다.

**Location:** 156 10th ave.
**Call:** (212) 924-4440
**Hours:** 점심 11:30~3:00, 저녁 5:30~11:30

## **4** **Le Grainne** 르 그라니

햇살이 예쁘게 들어오는 집이다. 주말 브런치로 클럽 샌드위치는 첼시의
멋쟁이들의 입맛을 사로잡은 지 오래라 단골들은 직원들과 수다 떨기도
하고 안부도 물어가며 식사를 하는 모습이 인상적인 카페다. 차 한 잔을
하기도 좋고 한적한 길가 갤러리들 사이에 있어서 갤러리 투어를 마친 후
한 끼 식사를 하기도 안성맞춤.

**Location:** 183 9th ave.
**Call:** (646) 486-3000
**Hours:** 11:00~23:00

## 5　La Bergamote　라 베르가못

딸기나 과일을 올린 타르트들이 어쩜 그렇게 예쁘게 놓여 있는지 먹기가 아까울 정도로 윤기가 좔좔 돈다. 반대로 생각하면 안 사고는 못 배길 정도로 예쁘게 생겼다. 르 그라니에에서 클럽 샌드위치를 먹고 배가 꺼지기 전에 쉴 틈을 주지 않고 바로 베르가못의 과일 타르트를 디저트로 먹는 게 환상의 코스다.

**Location:** 169 9th ave.
**Call:** (212) 627-9010
**Hours:** 10:00~22:00

## 6　Morimoto　모리모토

아이언 셰프 중 한 명인 모리모토의 레스토랑이다. 시뻘건 색상의 커튼이 드리워진 입구가 저 멀리서도 한눈에 보이지만 관광객들이 자주 다니는 길에 있지 않아서 마음 잡고 찾아가지 않으면 찾기 어렵다. 맛은 사실 약간 퓨전 일식이라 정통 일식과는 뭔가 다른 느낌이지만 맛있다. 단, 가격이 문제 중의 문제! 점심 프리픽스 메뉴를 이용해도 $35라는 점을 감안해 예산을 잡고 가야 하는 곳이다.

**Location:** 88 10th ave.
**Call:** (212) 989-8883
**Hours:** 점심 11:30~3:00, 저녁 5:30~11:30

Events @ CHELSEA MARKET
FREE
Saturday March 29 @ 2PM - 5PM
Live Music @ Chelsea Market Music Hallway
WITH FRANK BAMBARA
Sunday March 30 @ 10:15 AM - NOON
Live KIDS Music @ CM Music Hallway
WITH BIG JEFF
Monday March 31 @ 6 PM
Author & Book Signing
"HE SAID BEER, SHE SAID WINE"
WITH SAM CALAGIONE + MARNIE OLD
www.chelseamarket.com for MORE

# 7 Chelsea Market 첼시 마켓

공장을 개조한 곳에 빵집과 찻집, 옷가게, 케이크 집들이 하나둘씩 들어가
면서 관광지가 된 곳이다. 주말에는 댄스부터 공연까지 이벤트가 펼쳐지
고 할로윈이 다가오면 울트라 초특급 대형 호박부터 주먹만 한 미니 호박
까지 다양한 호박으로 디스플레이가 되는 큰 유기농 슈퍼마켓이 있다. 첼
시에 사는 사람들은 이 슈퍼에서 장을 봐 가는데 케이크나 빵집이 많아서
그런지 아이들과 함께 장보러 와서 케이크 하나씩 손에 쥐고 집으로 돌아
가는 모습이 너무 따뜻하게 느껴진다.

**Location:** Frnt 14, 75 9th ave.
**Call:** (212) 243-6005
**Hours:** 10:00~21:00

# 8 Buddakan 부다칸

오리엔탈리즘에 걸맞는 레스토랑이다. 퓨전 아시안 요리라는 폭넓은 아시
아 요리를 선보이는데 맛보다는 분위기로 승부를 하는 집이다. 들어가는
입구부터 예사롭지 않다. 미드타운에 타오가 있다면 첼시에는 부다칸이
있다고 할 만큼 분위기와 메뉴가 비슷한 레스토랑이다.

**Location:** 75 9th ave.
**Call:** (212) 989-6699
**Hours:** 11:00~23:00

# 9 POPburger 팝버거

다른 햄버거 집에 비해 햄버거의 사이즈가 작아서인지 여자들에게 빠르게
입소문을 타면서 유행처럼 번진 맛집이다. 레스토랑 안의 인테리어가 미
래적인 분위기면서도 밝아서 먹으면서 기분도 좋아지는 효과가 있는 세련
된 햄버거($8) 집이다. 햄버거로 유명한 맛집들에 비해 맛은 좀 떨어져도
분위기로 그 점수를 커버하는 집이다.

**Location:** 60 9th ave.
**Call:** (212) 414-8686
**Hours:** 10:00~23:00

# 10 Maroons 마룬

자메이카 음식을 미국식으로 바꾼 레스토랑이다. 일요일 재즈 브런치에는
사람이 정말 많은데 $15의 저렴한 가격에 분위기 좋고 맛 좋고 귀까지 즐
거우니 붐비는 건 당연지사. 새우 요리와 바삭한 치킨 요리들이 맛이 있고
유명해서 그 어떤 요리를 선택해도 후회 없을 맛이다. 분위기 대비 가격도
저렴하고 서비스도 좋아서인지 첼시 커플들이 즐겨 가는 데이트 장소다.

**Location:** 244 W 16th st.
**Call:** (212) 206-8640
**Hours:** 11:00~23:00

# 11 Food Bar 푸드 바

일요일에는 게이 커플들이 점령해 버리는 맛집이다. 아주 단순할 정도로 심플한 인테리어에 이집의 음식들은 모두 다 맛있다. 그래서인지 요리를 잘 하지 않는 게이 커플들은 매일 아침 또는 점심을 여기서 해결한다. 그들이 첼시에서 최고라고 인정한 집인 만큼 맛과 가격($12~15) 모두 합리적이고 서비스 또한 좋다.

**Location:** 149 8th ave.
**Call:** (212) 243-2020
**Hours:** 11:00~23:00

# 12 Cafeteria 카페테리아

〈섹스 앤 더 시티〉에 나오는 네 명의 시끄러운 여자들이 늘 브런치를 먹던 집이 바로 이곳이다. 유명한 셰프가 하는 맛집인 까닭도 있지만 화이트 인테리어가 시원하고 가격도 저렴해 집에 가서 밥을 먹듯이 첼시의 이 카페테리아로 멋쟁이들이 주말 브런치마다 몰려 든다. 코너에 있어서 한눈에 띄는 데다가 양도 푸짐한 편이라 배는 고프지만 스타일리시해지고 싶다면 친구와 카페테리아에서 만날 것.

**Location:** 119 7th ave.
**Call:** (212) 414-1717
**Hours:** 24시간

# 13 Viceroy 바이스로이

치즈를 듬뿍 올린 버거로 유명한 집이다. 뭐 햄버거 집이야 많고 많은 뉴욕이지만 첼시에서 만큼은 이집의 햄버거를 최고로 친다. 특히 까다로운 취향의 게이들도 바이스로이 버거라고 하면 "괜찮지!"라고 말해 줄 만큼 맛이 좋다. 분위기는 그저 평범하고 또 평범해서 오히려 비범해 보이는 인테리어다.

**Location:** 160 8th ave.
**Call:** (212) 633-8484
**Hours:** 11:00~23:00

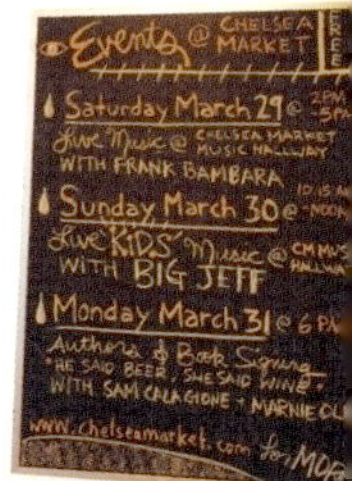

## 14 Murray's bagels 뮤레이스 베이글스

뉴요커들이 사랑하는 크림 치즈 연어 베이글 샌드위치가 나도 모르게 입
을 헤 벌리게 만들 만큼 먹음직스러워 보이는 집이다. 이미 베이글 샌드
위치 계에서는 알아 주는 대부격인 베이글 집으로 베이글 따로 치즈 따로
골라 커피와 함께 시켜 먹는데 분위기는 허름하지만 맛은 빈틈없이 완벽
하다. 베이글의 사이즈가 다른 집보다 작아서 먹기도 딱 좋고 종류도 많
아서 뭘 먹어야 할지가 고민된다. 말이 필요 없고 무조건 먹어 봐야 하는
집이다.

**Location:** 500 ave. of the Americas
**Call:** (212) 462-2830
**Hours:** 9:00~23:00

## 15 El Quijote 엘 키호테

스페인 요리 전문점으로 맛있는 파엘라(Paella)를 뉴욕에서 즐길 수 있다
는 사실에 흥분이 되는 집이다. 입구는 꼭 홍콩의 중국 요리 집처럼 현란
하고 화려한데 실내 인테리어는 입구에 비하면 차분한 편이다. 파엘라를
비롯한 스페인 식 지중해 요리가 일품인데 첼시 호텔에 묵었던 유명한 배
우나 가수들이 자주 가면서 유명해진 맛집이라고 한다.

**Location:** 226 W 23rd st.
**Call:** (212) 929-1855
**Hours:** 11:00~23:00

## 16 Patsy's Pizzeria 팟치스 피자리아

생긴 것은 꼭 99.9센트짜리 피자 집 같이 생겼지만 그 맛은 예술이다. 평
소에 느끼한 것을 좋아하지 않는 사람들도 뉴욕의 피자와 햄버거만큼은
거부할 수 없는데 그 이유는 이곳에서 피자와 햄버거는 패스트푸드가 아
니기 때문이다. 공장에서 도우를 굽는 게 아니라 반죽을 직접 만들고 화
덕에서 기름을 빼서 구워 내기 때문에 담백함은 배가되고 평범한 피자 치
즈가 아닌 두 가지 종류 이상의 치즈를 사용해 고소함은 깨와 어깨를 나
란히 겨루는 피자니깨 이집은 이 두 가지를 확실히 지킨 맛있는 피자 집!

**Location:** 318 W 23rd st.
**Call:** (646) 486-7400
**Hours:** 11:00~23:00

# 1 Comme des garçons 콤 데 가르송

뉴욕에서 만큼은 옷보다 매장이 더 인기가 높다. 갤러리들 사이에 동굴처럼 그냥 지나쳐도 모르게 숨어 있다. 첼시 갤러리를 가는 길에 관광객들이 꼭 한 번은 사진 찍고 구경하고 가는 코스다.

**Location:** 520 W 22nd st.
**Call:** (212) 604-9200
**Hours:** 11:00~18:00

# 2 Balenciaga 발렌시아가

모터 백으로 근 3년 동안 '완소 잇백'의 자리를 내 준 적이 없는 브랜드로 가방 외에도 팬츠가 예쁘다. 가격은 우리나라보다 30% 정도 저렴하다. 한때는 이집의 문턱이 닳도록 한국 관광객과 일본 관광객들이 많았다고 하는데 지금은 아니다. 강렬한 빨간색의 테두리에 유리 거울이 달린 문에 비치는 반대편 갤러리들의 모습이 예쁘다.

**Location:** 542 W 22nd st.
**Call:** (212) 206-0872
**Hours:** 11:00~18:00

# 3 Jeffrey 제프리

뉴욕에서 제일 부티 나는 편집 숍이다. 스쿱이나 바니스 쿱과는 고객층이 완전히 달라 보일 만큼 제품들도 다르다. 고가의 제품들이 세일 기간에는 엄청난 폭으로 가격이 하락하니 소량밖에 없는 물건들은 눈여겨보았다가 세일 기회를 노려 장만해봄직하다.

**Location:** 449 W 14th st.
**Call:** (212) 206-3928
**Hours:** 11:00~19:00

# 4 Stella McCartney 스텔라 매카트니

비틀즈의 멤버로 유명한 폴 매카트니의 딸이다. 역시 피는 못 속인다더니 유난히 비틀즈 멤버 중에서도 재능이 많았던 그를 닮은 스텔라 매카트니의 옷들은 첫째 핏이 편안하면서도 여성들의 섹시미를 부각시키는 독특한 마력을 가지고 있다. 그리고 둘째는 유행을 타지 않는 디자인이라는 점! 들어가서 내 사이즈도 알 겸 한번 입어 보는 것도 좋지 않을까?

**Location:** 429 W 14th st.
**Call:** (212) 255-1556
**Hours:** 11:00~18:00

## 5 Alexander Mcqueen 알렉산더 맥퀸

영국 패션계의 악동이라는 수식어가 달린 통통한 이 남자 이름은 정말 멋지다. 그런데 이름만큼이나 옷도 멋지다. 맥큐라는 세컨드 브랜드를 론칭해 마크 제이콥스처럼 이미 성공적으로 할리우드 스타들의 사랑을 받고 있는 브랜드가 되고 있으니 이 독특한 캐릭터의 디자이너를 어찌 미워할 수 있으랴. 그는 지방시의 수석 디자이너도 겸하고 있다.

**Location:** 417 W 14th st.
**Call:** (212) 645-1797
**Hours:** 11:00~18:00

## 6 Apple Store 애플 스토어

소호나 5th st.가의 애플 스토어와는 다른 분위기다. 붉은 벽돌이 첼시와 잘 어울리는 애플 스토어. 생긴 지 얼마 되지 않아 우선 관광객이 적어 마음껏 맥을 이용해 보고 나노를 구경할 수 있는 장점이 있다. 제품도 많이 보유하고 있어서 직접 살 계획이라면 줄도 안 서고 편하게 살 수 있는 이곳을 적극 추천한다. 다른 스토어들과 마찬가지로 화장실이 오픈되어 있어 좋다.

**Location:** 401 W 14th st.
**Call:** (212) 444-3400
**Hours:** 24시간

## 7 Diane von Furstenberg 다이안 폰 푸르스텐베르그

극장판 〈섹스 앤 더 시티〉에서 캐리가 즐겨 입는다는 이 다이안 원피스들. 우리나라에도 입점이 되어 있어 이미 많이 알려져 있는데 화려한 꽃무늬 원피스로 유명하다. 발음하기도 어려운 이 브랜드가 사랑받는 가장 큰 이유는 바로 컬러인데 선명하고 예쁜 컬러의 프린트 원피스나 심플한 원피스들은 빨리 다이어트를 해야겠다는 각오를 다지는 데 최고다.

**Location:** 440 W 14th st.
**Call:** (212) 753-1111
**Hours:** 11:00~18:00

## 8 Scoop 스쿱

꽤 큰 규모의 편집 숍이다. 각 브랜드의 신상(품)들을 한눈에 쭉 보고 그 시즌의 트렌드를 간파해 효과적으로 쇼핑을 할 수 있도록 해 놓았는데 세일 때만 되면 난리도 이런 난리가 없다 싶게 양팔 가득 옷을 들고 피팅룸에 줄 서 있는 사람들로 인해 30분 넘게 줄 서기는 기본이다.

**Location:** 873 Washington st.
**Call:** (212) 929-1244
**Hours:** 11:00~19:00

## 9 Barneys Coop 바니스 쿱

신진 디자이너의 상품들이 주를 이루고 있으며 백화점이라기보다는 갤러리 같은 느낌을 주는 부티 나는 곳이다. 신인 디자이너들의 등용문 같은 곳으로 이른 봄에 70%까지 크게 세일을 한다. 첼시 외에도 소호나 어퍼 웨스트, 어퍼 이스트 등 곳곳에 매장이 있다.

**Location:** 236 W 18th st.
**Call:** (212) 593-7800
**Hours:** 11:00~20:00

## 11 Pippin 피핀

나의 주 거래처다. 빈티지 주얼리들에 연도가 적힌 태그(tag)도 붙어 있어 굉장히 비싸 보이는데 의외로 잘 찾아 보면 예쁘고 저렴한 물건을 고를 수 있다. 특히 빈티지임에도 상태가 아주 훌륭하고 디자인도 독특한 제품들이 많아 이미 빈티지 마니아인 뉴요커들에게는 입소문이 날 대로 난 집이다. 특히 귀고리가 저렴하고 예쁜 것들이 많다.

**Location:** 112 W 17th st.
**Call:** (212) 505-5159
**Hours:** 11:00~20:00

## 1 Chelsea park 첼시 파크

학교가 가까이 있어서 그런지 놀이터는 늘 문전성시를 이룬다. 이 동네 아파트에는 흑인들이 주로 많이 살아서 공원에는 흑인들이 꽤 많은데 위험하지는 않다. 단, 밤에 가면 예쁘다는 둥 오늘밤에 뭐하냐는 둥 엄청나고 끈질기게 뻐꾸기를 날리는 흑인과 스패니시들이 많으니 주의할 것!

## 2 Fashion Institute of Technology 패션 스쿨

한국인 유학생들이 가장 많이 다니는 학교 'FIT'다. 디자인 계통 학생들의 정규 유학 코스의 한 부분에 속하는 이 학교는 실기 위주로 뉴욕에 있는 디자인 학교들 중 규모가 꽤 큰 편이며 학생들을 위한 편의시설이 비교적 잘 갖춰져 있어 공부를 하는 이들의 어려움을 덜어 주고 있다. 아르마니나 캘빈 클라인 등 유명한 디자이너들의 특강이 자주 열린다.

**Location:** 227 W 27th st.
**Call:** (212) 217-7820

## 3 Chelsea Art Gallery 첼시 아트 갤러리

드넓은 하얀 벽에 걸린 현대 미술 작품들을 보고 있자면 '아, 내가 그 유명한 뉴욕의 첼시에 와 있구나!' 를 실감할 수 있는 순간이다. 크고 작은 갤러리들이 밀집된 지역에서 큰 형님격의 이 갤러리에서 전시된다는 것 자체가 이미 전 세계적인 작가라는 말과 일맥상통한다고 보면 된다.

**Location:** 160 11th ave.
**Call:** (212) 255-0719
**Hours:** 화~토 10:00~18:00, 월 · 일 휴관

## 4 Paul Kasmin Gallery 폴 카스민 갤러리

필자가 이 갤러리에 들렀을 때는 추상적인 느낌의 강렬한 작품들을 전시 중이었는데 규모가 작아도 알찬 갤러리다. 조각과 그림이 같이 전시되면서 하나의 거대한 또 다른 작품이 되는 전시가 많다.

**Location:** 293 10th ave.
**Call:** (212) 563-4474
**Hours:** 화~토 10:00~18:00, 월 · 일 휴관

## 5 Pace Gallery 페이스 갤러리

큰 사이즈의 작품들을 주로 많이 취급한다. 벽면 한가득인 작품 앞에 서
으면 마치 내가 그림 속으로 빨려 들어가는 기분이 드는 곳이다. 커다란
통유리 창으로 된 규모가 꽤 큰 갤러리다.

**Location:** 534 W 25th st.
**Call:** (212) 929-7000
**Hours:** 화~토 10:00~18:00, 월 · 일 휴관

## 6 Paula Cooper Gallery 폴라 쿠퍼 갤러리

1968년도에 오픈한 첼시에서 꽤 오래된 규모가 큰 갤러리다. 전시는 신선
한 기분이 들 만큼 멋지다. 조금 알려진 작가들의 작품을 많이 전시한다.

**Location:** 534 W 21st. st.
**Call:** (212) 255-5156
**Hours:** 화~토 10:00~18:00, 월 · 일 휴관

## 7 Matthew Marks Gallery 매튜 막스 갤러리

설치 예술 작품들이 주로 많다. 내가 갔을 때는 다음 전시를 준비 중이어
서 갤러리 내부를 볼 수 없었는데 유리창으로 갤러리 안에서 큐레이터와
작가가 함께 작업을 진지하게 하는 모습을 보며 작가의 열정을 느낄 수
있었다.

**Location:** 522 W 22nd st.
**Call:** (212) 243-0200
**Hours:** 화~토 10:00~18:00, 월 · 일 휴관

## 8 Vanina Holasek Gallery 바니나 호라섹 갤러리

검정색 문 안으로 들어가면 또 다른 세계가 펼쳐지는 개인적으로 가장 좋
았던 갤러리다. 아늑하면서도 세련된 왠지 모를 매력이 가득한 갤러리라
고 해야 하나? 미술에 조예가 깊지 않아도 이 갤러리에 한 번 들어오면
나가고 싶지 않을 것이다.

**Location:** 502 W 27th st.
**Call:** (212) 367-9093
**Hours:** 화~토 10:00~18:00, 월 · 일 휴관

## 9 Sundaram tagore Gallery  선다람 타고르 갤러리

필자가 이곳에 들렀을 때는 조명을 이용한 독특한 야광 느낌이 나는 정말 멋진 그림들이 전시되고 있었는데 초현실주의적인 작품들을 많이 전시하는 듯 보였다. 사진 전시도 자주 열린다고 한다.

**Location:** 547 W 27th st.
**Call:** (212) 677-4520
**Hours:** 화~토 10:00~18:00, 월 · 일 휴관

## 10 George Adams Gallery  조지 아담스 갤러리

2층 계단을 통해 올라가자 갤러리 안에는 부드러운 페인팅이 돋보이는 그림들이 전시되고 있었다. 주로 그림을 위주로 전시한다는데 아기자기하니 예쁘고 뭐니뭐니해도 올라가는 계단에서 사진 찍으면 쑥스럽게도 정말 예쁘게 나온다.

**Location:** 525 W 26th st.
**Call:** (212) 564-8480
**Hours:** 화~토 10:00~18:00, 월 · 일 휴관

## 12 Agora Gallery  아고라 갤러리

간판이 우선 너무 예쁜 갤러리다. 바나나 다음으로 내가 좋아하는 갤러리로 아기자기하고 예쁘게 전시를 꾸며 놓아서 꼭 카페 같은 느낌이 드는 곳이다. 역시 현대 미술의 최고봉이라 할 수 있는 팝아트적인 작품들이 많다.

**Location:** 530 W 25th st.
**Call:** (212) 226-4406
**Hours:** 화~토 10:00~18:00, 월 · 일 휴관

# 13 Whitebox Gallery 화이트박스 갤러리

역시나 독특한 느낌의 현대 미술 작품들이 전시되고 있었는데 규모는 작아도 잊을 수 없는 강렬한 작품들을 전시한다는 특성이 있는 갤러리다.

**Location:** 525 W 26th st.
**Call:** (212) 714-2354
**Hours:** 화~토 11:00~18:00, 월 · 일 휴관

# 14 Greene Naftali Gallery 그리니 나프탈리 갤러리

설치 예술 작품들이 주를 이뤄 전시되고 있었는데 파괴적이거나 쇼킹한 작품들도 꽤 있었다. 현대 미술에 치중되어 비슷비슷한 분위기를 풍기는 첼시의 다른 갤러리들과는 확실히 다른 갤러리다.

**Location:** 526 W 26th st. # 8
**Call:** (212) 463-7770
**Hours:** 화~토 10:00~18:00, 월 · 일 휴관

# 15 Cheim & Read Gallery 차임 앤 리드 갤러리

입구 사진이 역시 세련되게 나와서 그런지 관광객들이 꽤 많이 사진을 찍어 가곤 하는 갤러리다. 현대 미술 위주로 전시되고 있으며 규모가 큰 편에 속하는 갤러리다.

**Location:** 547 W 25th st.
**Call:** (212) 242-7727
**Hours:** 화~토 10:00~18:00, 월 · 일 휴관

# 16 Robert miller Gallery 로버트 밀러 갤러리

생긴 지 얼마 안 된 갤러리여서 그런지 전시 준비에 박차를 가하고 있었는데 규모가 꽤 커서 소개한다. 그리고 앞으로의 전시가 기대되는 홍보 전단 때문에 왠지 모르게 마음이 갔던 갤러리.

**Location:** 524 W 26th st.
**Call:** (212) 366-4774
**Hours:** 화~토 10:00~18:00, 월 · 일 휴관

## 17   **Arario Gallery**   아라리오 갤러리

한국에도 있는 갤러리와 같은 곳인지는 알 수 없지만 독특한 전시는 단지 이름 때문에 기억되는 곳은 아니다. 사진처럼 그린 정밀묘사를 한 작품들이 주로 전시되었던 갤러리.

**Location:** 521 W 25th st.
**Call:** (212) 206-2760
**Hours:** 화~토 10:00~18:00, 월 · 일휴관

## 19   **Silverstein Gallery**   실버스타인 갤러리

여러 명의 작가 작품들을 전시해 놓고 있어서 그림을 사려는 이들에게나 그림을 팔려는 작가들에게 매우 인기가 높은 갤러리다.

**Location:** 210 W 18th st.
**Call:** (212) 929-4300
**Hours:** 화~토 10:00~18:00, 월 · 일휴관

## 20   **Andrea Rosen Gallery**   안드레아 로젠 갤러리

초록색으로 된 자동차 차고 같은 벽면이 인상적인 갤러리다. 추상화나 현대 미술 작품을 주로 전시하는데 규모가 큰 편이다.

**Location:** 525 W 26th st.
**Call:** (212) 627-6000
**Hours:** 화~토 10:00~18:00, 월 · 일휴관

## 22   **Jim Kempner Fine Art**   짐 캠프너 파인 아트

살아 있는 듯한 거대한 조각 작품들이 전시되어 있는 거대한 창고 같은 느낌의 갤러리. 영국 작가들의 작품들이 많이 전시되고 있었는데 조금 엽기적인 작품부터 사랑스러운 느낌의 작품들까지 폭넓게 전시되어 있었다.

**Location:** 501 W 23rd st.
**Call:** (212) 206-6872
**Hours:** 화~토 10:00~18:00, 월 · 일휴관

## 23 Gladstone Gallery 글래드스톤 갤러리

거대하고 모던한 조각 작품들이 전시되어 있었는데 실루엣이 너무 부드러운 추상적인 작품들이 많았다. 주로 몬드리안 풍의 추상화를 많이 선보인다고 한다.

**Location:** 515 W 24th st.
**Call:** (212) 206-9300
**Hours:** 화~토 10:00~18:00, 월 · 일 휴관

## 24 Fredericks Freiser Gallery 프레데릭스 프레이저 갤러리

컬러감이 있는 작품들을 선호하는 갤러리인지 그림들이 무척이나 화려했다. 하얀 벽과 대조되는 강렬한 작품들이 특히 많은데 인물화나 풍경화를 독특하게 재구성한 현대 미술 작품들이 많았다.

**Location:** 536 W 24th st.
**Call:** (212) 633-6555
**Hours:** 화~토 10:00~18:00, 월 · 일 휴관

## 25 Perry Rubenstein Gallery 페리 루벤스타인 갤러리

독특하고도 어두운 느낌의 단조로운 듯한 기분이 드는 그림을 전시하고 있었는데 동양 화가들의 전시도 종종 있다며 나에게 친절하게 알려 주었던 갤러리다.

**Location:** 534 W 24th st.
**Call:** (212) 627-8000
**Hours:** 화~토 10:00~18:00, 월 · 일 휴관

## 26 D'amelio Terras Gallery 다멜리오 테라스 갤러리

하얀 벽에 작은 작품들이 죽 걸려 있어서 하나하나 더 자세히 들여다보게 되는 매력이 있는 갤러리다. 사진 작품들이나 부드러운 페인팅 위주의 작품들이 주로 전시된다.

**Location:** 525 W 22nd st.
**Call:** (212) 352-9460
**Hours:** 화~토 10:00~18:00, 월 · 일 휴관

## 27 Van de Weghe Fine Art 반 드 웨이 파인 아트

초현실주의 작품들이 많다. 이미 유명한 아티스트들의 드로잉도 선보이고 있어서 재밌는 갤러리다. 규모가 큰 갤러리는 아니지만 독창적인 작가 작품들의 실험 정신이 돋보이는 갤러리다.

**Location:** 521 W 23rd st.
**Call:** (212) 929-6633
**Hours:** 화~토 10:00~18:00, 월 · 일 휴관

## 28 Mike Weiss Gallery 마이크 바이스 갤러리

초현실주의적인 작품들이 걸려 있어 매우 인상적이었던 갤러리다. 어떻게 저런 그림을 상상해서 그릴 수 있었을까 하는 생각이 들 만큼 대부분 독특했는데 초현실주의 작품들을 주로 전시한다고 한다.

**Location:** 520 W 24th st.
**Call:** (212) 691-6899
**Hours:** 화~토 10:00~18:00, 월 · 일 휴관

## 29 Tanya Bonkadar Gallery 타나 본카다르 갤러리

인상파 화가들의 작품을 주로 다루는 갤러리라고 한다. 팝아트적인 재미나 추상 또는 초현실 같은 현대적인 느낌은 없지만 훨씬 따뜻하고 예뻐 보이는 그림들이 가득하다.

**Location:** 521 W 21st st.
**Call:** (212) 414-4144
**Hours:** 화~토 10:00~18:00, 월 · 일 휴관

CAIN

## 1 Pink Elephant 핑크 엘리펀트

분홍색 코끼리 마크의 이 클럽은 스패니시계 사장님 덕분에 남미의 매끈한 선남선녀들이 유달리 즐겨 가는 클럽이다. 그래서 향수 냄새가 진동을 한다. 간혹 클럽에서 파티가 벌어지는 날이면 입장이 평소와 달리 매우 까다로워져 여기저기서 욕하는 소리가 쏟아져 나온다.

**Location:** 527 W 27th st.
**Call:** (212) 463-0000
**Hours:** 12:00~6:00

## 2 Mansion 맨션

최근에 오픈한 클럽. 공간 자체가 어마어마한 규모인 데다가 무슨 신전 같은 분위기면서 물도 굉장히 좋다. 유명 모델과 배우들을 많이 볼 수 있는 클럽으로 음악도 좋다. 또한 각종 파티나 쇼가 자주 열리는 곳이기도 하다. 단, 물이 좋고 고급스러운 만큼 입장이 매우 까다롭다.

**Location:** 530 W 28th st.
**Call:** (212) 629-9000
**Hours:** 12:00~6:00

## 3 Bungalow 8 방갈로 8

지브라 프린트의 의자와 열대 우림에 온 듯한 묘한 분위기가 이집의 하이라이트다. 조명도 좋고 음악도 좋다. '8'이라고 새겨진 문과 실내의 분위기가 천지차이인 이런 클럽도 드물지 싶다. 뉴욕에서조차도 말이다. 물은 당연히 좋고 시엘로와 더불어 뉴욕 클럽의 선두주자 역할을 하는 곳이기도 하다.

**Location:** 515 W 27th st.
**Call:** (212) 629-3333
**Hours:** 12:00~6:00

## 4 Cain 케인

낮은 천장과 넓지 않은 실내가 그다지 클럽 같은 분위기는 아니고 바 같은 분위기도 아닌 기묘한 곳이지만 실내 인테리어가 독특해 뉴요커들에게 사랑받고 있는 곳이다. 기둥이 이 클럽의 포인트!

**Location:** 544 W 27th st.
**Call:** (212) 947-8000
**Hours:** 12:00~6:00

## 5 MARQUEE 마키

〈가십 걸〉에서 제니가 블레어와 함께 즐겁게 놀았던 클럽이 바로 이곳이다. 물도 좋고 분위기도 좋고 공간이 넓게 탁 트여서 시원스럽다. 자유롭고 넓은 공간이라 사람들의 행동도 가지각색. 춤추고 마시고 키스하고 사진 찍고 정말 유쾌한 곳이다.

**Location:** 289 10th ave.
**Call:** (646) 473-0202
**Hours:** 12:00~6:00

## 6 Guest house 게스트 하우스

여기저기서 퇴짜를 맞고 '야! 나 오늘 꼭 춤추고 말 거야' 하는 걸들의 마지막 초이스라고 불리는 클럽이다. 그래서 물은 '그때그때 달라요' 다. 정말 좋은 날은 '이게 웬일이야' 라는 반응이 나오고 물이 안 좋은 날은 '그럼 그렇지' 라는 말이 나오는 곳이다. 입장이 그렇게 까다롭지 않은 편에 속하는 마음 편한 클럽이다.

**Location:** 542 W 27th st.
**Call:** (212) 273-3700
**Hours:** 12:00~6:00

## 7 230Fifth ave. on the Pentop 230피프스 애버뉴 온 더 펜톱

도심 한가운데 열대 우림 분위기의 멋스러운 펜톱 테라스 바다. 주변에 엠파이어 빌딩과 다른 고층 건물들의 꼭대기들을 병풍처럼 두른 듯 멋진 인테리어와 섹시한 분위기로 인기몰이 중인 곳이다. 오후 여섯 시 이후에 테이블에 앉으려면 술을 한 병 시켜야 하는데 간단한 요리로는 치킨 윙이 울트라로 맛이 있다. 서서 그저 술이나 한 잔 하면서 분위기만 가볍게 즐기고 싶다면 애플 마티니를 추천한다.

**Location:** 230 5th ave.
**Call:** (212) 725-4300
**Hours:** 16:00~4:00

# Have to do!

### 나이트 클럽 견학

첼시의 밤은 낮보다 아름답다. 자동차 정비소와 그 사이에 있던 갤러리들이 모두 불을 끄고 하루를 마치면 스멀스멀 사이사이에 간판도 없이 숨어 있던 나이트 클럽들이 조명을 켜고 입구에 무서운 몸짱 흑인 도어맨과 함께 나타난다. 영화나 미드(미국 드라마)에서처럼 그 앞에 긴 줄 속에서 도어맨이 사람들을 보며 입장을 결정한다. 나이트 클럽 가기가 아니라 '견학'인 까닭이 바로 여기에 있다. 자칫 의상이 너무 차분하거나 화장이나 헤어가 별로인 경우는 들어갈 수 없으므로 견학이라고 생각하고 가는 편이 좋다. 그리고 물이 좋은 뉴요커들의 나이트 라이프를 경험하고 싶다면 금요일 밤보다는 화요일부터 목요일까지는 오히려 고등학생도 관광객도 없는 진정한 그들의 밤이니 '좋은 시간 되십쇼!'

### 엠파이어 다이너 앞에서 사진 찍기

영화 〈맨 인 블랙〉에 나왔던 레스토랑으로 윌 스미스를 좋아하는 남자라면 검은색 정장을 입고 밤에 이 앞에 서서 사진을 찍으면 멋진 개인 홈피의 메인 사진을 얻을 수 있다. 단, 밤에 가는 것이 훨씬 더 멋있으니 꼭 밤에 가야 한다. 이 집의 인기는 24시간 영업으로 충분히 증명되고도 남으니 사진 찍고 간단히 요기하고 맥주 한 잔 마시며 놀다가 들어가면 그렇게 좋을 수가 없다.

# 5. Union Square & Gramercy

스퀘어란 광장이란 뜻을 가진 영어인데 그 뜻을 가장 잘 반영한 곳이 바로 유니언 스퀘어다. 워싱턴 스퀘어가 NYU 학생들의 쉼터 같은 차분하면서도 멋스러운 광장이라면 이곳 유니언 스퀘어는 늘 활기찬 광장이다. 과일, 화분, 액세서리, 그림 등 이곳에 있는 작은 시장 안에는 수많은 것들이 팔리고 있다. 일명 '다리미 건물'이라 불리는 아이언 빌딩도 가까이 있어 관광객도 많고 주변에는 다양한 레스토랑과 카페들이 즐비하다. 그러나 무엇보다 즐거운 일은 아주 쾌적하게 앉아 책을 볼 수 있고 무료로 화장실도 이용할 수 있는 내 사랑 '반스 앤 노블'이 있다는 것! 이처럼 없는 게 없어 보이는 유니언 스퀘어는 다양한 인종들이 섞여 시끌벅적한 모양이 꼭 작은 지구 같기도 한 곳이다.

1. 에이치앤엠, 포에버 21, 아메리칸 이글, 앤스로폴로지, 럭비에서 저렴하게 쇼핑 •••▶

2. 메사 그릴에서 점심으로 스파이시 치킨 먹기 •••▶ 3. 반스 앤 노블에서 잡지 구입해서 보기 •••▶

4. 71 얼빙 플레이스에서 차 한 잔 •••▶ 5. 스시 초시에서 저녁으로 롤 주문해서 먹기 •••▶

6. 버스를 타고 천천히 귀가.

## Hey Play!

1. 아이언 빌딩 앞에서 사진 찍기 •••▶ 2. 셰이크 셰크의 버거와 콘크리트로 점심 ••• 3. 매디슨 스퀘어 파크 산책하기 •••▶ 4. 유니언 스퀘어 반스 앤 노블 구경하기 •••▶ 5. 그레이 도그즈 커피에서 핫초코 한 잔 •••▶ 6. 포비든 플래닛에서 피겨와 놀기 •••▶ 7. 사이공 그릴에서 푸짐한 저녁 식사하기 •••▶ 8. 230피프스에서 야경을 보며 마티니 한 잔!

NEW YORK BURGER CO.
Nolita

Pierpont Morgan Library
피어폰트 모건 도서관
E 34 St
Murray Hill
E 32 St
E 30 St
W 30 St
W 28 St
E 28 St
E 28
W 26 St
E 26 St
MADISON SQUARE PARK
W 23 St
F V
23rd St
23rd St
N R W
E 23 St
23rd St
6
Flatiron Building
플랫아이언 빌딩
그래머시 파크
GRAMERCY PARK
W 22 St
W 20 St
Park Ave S
Irving Pl
Third Ave
W 18 St
Sixth Ave
E 17 St
W 16 St
UNION SQUARE
유니온
Union Sq-14th St
tamarind
W 14 St
6th Ave-14th St
L N Q R W
14th St- Union Sq
3rd Ave
L
E 125
W 13 St
F L V
Broadway
4 5 6
Fourth Ave
W 12 St
University Pl
E 125
W 10 St
Stuyvesant St
E 10St
Washington Mews
Astor Pl
Cooper Union
쿠퍼유
Mark's Place
E
Vill
Wavery Pl
SHAKE SHACK
BURGERS
FROZEN CUSTARD
BEVERAGES
NGTON SQUARE
스퀘어 파크
Geenwich Village
New York University
NoHo
Great Jones St
Bond St
La Guardia Pl
Bleecker St
W Houston St
Nolita
STAND
BURGER + A BEER!
2 FOR 1 BURGER
3-6 PM
specials:
mini bngr trio
chipotle chicken
Sandwitch
NEW YORK
THE BRONX

## Park

1.Gramercy Park(그래머시 파크)  2.Union Square(유니언 스퀘어)  3.Madison Square Park(매디슨 스퀘어 파크)

14.Blue Water Grill(블루 워터 그릴) 15.Mesa Grill(메사 그릴) 16.Gotham bar & grill(고담 바 앤 그릴) 17.Spice(스파이스)
18.Gramercy Tavern(그래머시 태번) 19.Union Square café(유니언 스퀘어 카페) 20.Lannam(란남) 21.Saigon grill(사이공 그릴)
22.The Grey dog's coffee(그레이 도그스 커피) 23.Stand(스탠드) 24.Newyork burger co.(뉴욕 버거)

**Shop**

1.Ann taylor(앤 테일러) 2.Club Monaco(클럽 모나코) 3.Abracadabra(아브라카다브라) 4.Benetton(베네통) 5.Miss sixty(미스 식스티)
6.ABC carpet & home(에이비시 카펫 앤 홈) 7.Sephora(세포라) 8.Nine west(나인 웨스트) 9.Old navy(올드 네이비)
10.T.J.maxx(티제이 맥스) 11.Bed Bath & Beyond(베드 바스 앤 비욘드) 12.The container store(컨테이너 스토어)
13.Books of Wonder(북스 오브 원더) 14.Academy records & CDs(아카데미 레코드 앤 시디) 15.H&M(에이치앤엠)
16.Barnes & Noble(반스 앤 노블) 17.Anthropologie(앤스로폴로지) 18.American eagle(아메리칸 이글)
19.Diesel(디젤) 20.Forever 21(포에버 21) 21.Forbidden planet(포비든 플래닛) 22.Strand book Store(스트랜드 북 스토어) 23.Rugby(럭비)

SHAKE SHACK
SHAKES BURGERS HOT DOGS FRIES SUNDAES SODA
FLOATS CONCRETES CONES SHAKES
SHAKE SHACK
SHAKE SHACK
SHAKE SHACK

## 1 Shake shack 셰이크 셰크

매디슨 스퀘어 파크 안에는 셰이크 셰크라는 유명한 햄버거 가게가 있다. 날씨 좋은 날 점심에는 줄이 정말 길어서 '이렇게까지 해서 먹어야 하나!' 싶지만 뉴욕에서 5위 안에 드는 굉장한 맛의 햄버거 집이다. 패티를 완전히 익히지 않는 요리법으로 육즙이 햄버거 맛을 업그레이드시켜 준다. 치즈 버거가 유명하다. 특이 사항이 하나 있는데 다른 대부분의 햄버거 집에서 햄버거와의 커플로 콜라나 스프라이트 또는 셰이크를 짝지어 놓은데 비해 이집에는 콘크리트라 불리는 버터 초콜릿 크림이 합쳐진 단단한 셰이크 같은 느낌의 아주 달짝지근한 음료가 햄버거의 짝이라는 사실이다. 가격은 $7.5~12(버거와 음료수 합친 가격)선이다.

**Location:** 10 Madison ave.
**Call:** (212) 889-6600
**Hours:** 11:00~23:00

## 2 Tamarind 타마린드

깔끔한 인도 레스토랑이다. 인테리어도 인테리어지만 이곳은 우선 스케일이 다르다. 수많은 인도 음식이 뉴요커들의 사랑을 받고 있고 맛도 있지만 이집은 우선 아주 고급스럽다. 모든 음식들이 정갈하고 깔끔하게 나오며 인도의 각종 차를 마실 수 있는 티 하우스가 바로 옆에 붙어 있어 식사 후 마무리까지 깔끔한 곳이다. 완전 강추하는 인디언 레스토랑이다. 점심에는 $24, 저녁에는 1인당 $35~45선으로 괜찮은 음식과 애피타이저를 즐길 수 있다.

**Location:** 41 E 22nd st.
**Call:** (212) 674-7400
**Hours:** 점심 11:30~3:00, 저녁 5:30~11:30

## 3 Novita 노비타

일단 분위기가 있는 가격대가 조금 있는 이탤리언 레스토랑이다. 혼자 가서 먹기는 조금 어려운 분위기지만 일행이 있다면 점심시간에라도 꼭 가볼 것을 권한다. 워낙 예쁜 인테리어와 유럽의 노천 카페 같은 분위기가 클래식하면서도 모던하게 공존하는 예쁜 맛집이다. 저녁은 가격대가 좀 센 편이어서 대부분 특별한 날 데이트를 위해 예쁘게 입고 오는 커플들이 많다. 그래서 물이 좋다는 점심 프리픽스 메뉴는 $19.99, 저녁은 $35~45선으로 만찬을 즐길 수 있다.

**Location:** 102 E 22nd st.
**Call:** (212) 677-2222
**Hours:** 점심 12:00~3:00, 저녁 5:30~11:30

# 4 Lamarca 라마르카

파스타와 수프가 유명한 집이다. 특히 미트볼 스파게티는 점심 때 가면 사람들이 작은 사이즈의 포트에 담긴 미트볼 스파게티를 열심히 먹고 있는 모습을 여기저기서 볼 수 있다. 맛은 홈 메이드 스파게티 같은 특별하지 않지만 감칠맛이 나는 집으로 점심 $9, 저녁 $15~20선이다.

**Location:** 161 E 22ND st.
**Call:** (212) 674-6363
**HOURS:** 점심 12:00~3:00, 저녁 5:30~11:30

# 5 Pipa 피파

이집은 이상한 곳이다. 음식 맛이 특별하지도 않고 와인과 타파스(Tapas)를 파는 스페인 식 레스토랑으로 유니언 스퀘어에 있는데 독특한 인테리어와 시원한 통유리 창 때문인지 모델 같은 언니들이 즐겨 가는 곳이다. 그래서 재밌게도 '인테리어가 좋아야 장사가 되는구나' 하는 생각이 새삼 느껴져 웃으며 나왔다.

**Location:** 38 E 19th st.
**Call:** (212) 677-2233
**Hours:** 점심 12:00~3:00, 저녁 5:30~11:30

# 6 Boqueria 보퀘리아

무수히 많은 팬케이크($11)가 맨해튼 곳곳에서 브런치 메뉴로 사랑받고 있는데 그중 단연 으뜸 중에 으뜸은 바로 여기 보퀘리아라고 말할 수 있다. 그 얇고 작고 사랑스러운 생김새하며 쫀득쫀득한 도대체 무슨 반죽을 쓴 건지 궁금해지기까지 하는 최고의 팬케이크다. 이집은 와인과 타파스($5)로도 유명해 늦은 저녁이면 한 잔 걸치며 타파스를 즐기는 사람들로 붐빈다. 주말 브런치로 도톰한 베이컨에 달콤한 시럽을 찍어 먹는 팬케이크를 말아서 먹어 볼 것을 강추한다. 그리고 '비스텍($15)'이라고 불리는 치맛살이 일품인 브런치도 최고!

**Location:** 53 W19th st.
**Call:** (212) 727-1548
**Hours:** 점심 12:00~3:00, 저녁 5:30~11:30

# 7 Cupcake café 컵케이크 카페

매그놀리아의 명성에 도전장을 들이밀고 마니아들을 확보한 컵케이크 카페는 테이크아웃에 의존하는 매그놀리아와 달리 말 그대로 카페다. 알록달록 미니마우스가 나올 것 같은 핑크 톤의 분위기 있는 카페는 여자라면 나이를 불문하고 모두들 좋아하는 곳이기도 하다.

**Location:** 18 W 18th st.
**Call:** (212) 465-1530
**Hours:** 11:00~23:00

## 8 **The City Bakery** 시티 베이커리

유니언 스퀘어에서 점심시간이 되면 가장 바쁜 곳이다. 유기농 빵과 향이 좋은 커피, 샌드위치가 불티나게 팔린다. 넓은 실내가 모던한 분위기면서도 밝고 산뜻해 주로 여자들의 점심 수다 장소로 이용되고 있다. 파슨스 디자인 스쿨(Parsons School of Design)이 가까운 덕에 멋쟁이 손님들이 많아 눈과 입이 모두 즐거운 곳이다.

**Location:** 3 W 18th st.
**Call:** (212) 366-1414
**Hours:** 11:00~22:00

## 9 **Rosa Mexicano** 로사 멕시카노

로사 멕시카노의 본점 같은 곳으로 유니언 스퀘어 점은 다른 곳보다 규모가 엄청 크고 주말 저녁 열정적인 멋진 남녀 커플들의 데이트 장소로 인기가 높은 곳이다. 웨이터들의 친절함은 팁을 후하게 주고 싶을 만큼 저녁을 유쾌하게 만드는 또 하나의 요소다. 맛은 보장되었고 같이 갈 남자만 있다면 아쉬울 게 없는 곳이다.

**Location:** 9 E 18th st.
**Call:** (212) 533-3350
**Hours:** 점심 12:00~3:00, 저녁 5:30~11:30

## 10 **Tarallucci e vino** 타랄루찌 에 비노

이스트 빌리지에도 있는 이집은 커피가 유명하다. 너도나도 이집에서는 간단한 샌드위치와 커피로 점심을 때우려고 몰려든 뉴요커들로 인해 조용했다가 점심 때만 되면 갑자기 분주해지는 곳이다. 그래서 막상 점심시간에는 점심 먹기가 힘들다는 점도 이집의 맛을 증명해 주는 또 하나의 증거이자 꼭 알아야 할 부분이다.

**Location:** 15 E 18th st.
**Call:** (212) 228-5400
**Hours:** 11:00~23:00

## 11 **71 Irving place** 71 얼빙 플레이스

유난히 예쁜 나무들로 가득찬 이곳은 산책로로도 그만인데 중간에 쉬어 갈 만한 커피가 일품인 예쁜 카페까지 있으니 이 얼마나 행복 가득한 길인가 싶다. 그 예쁜 카페가 바로 71 얼빙 플레이스다. 아늑한 분위기에 반지하의 이 커피숍에 있는 창가 자리와 야외 테이블은 늘 인기 만점이라 자리를 잡기가 굉장히 어렵다. 유달리 친목 도모부터 일과 숙제까지 모든 것을 밖에서 즐기는 뉴요커들에게 커피가 맛있는 카페는 그만큼 자리잡기가 힘들어진다는 말과 동일하다고 보면 된다. 그러니 이곳 명당자리를 잡으려면 부지런할 것

**Call:** (212) 995-5252
**Hours:** 11:00~23:00

## 12 **Friend of a farmer** 프렌드 오브 어 파머

미국의 일반 가정 음식이 궁금하다면 이집에서 맛볼 수 있다. 호박 팬케이크는 그 어디서도 먹어 본 적 없는 부드러운 달콤함이 입 안 가득 퍼지는 맛이다. 그 외에 오믈렛부터 시작해 폭촙까지 아니, 사이드로 나오는 콘 브레드까지 메뉴 대부분이 너무 맛있어서 미국 가정에서는 '정말 이렇게 해 먹는 게 틀림없어!' 라는 생각과 함께 '아, 이런 집에서 살고 싶어!' 라는 욕망까지 솟구쳐 오르는 집이다.

**Location:** 77 Irving Pl **Call:** (212) 477-2188
**Hours:** 점심 12:00~3:00, 저녁 5:30~11:30

## 13 **Sushi Choshi** 스시 초시

얼빙 플레이스에 또 하나의 화룡점정인 스시 집이다. 스시와 롤이 유명한 집으로 특히나 롤을 먹는 테이블이 아주 많다는 걸 금세 알 수 있다. 종류도 많고 맛있는 롤과 얼빙 플레이스의 햇살 가득한 길은 뉴욕에서의 수많은 기억들 중 눈부시게 밝은 추억이 될 것이다. 일식이라 양은 적당하지만 가격은 조금 센 편이다.

**Location:** 77 Irving Pl
**Call:** (212) 420-1419
**Hours:** 점심 12:00~3:00, 저녁 5:30~11:30

## 14 **Blue Water Grill** 블루 워터 그릴

요리를 시키면 푸짐한 양에 한 번 놀라고 맛에 한 번 놀라고 가격에 또 한 번 놀란다. 해산물 요리로 늘 뉴욕의 레스토랑 순위 10위 안에 꾸준히 들어 주는 착실한 성적을 보여 주는 만큼 맛은 확실히 보장되어 있다. 실내보다는 야외 테이블이 이 레스토랑을 제대로 즐기는 요령이다. 유난히 햇볕을 사랑하는 뉴요커들로 인해 자리잡기가 쉽지 않겠지만 꼭 유니언 스퀘어를 바라보며 식사하는 즐거움을 느껴 보기를 권한다.

**Location:** 31 Union Sq W # A
**Call:** (212) 675-9500
**Hours:** 점심 12:00~3:00, 저녁 5:30~11:30

## 15 **Mesa Grill** 메사 그릴

앞서 말한 유니언 스퀘어 그릴 삼형제의 맏형격인 레스토랑이다. 많은 사람들이 '고담 바 앤 그릴' 이 더 낫지 않느냐고 묻지만 나의 대답은 "아니다!" 라고 말할 수 있다. 점심 메뉴인 스파이시 치킨 그릴은 양적인 면에서도 즐겁고 그 소스 맛은 한국인의 입맛에 아주 철썩 같이 잘 맞는다. 분위기도 밝고 산뜻하고 너무 클래식한 느낌이 없어서 편하게 식사를 즐기기도 좋고 수다를 떨기도 좋다.

**Location:** 102 5th ave.
**Call:** (212) 807-7400
**Hours:** 점심 12:00~3:00, 저녁 5:30~11:30

# 16 **Gotham bar & grill** 고담 바 앤 그릴

멋진 천장의 인테리어가 돋보이는 그릴 삼형제의 둘째격인 레스토랑이다. 점심 프리픽스 메뉴가 $28로 다소 높은 가격대를 보이지만 코스 요리를 맛보기에는 괜찮은 가격이다. 이집은 요리 양이 조금 예술적으로 적다. 그러나 코스로 쫙 깔고 먹다 보면 알게 모르게 배가 차게 된다. 가격은 저녁 때 가면 1인당 $70까지도 나올 수 있는 무서운 곳이다.

**Location:** 12 E 12th st.
**Call:** (212) 620-4020
**Hours:** 점심 12:00~3:00, 저녁 5:30~11:30

# 17 **Spice** 스파이스

트렌디한 타이 퓨전 레스토랑이다. 첼시와 유니언 스퀘어 두 지점이 유명한데 타이 음식 특유의 강한 향신료 맛을 많이 없애서 한국 유학생들 사이에서도 인기 있는 집이다. 대부분의 메뉴가 맛이 있으므로 '뭘 시켜야 실패하지 않을까?' 를 걱정할 필요는 없지만 팟타이라는 볶음 국수가 이집의 인기 메뉴다. 서비스가 좋은 레스토랑은 아니지만 편하게 혼자 가서 점심을 때우기도 좋을 만큼 캐주얼한 레스토랑이다.

**Location:** 60 University Pl  **Call:** (212) 982-3758
**Hours:** 11:00~23:00

# 18 **Gramercy Tavern** 그래머시 태번

사진에서도 느껴지듯 뉴요커들이 중요한 비즈니스나 모임, 만찬이 있을 때 이집을 떠올린다고 한다. 1인당 $70~90까지 호가하는 비싸디비싼 레스토랑이지만 프렌치 스타일 아메리칸 음식이 주를 이루는데 정말 맛이 있는 음식이 뭔지를 확실히 보여 주는 집이다. 배낭 족이나 유학생들에게는 뉴욕 생활의 마지막 날에 가서 만찬을 하기에 좋은 레스토랑으로 뉴욕 레스토랑 순위 1위를 '쌩' 하니 달리는 이집에서의 식사로 멋진 마무리를 하면 딱 좋을 곳이다. 점심에는 $50~60, 저녁에는 $70~100로 비싸긴 엄청 비싸다.

**Location:** 42 E 20th st.
**Call:** (212) 477-0777
**Hours:** 점심 12:00~3:00, 저녁 5:30~11:30

# 19 **Union Square café** 유니언 스퀘어 카페

유명 셰프가 하는 레스토랑으로 블루 워터 그릴의 위풍당당함에 비해 굉장히 초라한 외관을 하고 있지만 맛은 한 수 위다. 미국식으로 변형된 이탤리언 레스토랑이라고 보면 되는데 모든 음식이 혀에 닿는 순간 오만가지 맛을 다 느낄 수 있을 만큼 맛이 있다. 나에게는 기분이 좋아지는 음식점 5위 안에 드는 집인데 그래서 비 오는 날에 가면 의외로 좋다. 점심은 $25~35선, 저녁은 $68~80선.

**Location:** 21 E 16th st.
**Call:** (212) 243-4020
**Hours:** 점심 12:00~3:00, 저녁 5:30~11:30

# 20 Lannam 란남

덤플링(Dumpling) 메뉴가 인기가 있다. 가격이 저렴하고 맛이 있어서 학생들 사이로 빠르게 입소문을 타고 인기가 솟구쳤던 집이다. 지금은 너무나 맛있는 맛집들이 많이 생겨서 순위에서 많이 밀리긴 했지만 여전히 저렴한 맛집을 찾는 학생들에게는 최고의 장소다. 베트남 레스토랑으로 사이공 그릴에 밀리긴 했지만 아직도 덤플링과 롤 부분에서는 단연 으뜸이다.

**Location:** 121 University Pl
**Call:** (212) 420-1179
**Hours:** 점심 12:00~3:00, 저녁 5:30~11:30

# 21 Saigon grill 사이공 그릴

어퍼 웨스트에 있는 본점에 비해 이곳은 한국 사람들이 엄청 많아서 꼭 한국에 있는 베트남 쌀국수 집에 온 듯한 착각이 들 만큼 유학생들에게 인기 만점인 집이다. 가격이 저렴하고 양이 많아 남학생들에게도 인기가 좋고 '타이티'라고 불리는 주황색 음료는 어느 테이블에나 꼭 한 잔 이상씩 놓여 있는 인기 음료인 만큼 꼭 맛보기를 권한다. 이집에서는 싸다고 막 시켜 남기기보다는 세 명이서 요리 두 개 정도 주문해 나눠 먹는 것이 좋다.

**Location:** 91 University Pl
**Call:** (212) 982-3691
**Hours:** 11:00~23:00

# 22 The Grey dog's coffee 그레이 도그스 커피

인테리어나 분위기가 딱 학생들이 좋아할 만한 분위기인데다가 커피 맛도 좋고 특히 이집의 핫초코는 너무 걸쭉하지도 싱겁지도 않은 최고의 맛이라고 평가할 수 있다. 더불어 한 대접 정도 되는 양으로 몇 시간이고 수다를 떨면서 계속 핫초코로 충전시키기에 충분할 만큼의 양이라 더 만족스럽다.

**Location:** 90 University Pl
**Call:** (212) 414-4739
**Hours:** 11:00~23:00

# 23 **Stand** 스탠드

떠오르는 인기 만점의 햄버거 집이다. 뉴욕에서는 맥도날드와 버거킹을 보기가 힘들 만큼 정말 맛있는 햄버거 레스토랑이 곳곳에 숨어 있다. 스탠드 또한 유니언 스퀘어에서 버거로 유명한 집인데 이집은 버거의 종류가 엄청나게 다양하다. 치킨 버거, 연어 버거, 터키 버거 등 고기와 치즈가 들어간 버거에서 벗어나 다양한 다른 맛의 버거를 만들어 낸 집이다. 그리고 그 맛은 설명이 필요 없을 정도다. 독자들을 위해 상상 이상이라고만 말해 두겠다.

**Location:** 24 E 12th st.
**Call:** (212) 488-5900
**Hours:** 11:00~23:00

# 24 **Newyork burger co.** 뉴욕 버거

체인 햄버거 집인데 고기 패티가 "이럴 수는 없어!" 하는 말이 절로 나오게 만드는 곳이다. 각 도시 이름이 붙은 버거들은 그 도시의 특성을 살려 맛으로 표현해 내어 맛과 재미가 있는데 고기를 좋아한다면 시카고를, 치즈를 좋아한다면 치즈 버거에 다른 종류의 치즈(블루 치즈나 체다 치즈가 맛있다)를 추가해 먹으면 더욱 맛있다. 사실 내가 볼 때는 셰이크 섀크나 버거 조인트보다도 이곳의 햄버거가 더 맛이 있다. 가격도 저렴하고 무한 리필되는 음료와 다양한 종류의 프렌치 프라이드 소스는 찍어 먹는 재미까지 있다. 그리고 소스 통에 다양한 소스들을 담아 테이크아웃해서 집에다 두고 가끔 프렌치 프라이드 포테이토만 사다가 간식으로 먹어도 좋다.

**Location:** 678 6th ave.
**Call:** (212) 229-1404
**Hours:** 11:00~22:00

## 1 　Ann taylor　앤 테일러

여성 정장 전문 브랜드다. 그레이 톤의 정장들이 주로 많은데 가격이 저렴한데다가 편하게 디자인되어 있어서 뉴욕에 사는 여자들의 옷장에 한 벌 이상은 있을 거라고 예상되는 옷가게다. 대부분 사회 초년생들에게는 없어선 안 될 브랜드인 듯싶다.

**Location:** 149 5th ave. # 1
**Call:** (212) 253-1445
**Hours:** 11:00~19.00

## 2 　Club Monaco　클럽 모나코

모든 디자인은 '기본으로 해라!'에 정말 충실한 브랜드로 미드타운에도 매장이 있다. 코트나 재킷들이 칼라가 작아서 예쁘고 날씬해 보이게 재단되어 있어서 청바지 위에 입기에도 잘 어울리는 캐주얼한 디자인들도 많이 있다. 스트라이프 니트들은 베스트 아이템이다.

**Location:** 160 5th ave.
**Call:** (212) 352-0936
**Hours:** 11:00~19:00

## 3 　Abracadabra　아브라카다브라

마술사가 꿈인 이들에게 그리고 아이들에게 이곳은 학교나 마찬가지인 가게다. 각종 마술 도구들이 산더미 같이 쌓여 있는데 하나하나 연구해봄직한 신기한 마술 도구들이 많아서 아주 재미있다. 흔하게는 카드와 장미로 변하는 지팡이부터 조금 레벨이 있다고 하는 비둘기나 공이 나오는 모자까지 도대체 어디에다 그걸 숨겨 놓은 건지 아직도 모르겠다.

**Location:** 19 W 21st st.
**Call:** (212) 627-5194
**Hours:** 11:00~19:00

## 4 　Benetton　베네통

알록달록한 컬러가 트레이드마크인 베네통은 여행용 트렁크가 특히 예뻐서 인기가 좋다. 그리고 예쁜 컬러감의 스웨터들도 여러 종류의 옷 위에 입기에 너무나 유용해서 색깔별로 사 두고 입기도 한다. 가격도 저렴하고, 겨울에는 머플러가 예술이다.

**Location:** 601 5th ave.
**Call:** (212) 317-2501
**Hours:** 11:00~19:00

# 5 **Miss sixty** 미스 식스티

섹시한 청바지의 대명사인 미스 식스티 매장이 노리타와 이곳에 있는데 모델들 사이에서는 미스 식스티의 레깅스가 요즘 유행이라고 한다. 그만큼 컬러풀한 패턴의 멋진 레깅스들이 다리를 더욱 가늘어 보이게 하면서도 스키니 진 같은 효과를 줘서 린제이 로한처럼 엉덩이가 다 보이게 레깅스를 입기도 한다. 청바지 밑위가 몹시 짧다.

**Location:** 386 W Broadway
**Call:** (212) 334-9772
**Hours:** 11:00~19:00

# 6 **ABC carpet & home** 에이비시 카펫 앤 홈

각종 인테리어 용품들이 다 있다. 집을 꾸밀 때 곧장 여기로 가면 샹들리에부터 커튼에 바닥에 까는 러그까지 모든 것을 다 살 수 있는데 가격이 조금 비싸다는 게 흠이라면 흠. 앤티크한 분위기의 조명등과 그릇 등 결혼을 앞둔 친구에게 선물하기에 좋은 물건들이 많아서 결혼 시즌이 되면 선물 포장대가 바빠진다.

**Location:** 888 Broadway # 4
**Call:** (212) 473-3000
**Hours:** 11:00~19:00

# 7 **Sephora** 세포라

가격이 저렴하진 않지만 종류만큼은 어마어마하다. 모든 미국 내에 유통되는 화장품은 거의 다 있다고 해도 과언이 아닐 정도. 그리고 이곳의 매력은 테스트 용품들을 아낌없이 사용해도 된다는 점! 기분이 꿀꿀한 날 세포라에 가서 립스틱이라도 하나 바르고 나오면 기분이 업 된다. 그리고 무엇보다 좋은 것은 절반 이상 쓴 물건이 아니면 마음에 들지 않을 때 언제든 다른 컬러로 교환해 주는 집이므로 '사 놓고 나한테 안 어울리면 어쩌지?' 하는 고민 없이 선뜻 하나 살 만하다. 나스(Nars)의 제품들이 좋다.

**Location:** 555 Broadway
**Call:** (212) 625-1309
**Hours:** 11:00~22:00

# 8 **Nine west** 나인 웨스트

플랫폼 슈즈들이 예쁜 집이다. 앞뒤로 굽이 높은 이 힐은 의외로 발이 상당히 편하다. 세일하면 $70~90 정도로 떨어지니 장만해 두면 두고두고 예쁘게 신을 수 있다. 한국 유학생 대부분이 여기 구두를 신고 다닌다는 사실만 봐도 중저가 브랜드 중 얼마나 사랑받는지를 알 수 있다.

**Location:** 577 Broadway # 1
**Call:** (212) 941-1597
**Hours:** 11:00~19:00

# 9 Old navy 올드 네이비

저렴하고 핏이 예쁜 브랜드인데 우리나라로 따지면 지오다노 급의 의류 다. 그러나 비키니만큼은 최고 중에 최고! 종류도 엄청나게 많은데다가 착 용감도 좋고 무늬들이 예뻐서 날씬해 보이고 가슴은 더욱 섹시해 보인다. 가락신 같은 슬리퍼 종류도 $3로 엄청 저렴하고 편하다.

**Location:** 610 ave. of the Americas
**Call:** (212) 645-0663
**Hours:** 11:00~19:00

# 10 T.J.maxx 티제이 맥스

센트리 21과 마찬가지로 백화점에 입점한 브랜드들 중에 세일 기간에 팔 리지 않은 물건들이 다 이쪽으로 넘어온다. 랄프 로렌 침구가 $500이니 '본격적으로 내 방을 꾸며 볼까?' 라고 마음먹었다면 티제이 맥스로 가야 한다. 각종 요리 도구부터 타미 힐피거의 짱짱한 발목 양말이 한 개당 $1 꼴로 판매된다. 프렌치 커넥션 원피스도 잘 건지면 $80에 사서 입을 수 있다.

**Location:** 620 ave. of the Americas
**Call:** (212) 229-0875
**Hours:** 11:00~19:00

## 11 Bed Bath & Beyond 베드 바스 앤 비욘드

유학생들 사이에선 티제이 맥스, 베드 바스 앤 비욘드, 그리고 컨테이너 스토어를 가리켜 이사할 때마다 가야 하는 곳이라고 부른다고 한다. 이 매장에는 각종 목욕 용품은 물론 수건부터 시작해 샤워 커튼까지 없는 게 없다.

**Location:** 620 6th ave.
**Call:** (212) 255-3550
**Hours:** 11:00~19:00

## 12 The container store 컨테이너 스토어

플라스틱 수납장과 옷걸이가 싼 곳이다. 바퀴가 달린 가벼운 플라스틱 수납장은 활용 빈도가 높아 유학생들이나 뉴욕으로 연수하러 온 학생이나 직장인들의 집에 가면 한 개씩은 꼭 볼 수 있는 요긴한 물품이다. 이왕이면 컬러도 산뜻하고 예쁜 걸로 장만하는 게 좋다.

**Location:** 629 E 6th ave.
**Call:** (212) 366-4200
**Hours:** 11:00~19:00

# 13 Books of Wonder 북스 오브 원더

동화책들이 전부 괜찮은 편이다. 종류도 많고 다양하고 일러스트도 예뻐서 구경하기에 좋은데 그래서인지 엄마와 아이들이 같이 와서 책을 고르는 모습을 종종 목격할 수 있다. 바로 근처의 컵케이크 카페의 컵케이크와 함께 동화책을 보는 아이들의 천사 같은 모습을 보는 것도 기분이 좋아지게 만드는 이집의 특별 보너스.

**Location:** 18 W 18th st.  **Call:** (212) 989-3270  **Hours:** 11:00~19:00

# 14 Academy records & CDs 아카데미 레코드 앤 시디

마니아들이 주로 많이 가는 가게로 다른 레코드 가게보다 일반 대학생이나 관광객의 비중이 더 높은 곳이다. 브루클린의 가게들에서는 디제이 같이 전문적으로 음악을 하는 친구들을 많이 볼 수 있다면 이 가게에서는 음악을 사랑하는 할아버지들이 많이 오셔서 음반도 구경하고 옛 생각에 잠기는 추억으로의 여행을 떠날 수 있게 만드는 멋진 곳이다.

**Location:** 12 W 18th st. # 3W  **Call:** (212) 242-3000  **Hours:** 11:00~19:00

# 15 H&M 에이치앤엠

스웨덴 브랜드로 전 유럽을 강타하고 전 미국을 강타하고 우리나라까지 강타한 초저가 브랜드다. 국내에서는 구매 대행으로 사람들이 사서 즐겨 입는데 가격이 저렴하고 디자인이 특이하고 무엇보다 1년에 한 번씩 유명 디자이너와 공동작업을 진행해서 더욱 유명해졌다. 샤넬의 수석 디자이너 칼 라거펠트를 시작으로 계속 성공적으로 디자이너와 작업을 연장해 가고 있다. $150에 빅터앤롤프의 웨딩드레스를 입을 수 있는 꿈 같은 일을 현실화해 준 브랜드다.

**Location:** 515 Broadway  **Call:** (212) 965-8975  **Hours:** 11:00~19:00

## 16 Barnes & Noble 반스 앤 노블

뉴욕 여기저기에 반스 앤 노블이 있지만 내 사랑은 변함 없이 늘 유니언
스퀘어 점을 향하고 있다. 파이와 빵들이 다른 곳에 비해 다양해서 3층에
있는 스타벅스 창가 자리에 잡지와 책들을 잔뜩 쌓아 놓고 여유를 한껏
부려 보는 것도 좋다. 책도 보고 책의 내용을 사진으로 찍어도 상관 없는
아주 자유로운 분위기다. 더욱 좋은 것은 화장실을 마음대로 이용할 수
있어 유니언 스퀘어를 돌아다닐 때 한 번은 꼭 들르게 되는 서점이다.

**Location:** 33 E 17th st.
**Call:** (212) 253-0810
**Hours:** 11:00~23:00

## 17 Anthropologie 앤스로폴로지

아메리칸 컨트리 풍의 꽃무늬 원피스를 장만하고 싶을 때 가는 곳이다.
봄이 되면 입고 싶어지는 예쁜 꽃무늬 치마, 가방, 프릴이 달린 블라우스
와 재킷 등 여성스러움이 하늘을 콕 치고 빠질 만큼 예쁘다.

**Location:** 375 W Broadway
**Call:** (212) 343-7070
**Hours:** 11:00~19:00

## 18 American eagle 아메리칸 이글

정통 아메리칸 스타일 캐주얼을 선보이는 옷으로 청치마와 청바지 줄무늬
티셔츠와 체크 남방이 기본이다. 저렴한 가격대로 중 · 고등학교 학생들이
많이 입는데 아주 강력하게 추천하고 싶은 아이템은 바로 속옷! 팬티와
브래지어의 그 편안함과 짱짱함이란 이루 말할 수가 없다. 실제로 속옷도
착용해 보고 사이즈에 맞게 골라 살 수 있으니 사이즈를 모른다고 걱정할
필요는 없다.

**Location:** 19 Union Sq W
**Call:** (212) 645-2086
**Hours:** 11:00~19:00

# 19 Diesel 디젤

개인적으로 청바지 핏이 가장 예쁜 바지라고 생각하는 브랜드다. 알맞게 들어간 스판덱스가 이상한 부위에서 형성된 살들을 올바르게 잡아 줘서 몸매가 날씬하게 보이도록 만들어 주는 청바지다. 정말 무슨 특수한 공법으로 재단된 청바지일 거라는 생각이 들게 만들 만큼 예쁜데 가격이 비싸다($350~).

**Location:** 1 Union Sq W
**Call:** (646) 336-8552
**Hours:** 11:00~19:00

# 20 Forever 21 포에버 21

10대 걸들의 사랑을 받으며 급성장한 집으로 그들의 주머니 사정을 배려한 저렴한 가격과 사랑스러운 디자인의 옷들이 특히 많다. 뉴욕에 가서 편하게 입을 원피스나 티셔츠를 찾는다면 포에버 21이 적격이다(원피스는 $15~).

**Location:** 40 E 14th st.
**Call:** (212) 228-0598
**Hours:** 11:00~20:00

**NEW YORK**

## 21   **Forbidden planet**   포비든 플래닛

재미난 피겨(figure)가 가득한 행성이다. 한쪽에는 만화책이 그득하고(물론 영어로 되어 있다) 다른 한쪽에는 인형과 피겨들이 멋지게 진열되어 있는데 사람만 한 크기의 피겨부터 미니어처까지 다량의 제품을 보유하고 있다. 소호의 키드로봇이 귀여운 일제에 초점을 둔 피겨 가게라면 이집은 미국과 유럽 스타일의 독특하고 리얼한 캐릭터가 주를 이룬다. 이집의 윈도 디스플레이 앞에는 늘 어른과 아이들이 꼭 몇 명씩 붙어서 구경을 하고 있다.

**Location:** 840 Broadway
**Call:** (212) 473-1576
**Hours:** 11:00~19:00

## 22   **Strand book Store**   스트랜드 북 스토어

창문을 꽉 메우고도 남을 책들이 어마어마하게 쌓여 있는데 다 합치면 그 길이가 18마일이나 된다고 한다. 마침 내가 이 서점을 간 날 그 앞에서 드라마로 짐작되는 촬영이 이뤄지고 있었는데 서점은 정상 영업을 한다고 하기에 그냥 지나쳐서 들어갔었다. 정말 방대한 양의 책들이 쌓여 있어서인지 여긴 왠지 없는 책이 없을 것 같은 곳이다.

**Location:** 828 Broadway
**Call:** (212) 473-1452
**Hours:** 11:00~19:00

## 23   **Rugby**   럭비

랄프 로렌의 세컨드 브랜드인 럭비는 뉴욕에만 매장이 있다. 랄프 로렌의 디자인에서 살짝 무거움을 줄이고 소재를 저렴하게 바꾼 랄프 로렌의 미니미격인 브랜드다. 랄프 로렌의 라인이 예쁜 스쿨 룩에 잘 어울릴 법한 재킷이나 폴로 스타일의 셔츠라도 하나 장만해 둘 만하다. 디자인이 젊어지면서 핏도 더 타이트해진 게 특징!

**Location:** 99 University Pl
**Call:** (212) 677-1895
**Hours:** 11:00~19:00

# Park

## 1 Gramercy Park 그래머시 파크

이 동네에 사는 사람들에게만 오픈되는 약간은 치사한 공원이지만 뉴욕에는 이런 개인 정원이 꽤 있다. 그중 규모도 크고 정말 아기자기하게 잘 꾸며 놓은 그래머시 파크 주변에는 고급 호텔들과 어퍼 이스트의 고급 빌라 같은 예쁜 집들이 많다. 맨발로 거닐 수 있는 자갈로 된 길부터 봄에는 벚꽃이 흐드러지게 피고 가을에는 낙엽이 소복이 쌓이는 이 공원은 주변만 산책하기에도 너무나 기분이 좋다.

## 2 Union Square 유니언 스퀘어

체스, 사과, 프레즐, 베이글, 그림, 수공 액세서리 등이 유니언 스퀘어 안을 꽉 메우고 있는 독특한 광장이다. 전쟁 반대 시위자부터 각종 정치인을 지지하는 단체까지 이 안에 뉴욕을 나타내는 것이 다 있다고 해도 과언이 아닐 정도로 느긋하게 지켜보다 보면 알차고 즐거운 시간이 가는 줄도 모를 만큼 재밌는 광장이다.

## 3 Madison Square Park 매디슨 스퀘어 파크

플랫아이언 빌딩(Flatiron Building)과 마주보고 있는 이 공원에는 어마어마한 넓이의 커다란 아름드리나무가 유난히 많다. 그리고 이 안에는 아주 유명한 셰프의 햄버거 집인 셰이크 셰크가 있기도 하다. 그래서인지 이 공원은 늘 관광객으로 복작복작 대고 아이언 빌딩을 들렀다가 이 공원에 오는 것이 하나의 코스처럼 되어 버렸다.

# Have to do!

### 반스 앤 노블 창가 자리 앉기

유니언 스퀘어 반스 앤 노블의 3층 스타벅스 창가 자리에 앉아 잡지를 있는 대로 쌓아 두고 커피와 함께 여행의 피로를 풀어 주자. 여유로움과 뉴욕을 동시에 느낄 수 있는 장소인 만큼 하늘에 별도 달도 다 딸 만큼 앉기 어렵지만 평일 오전 시간대와 NYU 학생들의 시험 기간에는 앉을 확률도 높아진다. 유명한 작가들의 독자와의 만남 같은 이벤트가 종종 열리므로 운 좋으면 작가가 직접 읽어 주는 낭독회에 참여할 수도 있다.

### 플랫아이언에서 셀프 카메라 찍기

다리미 모양의 이 건물은 삼각지대의 자투리땅까지 아껴가며 건물을 지은 뉴욕의 명물이다. 엠파이어나 크라이슬러가 올라가기 전까지 뉴욕에서 가장 높은 건물이었다는데 지금 보면 주변의 다른 빌딩들과 거의 같아서 높기는커녕 오히려 낮아 보이기까지 한다. 그래도 웬만한 디지털 카메라 한 화면에 다 담기는 어렵다. 그럴 때는 27th st. 쪽으로 올라와 삼각지대(아이언 빌딩 사진을 여기서 많이 찍는다)의 바닥에 앉아 디지털 카메라를 아래서 위로 찍어 보자. 아이언 빌딩이 배경이 되어 사진이 정말 예쁘게 잘 나온다.

마크 제이콥스와 재즈 공연이 공존하는 그린위치 빌리지

# 6. Greenwich Village

그리니치 스트리트와 그리니치 애버뉴가 양쪽에 강물처럼 막아 놓은 이 지역이 바로 그 유명한 그리니치 빌리지다. 바둑판식 뉴욕의 길은 위와 아래, 동쪽과 서쪽만 알면 어디든지 다 찾아 갈 수 있는데 이곳만은 예외다. 유럽의 도시들처럼 알 수 없는 골목들이 나뭇가지처럼 펼쳐져 있어서 이미 갔던 곳도 다시 찾아 가기 힘들어 길치들에게는 참으로 고통스러운 곳이 바로 이곳, 그리니치 빌리지다. 처음 이곳에 오는 사람들의 목적은 딱 한 가지! 지름신을 온몸에 콜드크림처럼 바르고 마크 제이콥스 매장으로 가는 것이다. 그러나 쇼핑을 마치고 매그놀리아의 컵케이크를 하나 장전하고 도마 갤러리 커피숍에서 해가 저무는 것을 보고 있다가 빌리지 뱅가드에서 재즈 공연을 보고 나와 지하철을 기다리노라면 이런 느낌을 뉴욕에서 받을 수 있는 곳은 여기 그리니치뿐임을 알 수 있을 것이다.

1. 엑스트라 버진에서의 새먼 샐러드로 점심을 •••▶  2. 매그놀리아 컵케이크를 디저트로 당도 백배 충전하기 •••▶
3. 마크 제이콥스를 시작으로 신시아 로리, 인터믹스, 재미놀라까지 둘러보기 •••▶
4. 티 앤 심퍼시에서 따뜻한 차 한 잔과 다리 풀기 •••▶  5. 파스티스에서 멋쟁이들과 저녁 식사 •••▶
6. 하이라인에서 타이티 한 잔!



1. 코너 비스트로의 햄버거로 점심 먹기 •••▶  2. 매그놀리아 컵케이크를 사 들고 그 앞 공원에 앉아 쇼퍼홀릭들을 구경하기 •••▶  3. 워싱턴 스퀘어에서 NYU 학생들 엿보기 •••▶  4. 체스 포럼에서 재미난 미니 체스 한 판 구입하기 •••▶  5. 어게이브에서의 저녁 식사 •••▶  6. 빌리지 뱅가드에서 8시 공연으로 유쾌한 기분 업 하기 •••▶  7. 음악이 좋기로 소문난 시엘로에서 온몸으로 리듬타기.

Blue Note
NO PARKING ANYTIME
Chelsea
Joyce Theater
Ninth Ave
Eigth Ave
Seventh Ave
Sixth ave
W 18 St
W 16 St
W 14 St
W 13 St
W 12 St
W 10 St
W 8 St
Flati
Dist
A C E L
8th Ave-14th St
1 2 3
14th St
F L V
6th Ave-14th St
Meatpacking
Greenwich Ave
Waverly Pl
Gansevoort St
Horatio St
Jane St
W12 St
Bathune St
Bank St
Perry St
Charles St
W10 St
Greenwich St
Hudson St
Washington St
W11 St
Gay St
Washington Mews
Wavery
Washington Pl
WASHINGTON SQUARE
B C D E F V
A   W 4th St
New
Univ
워싱턴 스퀘어 파크
Christopher St-Sheridan Sq
Grove St
Commerce St
Bedford
Jones St
Cornelia
Minetta La
Carmine St
Downing St
Pier 46
Pier 45
Christopher St
Barrow St
Morton St
Leroy St
Clarkson St
W Houston St
Washington St
Renwick St
Pier 40
Pier 32
Houston St
1  king St
Charlton St
Vandam St
Dominick St
Watts St
Canal St
croses St
Sixth Ave
MacDougal St
Suillvan St
Thompson St
La Guardia Pl
Spring St
Prince St
W Houston St
B1ee
NEW YORK
140 | 141

ALL TRAFFIC
ONE WAY
LITTLE WEST
12TH STREET

## Shop

## 1  Vento  벤토

거대한 인디언 풍의 페인팅이 인상적인 항아리가 입구에 떡하니 놓여 있는 그리니치의 시작 부분인 삼각지대에 위치한 레스토랑이다. 지하에는 물 좋은 바가 있고 위에는 레스토랑인데 음식 맛과 양을 모두 충족시켜 주는 바람직한 집이다. 특히 양은 평소 소식을 즐겨 하는 우리나라 사람들에게는 좀 많아서 샐러드만으로도 충분히 배를 채울 수 있다.

**Location:** 675 Hudson st.
**Call:** (212) 699-2400
**Hours:** 월~금 11:00~23:00, 토~일 11:00~24:00

## 2  Fig & Olive  피그 앤 올리브

올리브가 들어갈 수 있는 모든 요리가 이 가게 안에 다 있다. 이미 지중해 유러피언이나 남미 사람들은 우리나라 사람들이 김치 먹듯이 올리브를 먹는데 처음에는 떨떠름하니 그저 그런 맛이지만 중독성이 강해서 먹다 보면 자꾸자꾸 손이 간다. 더불어 전 세계의 건강식품 다섯 손가락 안에 꼽히는 만큼 채식주의자나 건강식을 즐겨 먹는 뉴욕 웰빙 족들에게 선풍적인 인기를 끈 집인 만큼 제일 무난한 파스타로 도전해 보는 것도 좋다.

**Location:** 420 W 13th st.
**Call:** (212) 924-1200
**Hours:** 점심 11:00~4:30, 저녁 5:30~11:30, 브런치 10:30~4:00

## 3  Pastis  파스티스

젊음이 넘치는 밤 문화가 살아 있는 그리니치에서도 이 미트 패킹 지역(meatpacking district)은 거리 자체가 트렌디한 것이 '넌 지금 뉴욕에 와 있어!' 라고 말해 주는 분위기다. 이곳에서 가장 유명한 맛집이 바로 이집! 이집에서 가장 유명한 스테이크 샐러드는 고기를 상추에 싸 먹는 우리에게 더없이 입맛에 잘 맞고 느끼하지도 않아 한 접시 뚝딱하기 좋은 메뉴다. 그러나 파스티스의 스테이크 샐러드는 프라이드 포테이토까지 잔뜩 들어 있으니 혼자 다 먹기에는 불가능한 양이다. 저녁 때 클럽에 가기 전 배를 채우려는 사람들의 발길로 인해 멋진 그룹들을 많이 볼 수 있다.

**Location:** 9 9th ave.
**Call:** (212) 929-4844
**Hours:** 월~목 12:00~24:00, 금~토 12:00~3:00, 일 12:00~12:00

# 5 Snice 스나이스

산속에 있는 나무 산장에 들어 있는 기분이 드는 카페인데 커피와 쿠키가 맛있다. 그래서 NYU 학생들의 숙제하는 곳이기도 하다. 그리니치 빌리지는 워싱턴 스퀘어와 가까워 괜찮다 하는 맛있는 커피 집에는 온통 노트북을 열심히 두드리고 있거나 뭔가를 쓰고 있는 학생들로 인해 자리잡기가 굉장히 힘든데 이집은 입구에 비해 실내가 꽤 넓어 자리잡고 앉을 확률이 높아서 좋다.

**Location:** 45 8th ave.
**Call:** (212) 645-0310
**Hours:** 점심 11:00~4:30, 저녁 5:30~11:30, 브런치 10:30~4:00

# 6 Zampa 잠파

간판만 봤다가는 무슨 돼지 요리 전문점인가 싶지만 와인 바 겸 레스토랑이다. 분위기가 좋고 따뜻하고 무엇보다 좋은 것은 아침 8시부터 오픈한다는 사실 때문에 갓 구워 낸 홈 메이드 스콘(Scone)으로 그리니치 일정을 시작하기에 정말 좋은 곳이다. 와인도 다양한 빈티지로 다량 보유하고 있다. 특히 맛있는 참치 샐러드가 일품!

**Location:** 306 W 13th st.
**Call:** (212) 206-0601
**Hours:** 월~금 8:00~23:00, 토~일 11:00~23:00

# 7 Tea & Sympathy 티 앤 심퍼시

티타임이란 말을 만들어 낸 영국 사람들의 차 사랑이 뉴욕이라고 줄어들리 없다. 잘생긴 그리고 섹시한 브리티시 악센트의 청년이 주인인데 차만 파는 집 옆에는 찻집이 있다. 카페에서는 예쁜 찻잔에 홍차부터 시작해 다양한 차를 구비해 놓고 기름지고 달디단 음식을 먹은 이들의 입가심을 책임지고 있다. 차의 맛이 뭐가 다른 줄 모르는 사람들에게 강추하게 되는 집. 이곳에 가게 되면 여러 가지 차 맛에 반하게 된다.

**Location:** 108 Greenwich ave.
**Call:** (212) 807-8329
**Hours:** 월~금 11:00~24:00, 토~일 10:00~24:00

# 8 Spice Market 스파이스 마켓

장 조지(Jean George) 레스토랑들 중 하나다. 그리고 페리 스트리트와 더불어 머서 키친이나 장 조지보다 캐주얼해서 브런치를 먹기에는 부담이 없어 즐겨 갔던 곳이기도 하다. 양은 많지 않지만 뉴욕 유명 셰프의 레스토랑에서 $20로 한 끼를 먹는다는 건 놀라운 일이다.

**Location:** 403 W 13th st.
**Call:** (212) 488-1545
**Hours:** 점심 11:00~4:30, 저녁 5:30~11:30, 브런치 10:30~4:00

## 9 Corner bistro  코너 비스트로

내 손등처럼 두툼한 고기에 각종 채소가 한가득인 햄버거가 $4라는 것이 말도 안 되게 여겨지는 집이다. 그만큼 맛이 있는 데다가 저렴한 가격 때문에 학생들 사이에서 높은 지지도를 보이며 학교 식당이 된 집이다. 대체적으로 음식들이 다 저렴하고 맛이 있다.

**Location:** 331 W 4th st.
**Call:** (212) 242-9502
**Hours:** 월~금 8:00~24:00, 토~일 9:00~24:00

## 10 Grounded  그라운디드

들어가는 순간 놀란다. 한쪽을 바라보고 앉게 된 마치 칠판 보고 앉은 학생처럼 죄다 앉아서 노트북으로 무언가를 열심히 하고 있는데 피시방도 이런 피시방이 없지 싶다. 샌드위치가 저렴하고 맛있어서 종종 가는데 갈 때마다 늘 좀처럼 나지 않는 자리 때문에 괴롭다.

**Location:** 28 Jane st.
**Call:** (212) 647-0943
**Hours:** 월~금 8:00~24:00, 토~일 9:00~24:00

## 11 Café Clunny  카페 클러니

벤치(의자) 마케팅의 성공사례라고 볼 수 있다. 고즈넉하고 예쁜 웨스트 4th st. 에는 그 길만큼 예쁘고 맛 좋은 레스토랑들이 즐비하다. 그래서 주말 브런치 타임이면 이 길은 뉴요커들의 발길이 끊이지 않는 곳이다. 그중 길의 시작 부분에 위치한 이집은 바깥쪽의 벤치와 카페의 인테리어가 너무나도 잘 어우러져 자꾸 사람들을 끌어들이는 마력을 지닌 집이다. 샐러드 종류가 맛이 있고 클러니 버거는 인기 브런치로 맛있고 푸짐해서 좋다.

**Location:** 284 W 12th st.
**Call:** (212) 255-6900
**Hours:** 월~금 8:00~24:00, 토~일 9:00~24:00

## 12 Smörgas  스뫼르가스

스뫼르가스의 스칸디나 오믈렛 브런치는 부드럽게 위장을 다스려 주는 맛 좋은 점심 식사면서 이집의 인기 브런치 메뉴다. 더불어 샌드위치들도 일품이 아닌 명품! 예쁜 베이비 옐로 컬러의 아기자기한 이집은 그 어떤 부분도 그냥 스치듯 볼 수가 없다. 이곳에서의 브런치와 매그놀리아의 레드 벨벳만 있다면 세상이 평화롭게만 보인다.

**Location:** 283 W 12th st.
**Call:** (212) 243-7073
**Hours:** 점심 11:00~4:30, 저녁 5:30~11:30, 브런치 10:30~4:00

## 13 The Place 플레이스

부티 나는 한 상 차림 집이다. 그러나 아무리 부티가 나도 맛이 없으면 다 소용 없는데 이집은 정녕코 맛이 있어서 브런치를 먹으면서 '아, 연인끼리 오면 정말 사랑으로 볶은 깨가 쏟아지겠구나!' 라는 생각이 드는 집이다. 저녁 시간 때에는 가격대가 조금 높긴 하지만 와인도 많이 보유하고 있어서 애인과 함께 데이트하기에 더없이 로맨틱한 곳이 또 없다.

**Location:** 310 W 4th st.
**Call:** (212) 924-2711
**Hours:** 점심 11:00~4:30, 저녁 5:30~11:30, 브런치 10:30~4:00

## 14 La Focaccia 라 포카치아

올리브 오일 스파게티의 지존. 알리오 올리오(Alio Olio)를 이집만큼 잘하는 집은 '없다!' (이 부분에서는 소리치고 싶다) 이탈리언 파스타 요리 집인 라 포카치아는 파란색 차양이 돋보이는 집이다. 뭐 워낙 맛집으로 잘 알려져 있고 가격도 $14~16 정도로 저렴해서 많은 이들의 사랑을 받고 있는 레스토랑으로 스파게티가 필 꽂히는 날 그리고 마크 제이콥스 매장도 한번 들러보고 싶은 날이면 그냥 지나가지 말고 꼭 맛볼 것.

**Location:** 51 Bank st.  **Call:** (212) 675-3754
**Hours:** 점심 11:00~4:30, 저녁 5:30~11:30, 브런치 10:30~4:00

## 15 Tartine 타르틴

아는 사람은 다 안다는 이 브런치 길에 요즘 한창 뜨고 있는 맛집이다. 맛집도 트렌드에 따라 대세가 있는데 이집은 게이들의 까다로운 입맛을 사로잡았는지 유난히 많은 남남 커플을 볼 수 있는 곳이다. 자신의 집에 있는 와인을 가져가서 마실 수도 있으니 친구들과 한 병 가져가서 요리와 함께 생일 파티를 하기에도 좋다. 이집의 음식이 다 맛있어서 달리 인기 메뉴로 꼽을 것도 없지만 $15 브런치 프리픽스 메뉴에서 애플 팬케이크 오믈렛은 생각만 해도 군침이 도는 메뉴.

**Location:** 253 W 11th st.
**Call:** (212) 229-2611
**Hours:** 점심 11:00~4:30, 저녁 5:30~11:30, 브런치 10:30~4:00

## 16 Extra Virgin 엑스트라 버진

생선 요리가 주 무기라는 이집에서 꼭 새먼 샐러드를 먹어 볼 것을 강추한다. 그 잘 훈제된 연어(다크 서클에는 연어가 최고란다)와 각종 맛깔스러운 샐러드들과 치즈, 그리고 눈물 한 방울이 감동으로 떨어지는 소스가 어우러져 입 안으로 들어감과 동시에 즉시 녹아 버린다. 테라스 자리에서 길가에 세워진 귀여운 자동차들을 바라보며 멋쟁이 뉴요커들을 보면서 담백한 한 끼 식사를 즐기기에 좋다.

**Location:** 259 W 4th st.
**Call:** (212) 691-9359
**Hours:** 점심 11:00~4:30, 저녁 5:30~11:30, 브런치 10:30~4:0

## 17   Sevilla   세빌라

스페인 요리 집인 만큼 파엘라는 꼭 먹어 봐야 하는 집이다. 파엘라는 스
페인 식 볶음밥이라고 생각하면 되는데 해산물이 풍부한 스페인에서 새우
나 바닷가재 같은 고급 식재료를 올린 파엘라는 그야말로 인기 만점이다.
그런 파엘라를 뉴욕에서 먹으며 스페인을 느껴 보자. 와인 한 잔과 파엘
라만 있다면 스페인의 세빌라에 와 있는 듯한 느낌을 받는다.

**Location:** 62 Charles st.
**Call:** (212) 243-9513
**Hours:** 점심 11:00~4:30, 저녁 5:30~11:30, 브런치 10:30~4:00

## 18   Chow   차우

퓨전 차이니즈 레스토랑이다. 우선 분위기가 매우 좋다. 한쪽은 바로 되어
있고 테이블에 앉으려면 식사를 해야만 한다. 치킨이나 오리 요리 등 스
타일리시한 중국 요리들을 맛볼 수 있는데 가격은 중국 요리치고는 조금
센 편이다. 분위기 있게 그리고 멋지고 능수능란하게 젓가락질을 하고 싶
다면 가 볼 것.

**Location:** 230 W 4th st.
**Call:** (212) 633-2212
**Hours:** 점심 11:00~4:30, 저녁 5:30~11:30, 브런치 10:30~4:00

## 19   Agave   어게이브

멕시칸 요리 레스토랑이다. $12.95의 아주 유혹적이고 합리적인 점심 프
리픽스 메뉴도 어게이브를 즐기기에 더없이 좋지만 가격이 저렴해서 저녁
에 가도 별 부담이 없는데 될 수 있으면 꼭 저녁에 가라고 말해 주고 싶
다. 촛불로 장식한 로맨틱한 인테리어로 낮에는 상상할 수 없을 만큼의
로맨틱함이 밤이 되면 켜지니 소개팅 및 데이트 장소로도 굿굿굿!. 퀘사딜
라($13~17)가 맛있다.

**Location:** 140 7th ave. S
**Call:** (212) 989-2100
**Hours:** 점심 11:00~4:30, 저녁 5:30~11:30, 브런치 10:30~4:00

## 20   Doma Gallery café   도마 갤러리 카페

갤러리 카페지만 갤러리는 아니다. 분위기가 미니멀하고 시원한 통유리
창으로 기분이 상쾌해지는 게 특징인 카페다. 이곳은 실내보다 벤치가
있는 바깥 자리가 더 운치 있는데 실내에 앉을 자리가 없어서인지, 아니
면 실내에 자리가 있어도 나와서 마시는 것인지 바깥 벤치에는 늘 자리
가 없다.

**Location:** 17 Perry st.
**Call:** (212) 929-4339
**Hours:** 월~금 8:00~24:00, 토~일 9:00~24:00

**NEW YORK**

## 21 Joe & art coffee 조 앤 아트 커피

커피 체인점인데 커피 맛이 좋고 분위기가 좋고 로고가 예뻐서 즐겨 가는
카페 중에 하나다. 특히 그리니치에 있는 이곳은 자리잡기가 역시나 까다
로운 커피 집으로 창가 쪽 자리가 명당이다. 분위기 때문인지는 모르겠지
만 다른 지점들보다 이곳이 제일 맛이 있는 것 같다.

**Location:** 141 Waverly Pl
**Call:** (212) 924-6750
**Hours:** 월~금 8:00~24:00, 토~일 9:00~24:00

## 22 Babbo 밥보

마리오 바탈리(Mario Batali), 그는 누구인가. 아이언 셰프로 추레한 수염
과 장마철에나 신을 법한 고무 슬리퍼를 신고 요리하는 패션 센스 제로인
풍채 좋은 아저씨다. 이런 그의 손에서 나오는 음식들을 한번 맛을 보려
면 지칠 줄 모르는 집착과 끈질긴 근성이 필요한데 예약하기도 힘들고 기
다리는 건 더욱 힘들기 때문이다. 그러나 먹어 볼 가치는 명백히 말하겠
는데 충분하고도 남는다. 그러니 지속적으로 도전해 볼 것!

**Location:** 110 Waverly Pl
**Call:** (212) 614-6670
**Hours:** 점심 11:00~4:30, 저녁 5:30~11:30, 브런치 10:30~4:00

## 23 Magnolia Bakery 매그놀리아 베이커리

줄 서서 컵케이크를 먹어야 하는 이 테이크아웃 컵케이크 가게는 문턱이
닳도록 사람들이 드나든다. 살찌고 싶어서 환장하지 않고서야 한 개 이상
먹기가 두려울 만큼의 당도를 가진 이 예쁘고 고운 컬러의 케이크 앞에서
여자들은 무너진다. 아주 가끔 나오는 레드 벨벳 컵케이크는 반드시 시도
해 볼 것. 컵케이크가 없다면 큰 케이크도 조각 판매를 하니 케이크라도
맛보도록. 그 붉은 벨벳 같은 컬러가 예술이다.

**Location:** 401 Bleecker st.
**Call:** (212) 462-2572
**Hours:** 9:00~24:00

## 24 Perry st. 페리 스트리트

장 조지의 새로운 레스토랑이다. 오픈과 동시에 브런치의 명소로 새롭게
떠올랐다. 인테리어는 심플하고 한국 사람들이 좋아할 만한 깔끔한 인테
리어인데 맛도 맛이지만 허드슨 강이 바로 보이는 곳에 있어 더욱 매력적
인 레스토랑이다. 저녁 식사를 하기에는 가격이 너무 부담되지만 브런치
는 1인당 $20면 맛볼 수 있다. 양이 적으니 너무 굶고 가는 것은 바람직
하지 않다.

**Location:** 176 perry st.
**Call:** (212) 352-1900
**Hours:** 점심 11:00~4:00, 저녁 5:30~11:30, 브런치 10:30~4:00

278
John's
PIZZERIA
John's Of Bleecker Street
25
Joe's PIZZA
212-255-3946  212-366-1182
24 HR. ATM   24 HR. ATM
7 Carmine St.
Famous JOE'S
27
Famous Joe's
OVER
RARE
Bar & Grill
Beer, Wine & Burger Bar  How Do You L
212 691-7773
28
26
bar pitti
30
BAR PITTI
264

## 25 John's Pizzeria 존스 피자리아

흔하디흔한 존스라는 이름의 이분은 그리말디와 롬바르디에 이어 또 하나
의 감동을 내게 선사한 고마운 분이다. 오븐에서 기름기를 쪽 뺀 그러나
절대 입천장이 벗겨지도록 바삭하지 않은 적당한 부드러움을 남겨 놓은
도우가 맛의 비밀. 이집에서 만큼은 빵 부스러기도 남기지 말고 다 먹도
록. 왜냐하면 너무 맛있으니까!

**Location:** 278 Bleecker st.
**Call:** (212) 243-1680
**Hours:** 월~금 10:00~24:00, 토~일 9:00~24:00

## 26 Grom 그롬

젤라토 집치고는 꽤 큰 규모로 코너에 있는 아이스 크림 전문점이다. 많
은 종류의 총 천연색 맛있는 아이스 크림은 어쩌면 먹을거리 많고 쇼핑거
리 많고 놀거리 풍부한 이 지역에서 빠지면 서운한 아이템이기도 하다.
블리커 스트리트의 디저트를 책임지고 있는 그롬에서 아이스 크림 한 스
쿱은 절대 빼놓을 수 없는 즐거움이다.

**Location:** 233 Bleecker st.
**Call:** (212) 206-1738
**Hours:** 9:00~24:00

## 27 Joe's Pizza 조스 피자

늦은 시간까지 문이 열려 있는 덕분에 신나게 놀다가 출출할 때 달려가면
된다. 그러나 피자가 없어질 수 있다는 사실이 가슴 아픈 현실로 다가오
기도 하는 곳이다. 벤 애플렉이 자주 간다는 이곳 피자는 아주 얇고 바삭
한 것이 특징이다. 얇아서 그런지 하나만 먹어도 간식으로 느껴질 만큼
맛있고 그냥 뚝딱 들어가 버려서 콜라만 있으면 한 판도 먹을 수 있다는
사람들이 속출하는 맛집이다.

**Location:** 7 Carmine st.
**Call:** (212) 255-3946
**Hours:** 9:00~24:00

## 28 Rare 레어

프렌치 프라이드로 모메 프라이가 어퍼 이스트에 있다면 어퍼 웨스트에는
레어가 있다. 아니, 이곳은 각종 프렌치 프라이드가 총 천연색 세트인 데
다가 그 양도 산처럼 쌓여 나오는데 정말 어마어마하다. 메이플 소스에
찍어 먹는 것이 제일 맛있다! 일요일에는 재즈 선율이 흐르는 감미로운
분위기에서 브런치를 즐길 수 있으니 꼭 가 볼 것을 권한다.

**Location:** 228 Bleecker st.
**Call:** (212) 691-7273
**Hours:** 점심 11:00~4:30, 저녁 5:30~11:30, 브런치 10:30~4:00

## 29 Mud Truck 머드 트럭

이스트 빌리지에 있는 머드 카페와 같은 곳인데 트럭으로 이동하면서 다
니는 게 특징이다. 그러나 주로 지하철 역 앞에 정차하고 판매하는 일이
많다. 진한 오렌지 색의 귀여운 이 트럭 앞에는 마치 길고 길게 줄을 선
아이들처럼 학생부터 노숙자까지 모두가 커피를 사기 위해 줄을 서 있다.

## 30 Bar Pitti 바 피티

저렴한 펜네 파스타가 $9로 우리나라 파스타 가격과 비슷하니 이 어찌
아니 기쁠소냐. 맛도 좋고 넓은 야외 테라스 자리는 늘 인기 만점이다.
NYU 학생들로 주중에나 주말에나 붐비는 곳. 어디서 유래했는지 알 수
없는 한국식 느끼한 카르보나라(Carbonara)는 아니지만 크림 소스들도
괜찮고 소스를 바꿔 주기도 하니 요청할 것!

**Location:** 268 ave. of the Americas
**Call:** (212) 982-3300
**Hours:** 점심 11:00~4:30, 저녁 5:30~11:30, 브런치 10:30~4:00

## 31 Da Silvano  다 실바노

바 피티만큼 싸진 않지만 맛있는데다가 바로 옆집이라서 바 피티의 자리
가 다 찼을 때는 다 실바노로 곧장 이동한다. 노란색 차양이 산뜻한 집이
지만 바 피티의 인기에 가려 늘 2인자의 자리에 머무르고 있는 집이다.

**Location:** 260 6th ave.
**Call:** (212) 982-2343
**Hours:** 점심 11:00~4:30, 저녁 5:30~11:30, 브런치 10:30~4:00

## 32 Caffe del Mare  카페 델 마레

진한 초콜릿 케이크와 커피가 일품이어서 여자들이 사랑하는 카페다. 브
라우니부터 각종 케이크들이 다 버릴 게 없을 만큼 맛이 있는데 디저트가
맛없는 카페는 왠지 모르게 가고 싶지 않은 우리네 마음을 간파한 모양이
다. 주말 브런치도 분위기, 맛과 멋의 삼박자가 착 맞아 떨어지니 꼭 가서
먹어 볼 것!

**Location:** 89 Macdougal st.
**Call:** (212) 777-7521
**Hours:** 점심 11:00~4:30, 저녁 5:30~11:30, 브런치 10:30~4:00

## 33 Le Figaro Café  르 피가로 카페

음식도 좋지만 2층에서 이 활기차고 예쁜 블리커 스트리트를 내려다보면
서 마시는 커피 한 잔의 여유가 아주 멋스럽게 느껴지는 곳이다. 예쁜 차
양과 테이블들이 마치 유럽 같은 분위기를 연출하고 있는데 카푸치노가
맛있다.

**Location:** 184 Bleecker st.
**Call:** (212) 677-1100
**Hours:** 점심 11:00~4:30, 저녁 5:30~11:30, 브런치 10:30~4:00

## 34 Porto bello  포르토 벨로

가정식 백반의 느낌이 나는 집이지만 엄연히 이탈리언 레스토랑으로 이
지역에서는 인기가 있는 집이다. 그리고 가격 대비 너무나 맛있는 이탈리
언 요리들에 감사하며 먹게 되는 곳이기도 하다. 대학가 주변 맛집이라는
특성 때문인 듯하지만 그래도 너무 맛있고 양도 많다.

**Location:** 208 Thompson st.
**Call:** (212) 473-7794
**Hours:** 점심 11:00~4:30, 저녁 5:30~11:30, 브런치 10:30~4:00

# 35 **Tomoe Sushi** 토모에 스시

토모에 런치가 $17인데 가격은 좀 센 편이긴 하지만 그 두툼한 생선살을 보면 지갑 사정은 저 멀리 날아가 버린다. 테이블보다 바에 앉아서 먹으면 더욱 운치가 있는데 바로 앞에서 주문을 받자마자 초밥을 만드는 모습도 구경하면서 신선한 재료들을 바라보며 먹다 보면 눈 깜짝할 사이에 다 먹어 버리고 만다. 양은 적지만 배가 금세 차니 과식하지 말도록 주의해야 한다.

**Location:** 172 Thompson st. # A
**Call:** (212) 777-9346
**Hours:** 점심 11:00~4:30, 저녁 5:30~11:30, 브런치 10:30~4:00

# 36 **Lupa** 루파

밥보 레스토랑에서 이미 언급했던 장마철 고무신의 주인공이자 유명 아이언 셰프인 마리오 바탈리의 또 다른 레스토랑이다. 밥보가 짧은 여행 일정 중 도저히 갈 수 없을 만큼 예약이 꽉 차 있다면 곧장 이 루파로 턴을 해야 한다. 꽃들이 나란히 피어 있는 귀여운 가정집 같은 분위기의 이 레스토랑 또한 최고의 이탤리언 레스토랑이다. 느끼하지 않고 담백한 봉골레(Vongole)가 맛있는데 같이 나오는 빵은 소스에 꼭 찍어 먹어 볼 것!

**Location:** 170 Thompson st.
**Call:** (212) 982-5089
**Hours:** 점심 11:00~4:30, 저녁 5:30~11:30, 브런치 10:30~4:00

## 1 Barnes & Noble 반스 앤 노블

저녁이 되어 붉은 벽돌의 반스 앤 노블에 불이 켜지면 재즈의 선율이 흐르는 이 동네는 뉴욕의 진수를 보여준다. 서점 안 아무 데에나 앉아 책을 실컷 볼 수 있어서 친구를 만나는 주요 장소로 많이 이용된다고 한다. 잡지 한 권 읽다 보면 친구가 약속시간보다 늦게 도착하는 것도 전혀 신경 쓰이지 않는다. 싱글 여행자에게 이보다 더 좋은 휴식처가 어디 또 있을까 싶다. 화장실도 오픈되어 있다.

**Location:** 396 ave. of the Americas
**Call:** (212) 674-8780
**Hours:** 9:00~22:00

## 2 Shoegasm 슈가슴

슈즈와 오르가슴의 합성어로 신발에 미친 정도로 해석할 수 있는데 나는 미친 듯이 싼 신발로 해석해 주고 싶다. 세일하면 세무 플랫 슈즈가 $19니 말 다했다. 사장이 미치지 않고서야 뉴욕에서 나올 수 없는 가격들이 세일이 시작되면 썰물처럼 밀려드니 주의 요망.

**Location:** 71 8th ave.
**Call:** (212) 691-2091
**Hours:** 9:00~19:00

## 3   Y-3   와이스리

요지 야마모토의 스포티 라인인 와이스리는 섹시 스포티의 진수를 제대로 보여 준다. 까무잡잡한 피부의 흑인들이 입으면 정말 제대로 멋스러운데 몸매가 드러나는 저지 소재를 많이 사용하니 감춰진 살들이 많은 걸들은 다이어트부터 해야 한다.

**Location:** 1 Gansevoort st.
**Call:** (212) 966-3615
**Hours:** 9:00~19:00

## 4   Darling   달링

컬러 매칭 윈도 디스플레이가 주 특기인 이집은 화사한 노란색의 원피스 세 벌을 나란히 디스플레이해 봄을 느끼게 해 준다. 빈티지하게 디자인된 옷들을 판매하는데 핏이 예쁘고 가격도 합리적이어서 더 사랑하게 되는 옷가게다. 계단을 올라가 안으로 들어가는 입구가 마치 친구 집에 초대되어 찾아가는 것처럼 느껴지는 편안한 곳이다.

**Location:** 1 Horatio st.
**Call:** (212) 367-3750
**Hours:** 9:00~19:00

# 5 Cherry 체리

남자복 매장과 여자복 매장이 나란히 붙어 있는 옷가게다. 워낙 패션 피플들에게는 달링과 함께 유명한 곳이어서 타임스스퀘어 같은 관광지에서는 좀처럼 볼 수 없는, 잡지에서 막 튀어 나온 것 같은 멋쟁이 뉴요커들을 아주 쉽게 볼 수 있는 곳이다. 컬러풀하고 느낌이 강렬한 옷들이 많고 가게 이름처럼 재미있는 프린트의 의상들과 액세서리가 많다.

**Location:** 19 8th ave.
**Call:** (212) 924-1410
**Hours:** 9:00~19:00

# 6 Marc by Marc Jacobs 마크 바이 마크 제이콥스

마크 제이콥스는 이미 전 세계적으로 유명한 스타 디자이너이자 루이 비통의 수석 디자이너다. 그런 그의 세컨드 라인인 마크 바이는 러블리한 10대 소녀들이 입을 만한 옷들이 많은데 한국에도 입점해 있으나 이곳은 한국보다 약 20% 정도 더 싸다.

**Location:** 403 Bleecker st.
**Call:** (212) 924-0026
**Hours:** 10:00~18:00

# 7 Marc by Marc Jacobs babies 마크 제이콥스 베이비

아기를 둔 엄마라면 기절할 만큼 깜찍하고 귀여운 마크 제이콥스의 베이비 라인이다. 가격 또한 저렴한 편이어서 대부분의 아이템이 우리 돈으로 10만 원을 넘지 않는다. 비싼 명품 아동복과 아기 옷을 생각하면 사재기를 안 할 수가 없으니 아기 엄마들은 주의 요망! 참고로 마크 바이 마크 제이콥스와 전화번호가 같다.

**Location:** 52 bank st.
**Call:** (212) 924-0026
**Hours:** 10:00~18:00

# 8 Geminola 재미놀라

빈티지 옷들을 다시 잘라 더욱 빈티지하게 재탄생시키는 재미있는 빈티지 옷장이다. 어떤 천들이 합쳐져 만들어진 치마다, 스웨터다 라는 친절한 주인의 설명이 구경하는 재미를 더하는데 조금 과하다 싶은 빈티지 의상들도 '입고 다닐 수도 있겠는데?' 하는 용기를 북돋워 줄 만큼 욕심이 생긴다. 가격대는 다른 빈티지 숍들에 비해 좀 비싼 편이긴 하지만 잡지에도 자주 소개되는 멋쟁이들의 소굴이니 한번 구경이라도 가 보자.

**Location:** 41 Perry st. # 1
**Call:** (212) 675-1994
**Hours:** 10:00~19:00

## **9** Claudine 클라우딘

가격대가 조금 있지만 신진 디자이너의 제품을 파는 편집 숍이라는 점을 감안하면 견딜 만한 가격이다. 벨트 종류와 샌들, 액세서리가 예쁘다. 독특한 디자인과 소재의 옷들도 많은데 마르니(Marni) 스타일의 심플하면서도 벌키한 느낌의 옷들이 주를 이룬다. 가격대는 $300 미만으로 원피스나 재킷을 장만할 수 있다. 다른 편집 숍들과 마찬가지로 원 사이즈다.

**Location:** Frnt B, 19 Christopher st.
**Call:** (212) 414-4234
**Hours:** 10:00~19:00

## **10** Cynthia Rowley 신시아 로리

러블리한 프린트의 예쁜 원피스가 봄바람에 휘날리는 듯한 환하고 사랑스러운 매장이다. 여성스러운 옷을 좋아하는 사람들에게 절대 놓치지 말고 가 보라고 말해 주고 싶은 곳으로 치마와 블라우스는 진에도 잘 어울려 하나 장만해 두면 특별한 날이나 데이트 때 입고 여성스러움을 뿜어 내기에 적당하다. 액세서리들조차도 여성스러운데 귀고리가 예쁜 게 많다.

**Location:** 376 Bleecker st.
**Call:** (212) 242-3803
**Hours:** 10:00~19:00

## **11** Tommy Hilfiger 타미 힐피거

우리나라에서도 꽤 잘 알려지고 압구정동에 큰 매장도 있는 전형적인 공부 잘하는 미국 대학생들이 입을 듯한 스타일의 브랜드다. 그러나 스쿨걸 룩이 몇 년째 계속 유행 중이고 어디에나 입어도 시원한 인상을 심어 주는 타미 힐피거의 스트라이프 재킷과 남방은 옷장에 꼭 한 벌 넣어 두면 요긴한 아이템이다.

**Location:** 375 Bleecker st.
**Call:** (646) 638-4812
**Hours:** 10:00~19:00

## **12** Intermix 인터믹스

개인 숍이 없는 트렌디한 신진 디자이너의 제품들을 한데 모아 놓은 편집 숍의 선두주자라고 볼 수 있는 집이다. 가격도 디자이너 제품치고는 괜찮은 가격대다. 그래서 세일 기간에는 이 순간만을 기다려 왔다는 듯 사람들이 한 보따리씩 사 들고 나오기도 한다. 명품과 빈티지나 중저가 브랜드의 옷을 적절하게 믹스할 줄 아는 패션 리더라면 원피스나 재킷 한두 벌쯤 사 둘 만하다.

**Location:** 365 Bleecker st.
**Call:** (212) 929-5024
**Hours:** 11:00~19:00

빈티지 주얼리 가게다. 뉴욕에 온 초기에는 이곳에서 많이 샀었는데 내가 너무나 좋아하는 디자인이 즐비해서 요즘은 사기 전에 먼저 매장 안을 구석구석 살펴본다. 다른 주얼리 가게에 가기 전에 요즘 트렌드를 익혀 두기에도 이곳만큼 좋은 곳이 없다. 거하다 싶은 제품들도 많지만 이상하게도 '이거 과연 괜찮아 보일까?' 싶은 것들도 해 보면 다 예쁜 것이 이집 주얼리의 특징이다. 가격대가 다소 높은 편으로 목걸이가 $120에서 시작한다.

**Location:** 357 Bleecker st. **Call:** (212) 352-1640 **Hours:** 10:00~19:00



다른 바나나 리퍼블릭 매장과 달리 그리니치와 잘 어우러진 매장이어서 그런지 다른 곳에 있는 바나나 리퍼블릭은 구경도 하지 않았는데 여기는 꼭 한 번 쳐다보게 되는 매력이 있다. 붉은 벽돌로 된 코너에 아이언 빌딩처럼 떡하니 자리잡고 그리니치의 딱 중간쯤 되는 지점에 있어 길을 설명할 때도 랜드마크(land mark)로 잘 활용된다.

**Location:** 205 Bleecker st.
**Call:** (212) 473-9573
**Hours:** 10:00~19:00

체스는 서양식 장기인데 공원에 가면 곳곳에서 체스를 두는 사람들을 심심찮게 볼 수 있을 만큼 뉴욕에서 체스는 인기 있는 게임이자 놀이다. 이 집은 체스를 전혀 모르는 사람들도 쇼윈도에 착 붙게 만들 만큼 다양한 체스 말과 재미있는 체스 판들이 즐비한 체스 공장이다. 정교하게 대리석으로 만들어진 멋진 체스까지 체스 마니아들이 이 매장 앞에서 실제로 체스를 두면서 구경을 할 정도.

**Location:** 219 Thompson st.
**Call:** (212) 475-2369
**Hours:** 11:00~19:00



미국적인 할로윈 의상을 찾는다면 이 빈티지 숍이 적격이다. 빈티지 의상을 파는 가게지만 그냥 빈티지가 아닌 독특한 미국식 빈티지가 주를 이룬다. 스팽글이 붙어 있어 화려하다든가 미국 국기가 프린트되어 있다든가 어딘지 모르게 튀는 게 아니라 아예 대놓고 튀는 옷들이 많은 범상치 않은 집이다. 대부분 구경하는 것만으로도 만족하거나 즐거워하는 곳이다.

**Location:** 218 Thompson st.
**Call:** (212) 674-0447
**Hours:** 11:00~19:00

## 1 Washington Square Park 워싱턴 스퀘어 파크

개선문 같이 생긴 하얀색 문 뒤로 펼쳐지는 넓은 광장과 공원이 NYU 학생들의 쉼터이자 놀이터이자 테이크아웃 점심을 먹는 대형 야외 테라스 같은 장소. 학생들이 많아서인지 광장이 활기차고 분위기가 좋은데 유니언 스퀘어처럼 북적거리는 시끄러움도 없어 차분한 분위기의 숲 속 마을 같은 공원이다.

## 2 Bleeker st. park & Playground 블리커 스트리트 파크 앤 플레이그라운드

매그놀리아의 레드 벨벳을 한 입 먹으면서 입술 주위의 크림을 걷어 내며 앉아 있기에 좋은 이 공원은 한여름에도 나무들이 시원한 그늘을 만들어 주어 시원함을 느낄 수 있다. 옆에 있는 놀이터에는 아이들이 신나서 떠드는 소리가 재잘재잘 들려오는데 그 소리를 들으면서 노을이 질 때면 정말 행복하다는 생각이 든다.

## 3 Hudson River Park 허드슨 리버 파크

저지 시티의 건물들이 쭉쭉 올라가는 모습을 바라보며 자전거로 달리는 사람들과 조깅하는 사람들 틈바구니에서 강을 바라보면서 앉아 음악을 들으며 하겐다즈 아이스 크림 한 통을 먹는 일만큼 뉴욕에서 여유로운 행복을 느끼기에 최적의 조건은 없을 듯하다.

## 1 Village Vanguard 빌리지 뱅가드

유서 깊다고까지 표현하게 되는 재즈 바다. 음식을 먹을 수는 없고 음료는 입장료($35)가 $10가 포함되어 있어서 $10 미만부터 $10까지의 음료를 선택해 마실 수 있다. 그러나 $10가 넘어가면 돈을 더 내야 한다. 이 무대에 서는 사람들은 정말 뉴욕에서 내로라하는 실력자들이니 재즈에 대해 알든 모르든 음악은 두말할 것 없이 좋다. 음식 냄새도 안 나고 재즈의 선율에만 집중할 수 있는 분위기여서 매우 진지하게 뉴욕 재즈의 진수를 만끽할 수 있다. 깊고 무거운 재즈보다는 가볍고 부드러운 모던 스윙 재즈가 주로 연주된다.

**Location:** 178 7th ave. S
**Call:** (212) 255-4037
**Hours:** 오후 8:00와 11:00, 하루에 두 번 공연이 열린다.

## 2 Blue Note 블루 노트

감미롭거나 호소력이 짙은 재즈 선율을 소화제 삼아 식사할 수 있는 레스토랑이다. 빌리지 뱅가드보다 더 유명한 곳이지만 재즈를 좋아하는 사람들이 유명해지면서 입장료가 오르고 음식을 먹으면서 공연을 보고 음악을 감상한다는 점 때문에 이곳의 인기가 좀 떨어진 경향이 있다. 나도 가 보니 한 번은 가지만 두 번은 별로 가고 싶지 않은 곳이었다.

**Location:** 131 W 3rd st.
**Call:** (212) 475-8592
**Hours:** 17:00~24:00

## 3 Garage 개러지

식사를 하고 있으면 저녁에 재즈 공연이 열린다. 마치 그냥 맛있는 음식점에 갔는데 신나는 공연까지 있어서 기분이 두 배 더 업 되는 재즈 레스토랑인데 길가에 있어서 찾기 쉽다. 야외 테이블은 언제나 만원 사례인만큼 일찍 가서 자리를 잡아야 한다. 해산물 파스타들이 맛있으니 저녁을 먹으며 공연을 봐도 좋고 이른 저녁을 먹어서 이미 배가 포화 상태라면 바에서 맥주 한 잔을 시켜 놓고 연주를 들어도 좋다.

**Location:** 99 7th ave. S
**Call:** (212) 645-0600
**Hours:** 11:00~24:00

## 4 Sushi Samba 스시 삼바

〈섹스 앤 더 시티〉만큼 뉴욕의 곳곳을 보여준 드라마는 아마 없을 것이다. 그리고 뉴욕의 트렌디한 레스토랑은 죄다 촬영 장소로 나왔는데 이집 역시 예외가 아니었다. 주황색과 노란색이 어우러진 스시 삼바는 지나가는 모든 이들의 시선을 잡아끌기 충분할 만큼 매력적인 인테리어를 자랑하는데 사실 음식 맛은 별로다. 가격도 음식 맛에 비해 비싼 편이나 2층의 바나 야외 테이블에서 가볍게 음료 한 잔을 마시며 뉴욕을 느끼기에는 이만한 곳이 없으니 꼭 한 번 사만다처럼 섹시하게 마티니 한 잔 마셔 볼 것을 권한다.

**Location:** 245 Park ave. S
**Call:** (212) 475-9377
**Hours:** 11:00~24:00

# 5 Cielo 시엘로

방갈로 8과 더불어서 뉴욕 클럽 문화의 거대한 양대 산맥이라고 보면 되는 클럽의 원조격인 집이다. 물도 당연히 좋지만 무엇보다 좋은 것은 음악! 클럽인데 가볍게 몸을 흔들며 신나게 놀기에 좋은 음악들이 흥을 돋우는 역할을 제대로 한다. 디제이가 존경스러울 정도다. 아무리 몸치에 박치여도 그 누구도 타박을 하지 않으니 제대로 음악에 몸을 맡기고 싶다면 시엘로 앞에 줄을 서야 한다.

**Location:** 18 Little W 12th st.
**Call:** (212) 645-5700
**Hours:** 23:00~6:00

# 6 Tenjune 텐준

시엘로 바로 옆에 있는 텐준은 오픈한 지 얼마 되지 않았는데 까다로운 입장으로 유명해진 곳이다. 그러나 실제로 안에 들어가 보면 기대했던 것보다는 그다지 좋지 않고 그냥 평범한 수준이다. 섹시한 의상 콘셉트를 도어맨이 좋아하는지 안에 들어가면 섹시한 옷과 미니스커트, 그리고 미끈한 다리에 10센티미터가 넘는 하이힐을 신고 흐느적거리며 춤을 추는 여자들이 많다.

**Location:** 26 Little W 12th st.
**Call:** (212) 724-3900
**Hours:** 23:00~6:00

# 7 Highline 하이라인

클럽에 가기 전에 적당히 배를 채우고 살짝 취하기 위해 들르는 맛있고 멋있는 타이 레스토랑 앤 바다. 분위기 좋고 클럽가기 전에 들르는 곳이라 그런지 물도 좋다. 깨끗하고 심플한 실내의 1층은 나무와 스틸의 조화가 매력적인데 2층은 조명과 플라스틱으로 미래적인 분위기가 난다. 낮에는 시원하게 밖이 내다보이는 통유리 창과 섹시한 인테리어의 조용한 레스토랑이지만 밤이 되면 간판에 불이 들어오면서 클럽으로 착각하게 될 만큼 파티 피플들이 몰려들어 흥겨워지는 곳이다.

**Location:** 835 Washington st.
**Call:** (212) 243-3339
**Hours:** 11:00~24:00

# 8 Apt 아파트

앉아서 조용히 이야기를 나누며 목으로만 가볍게 리듬을 타고 싶다면 아파트를 추천한다. 클럽도 뉴욕 문화 중에 즐겨 보아야 할 중요한 부분이지만 클럽 같은 데가 도무지 적성에 맞지 않아서 알레르기라도 난다는 사람들에게 아파트만 한 곳이 없다. 그래서 연인끼리도 잘 가는 클럽이 바로 이 아파트다. 의자에 앉아 친구들과 함께 음악을 들으며 수다 떨며 술 마시며 놀기에 편안한 장소다.

**Location:** 419 W 13th st.
**Call:** (212) 414-4245
**Hours:** 23:00~6:00

## 9 Buddha Bar 부다 바

동양인들에게는 가장 낮은 점수를 받지만 부다 바는 뉴요커들에게는 인기가 좋다. 하이라인과 마찬가지로 클럽이 오픈하는 열두 시까지 어느 정도 흥을 돋우는 장소로 많이 이용되는데 열두 시가 되면 실내 여기저기에 있던 멋쟁이 남녀들이 우르르 몰려 나와 바로 길 건너편의 시엘로나 텐준 앞에 줄을 선다. 마치 놀이기구를 순서대로 차례차례 타듯 뉴요커들의 불타는 밤은 바로 여기 부다 바에서 시작된다.

**Location:** 17 Little W 12th st. # 315
**Call:** (212) 647-7314
**Hours:** 23:00~6:00

## 10 Hudson Bar & Books 허드슨 바 앤 북스

책장에 책이 빼곡히 꽂혀 있는 벽과 대조적으로 한쪽 면의 바에서는 각종 술과 칵테일이 빼곡하다. 서재에서 친구와 조용히 한 잔 하는 술이 테마인 듯 보이는 이 술집에는 분위기 때문인지 동네 어르신들이 즐겨 찾는 곳이기도 하다. 칵테일들은 대부분 맛있는데 조금 취해 보고 싶다면 마티니가 좋다.

**Location:** 636 Hudson st.
**Call:** (212) 229-2642
**Hours:** 11:00~24:00

# Have to do!

### 재즈 공연 보기

유서가 깊다고까지 표현되는 빌리지 뱅가드와 블루 노트가 있는 동네라 그런지 그 주변에서 100미터 간격으로 컴퍼스를 대고 좍 돌린 지역까지 곳곳에 재즈 클럽과 바가 숨어 있다. 사실 소름이 돋으며 전율이 깊게 전해지는 흑인들의 솔 재즈가 아닌 모던한 느낌의 경쾌한 재즈가 주를 이루기 때문에 강한 감동을 느끼긴 어렵지만 가볍게 마티니나 와인 한 잔과 함께 듣기에는 더없이 훌륭하고 좋다. 빌리지 뱅가드나 블루 노트는 전화 예약이 필수이니 미리 전화해서 연주가 가장 훌륭하다는 금요일 저녁으로 예약하고 가는 것이 좋다.

### 매그놀리아 베이커리의 레드 벨벳 컵케이크 먹기

이미 유명해져 늘 줄을 서야만 그 달디단 컵케이크를 맛볼 수 있는 매그놀리아 베이커리가 바로 여기 그리니치에 있다. '이 다양한 컵케이크 중에 무엇을 먹어야 할까?'라고 생각했을 때 동네 마실 나온 복장의 아줌마들을 따라 들어가니 그녀들은 빨간색 빵에 하얀 크림이 발린 레드 벨벳이라는 예쁜 이름의 작은 컵케이크를 하나씩 들고 나오는 게 아닌가! 역시 적당히 달고 고소한 화이트 크림과 너무 예쁜 컬러의 조화! '강추!' 라고 이 글을 쓰면서도 엄지를 치켜세우게 되는 맛이다. 특히 컵케이크의 아래 빵 부분이 초콜릿인 것이 더욱 맛있으니 하얀 빵보단 초콜릿 빵으로 골라 먹어 볼 것!

# 7. East Village

한국에서 독특한 패션과 그 지역만의 문화를 가진 곳이 바로 홍대라면 여기 그 원조가 있다. 이스트 빌리지에는 여러 청춘들이 만나서 놀고 데이트하고 술도 마시는 등 젊음을 만끽하고 있어서 뉴욕의 어느 지역보다 여행자들이 어리바리함을 던져 버리고 그들과 함께 놀기 좋은 곳이다. 더욱이 자신의 작품을 연주하거나 팔기도 하는 주말에는 어린이들과 강아지들의 천국인 톰킨스 파크가 있고 일본, 인도 등 여러 나라의 문화들이 복합된 알 수 없는 자유가 흐르는 동네다. 사람 구경에 욕심쟁이라면 쿠퍼스 유니언 스퀘어에 있는 스타벅스의 화장실 옆 유리창 자리만 한 곳이 없는데 화장실을 기다리는 줄과 유리창 밖까지 양 사이드로 구경할 수 있어 강추한다. 정말 다양한 패션의 청춘들이 줄을 서 있거나 길거리를 누비고 다니는데 잡지에서 보던 뉴욕 스트리트 패션을 이곳에서 다 볼 수 있다. 정말 사람 구경이 재미있는 곳은 처음이자 마지막이었던 곳!

1. 베셀카에서 점심 먹기 ···▶  2. 베니에로스에서 치즈 케이크 먹기 ···▶  3. 도쿄 조에서 빈티지 쇼핑 ···▶
4. 오타푸쿠의 타코야키 간식으로 먹기 ···▶  5. 로니에서 페미닌한 블라우스 구입 ···▶
6. 핑크 올리브에서 예쁜 속옷 구입하기 ···▶  7. 머캣에서 저녁 식사와 와인 한 잔!

## Hey Play!

1. 블루 나인 버거에서 햄버거를 점심으로 먹기 ···▶  2. 폼 프리트에서 감자튀김 먹기 ···▶  3. 라이카 갤러리 탐방 ···▶  4. 카페 픽 미 업에서 핫초코 한 잔 ···▶  5. 레코드 숍 구경하기 ···▶  6. 톰킨스 스퀘어 파크 산책하기 ···▶  7. 백40에서 저녁 식사하기 ···▶  8. 치카리셔스의 코스 디저트와 샴페인 한 잔하기 ···▶  9. 서스티 스콜라에서 친구들과 시원한 맥주 한 잔!

7. East Village

Gramercy Park
그래머시 파크
GRAMERCY PARK

E 32 St
E 30 St
E 28 St
E 25 St
E 23 St
E 21 St
E 19 St
E 17 St
E 12 St
E 10 St
E 6 St
E 4 St
E 2 St

Park Ave S
Irving Pl
Third Ave
Second Ave
First Ave
Fourth Ave
Broadway
Stuyvesant St
St Marks Place
Astor Pl

Avenue A
Avenue B
Avenue C

TOMPKINS SQUARE
톰슨 스퀘어 파크

Alphabet City

East Village

R W
8th St-NYU
6
Astor Pl
Cooper Union
쿠퍼유니온

Great Jones St
Bond St
Bleecker St
B D F V
Broadway-Lafayette St
Jersey St

E Houston St
Stanton St
Rivington St
Delancey St
Kenmare St
Chrystie
Forsyth
Eldridge
Allen S
Orchard
Essex
Suffolk St
Clinton St
Attorney St
Nortolk

Lower E

Little Italy

NEW YORK

VESELKA COFFEE SHOP

TOKYO JOE
WE TAKE CONSIGNMENTS
FOR APPOINTMENT CALL
(212) 473-0724

ARE YOU WALKIN' N SUNSHINE

164  165

19.Shabu-tatsu(샤부타츠)  20.Chikalicious(치카리셔스)  21.Max Brenner(맥스 브렌네르)  22.Otafuku(오타푸쿠)  23.ChaAn(차안)

24.Sobaya(소바야)  25.Snaraky(스나라키)  26.Klong(크롱)  27.Something sweet(섬딩 스위트)  28.La Zarza(라 자자)

29.Menkui-tei(멘키테이)  30.Luzzo's(루조스)  31.Village mingala(빌리지 밍갈라)  32.Café pick me up(카페 픽 미 업)

33.Avenue A(애버뉴 에이)  34.7 A(세븐 에이)  35.Hopscotch café(홉스카치 카페)  36.Flea market café(플리 마켓 카페)

37.Back 40(백 포티)  38.Angon(앙공)  39.Brick Lane(브릭 레인)  40.Zerza(저자)  41.Banjara(반자라)  42.Sea(시)

43.Five points(파이브 포인트)  44.Mercat(머캣)  45.Invino(인비노)

**Shop**

1.Newyork Central Art Supply(뉴욕 센트럴 아트 서플라이)  2.Argosy(아르고시)  3.Atomic passion(아토믹 패션)  4.Odin(오딘)

5.Tokyo Joe(도쿄 조)  6.VINYL Market(바이널 마켓)  7.Giant robot(자이언트 로봇)  8.Love song(러브 송)  9.Pink Olive(핑크 올리브)

10.Roni(로니)  11.Coco & Delilah(코코 앤 딜라일라)  12.Gomi NYC(고미 뉴욕)  13.A-1 record shop(에이원 레코드 숍)

# 1 Blue 9 burger  블루 나인 버거

뉴욕 버거의 특징인 두툼한 생고기와 신선한 채소가 아삭 씹히고 육즙이 풍부한 버거가 이곳 이스트 빌리지에도 있다. 지역마다 한 군데씩은 햄버거 명물 집이 있는데 이스트에서 만큼은 이집이 평정했다. 햄버거에 들어가는 푸짐한 채소 때문에 한 입 베어 먹으면 시원한 청량감마저 감돌아서 목이 메는 일 없이 잘 넘어가는 버거 집이다.

**Location:** 92 3rd ave.
**Call:** (212) 979-0053
**Hours:** 10:00~23:00

# 2 99 miles to philly  99 마일즈 투 필리

필라델피아에서 처음 생겼다는 필리 치즈 스테이크(Philly Cheese steak)가 본고장보다 뉴욕이 더 맛있는 것은 새삼 놀랄 일도 아니다. 전 세계의 모든 맛집은 뉴욕에 있으니, 미드타운의 칼스가 부동의 1위를 지키고 있다면 안타까운 2위는 99마일즈 투 필리다. 치즈와 양파를 넣은 스테이크 샌드위치는 고기 마니아라면 감탄을 연발할 만한 맛이다.

**Location:** 94 3rd ave.
**Call:** (212) 253-2700
**Hours:** 10:00~23:00

# 3 S'mac  스맥

'마카로니와 치즈를 사랑하는 난 느끼한 카르보나라 크림 치즈도 소스까지 싹싹 다 먹는 사람이야!' 라고 자부하는 사람이라면 스맥에서 매일매일 테이크아웃해 갈 것이다. 마카로니와 치즈는 미국인들이 주식처럼 즐겨 먹는 음식인데 작은 포트에 담아 오븐에서 구워 냈다. 치즈를 구워 낸 것이 바삭해서 더 맛있다.

**Location:** 345 E 12th st.
**Call:** (212) 358-7912
**Hours:** 10:00~23:00

# 4 Paul's Burger joint  폴스 버거 조인트

그냥 클래식 또는 치즈 버거만 있는 것이 아니다. 다양한 종류의 버거들이 한 입 베어 물기도 힘들 만큼 큰 사이즈라 '진정한 뉴욕의 참 버거 사이즈구나!' 를 느낄 수 있다. 입구에 있는 햄버거 모형만 봐도 얼마나 두툼한 버거를 만드는 집인지 쉽게 짐작할 수 있으니 입 운동 좀 하고 들어가야 한다.

**Location:** 131 2nd ave.
**Call:** (212) 529-3033
**Hours:** 10:00~23:00

# 5 Pommes frites 폼 프리트

이집의 감자튀김을 먹었을 때 대부분의 사람들은 그동안 평범한 감자튀김만을 고집해 온 기나긴 세월이 일순간 허무해지는 것을 느끼게 될 것이다. 감자튀김의 새로운 획을 그어 버린 집이다. 소스 종류만도 열 가지 가까이 되는데 칠리 소스에 찍어 먹는 맛은 상큼 그 자체다. 감자튀김 주제에 $5(소스 포함)라 좀 비싸다는 느낌도 들지만 그래도 어찌하랴! 이 맛있는 것을!

**Location:** 123 2nd ave.
**Call:** (212) 674-1234
**Hours:** 10:00~23:00

# 7 Angelica Kitchen 안젤리카 키친

채식주의자들이 즐겨 가는 레스토랑이다. 대부분이 유기농 채소 위주로 되어 있어서 들어간 재료만 봐도 건강식이라는 게 바로 감지가 된다. 뉴욕에 있는 수많은 채식주의자들의 모임 장소로도 각광받고 있는데 날씬한 채식주의자들이 많아서인지 선남선녀들이 테이블을 수놓고 있다. 역시 고기를 끊어야 날씬해질 수 있음을 다시금 깨닫게 해 주는 레스토랑.

**Location:** 300 E 12th st.
**Call:** (212) 228-2909
**Hours:** 11:30~22:30

# 6 Mud 머드

진흙구덩이에서 건져 낸 듯한 간판이 매력적인 이 커피숍은 주황색 머드 트럭도 운행하고 있는 바로 그집 머드 카페다. 커피 맛도 좋고 분위기도 좋아서 이스트 빌리지 사람들의 집중 관심과 사랑을 받고 있기 때문에 자리잡기가 힘들다. 그러나 야외 벤치도 그럴싸하다. 이스트 빌리지의 분위기를 가장 많이 닮은 커피숍 1호점이다.

**Location:** 307 E 9th st.
**Call:** (212) 228-9074
**Hours:** 10:00~23:00

# 8 John's 존스

너무나도 언밸런스하게 안젤리카 키친 옆에는 이렇게나 맛있는 이탤리언 레스토랑이 존재한다. 이집의 파스타는 수많은 언론과 맛 평가단이 인정했고 알맞게 삶은 면발이 소스와 함께 포크에 말리는 기분은 정말 최고다. 오후에 오픈을 해서 저녁 식사만 가능하고 파스타는 평균 $27선이다. 약간 비싼 감이 없지 않지만 맛만큼은 최고!

**Location:** 302 E 12th st.
**Call:** (212) 475-9531
**Hours:** 14:00~23:00

# **9** Cacio e Pepe  카시오 에 페페

화려하고 예쁜 접시와 잘 어우러지는 파스타들이 일품인 집이다. 특히 크림 소스 파스타 종류가 맛있는데 치즈가 많이 들어가서 그런지 부드럽고 쫀득한 소스와 탱글탱글한 면발이 입 안에 들어오기가 무섭게 넘어간다. 커다란 호박이 그려진 벽과 아늑한 실내가 한층 맛을 업그레이드시킨다.

**Location:** 182 2nd ave.
**Call:** (212) 505-5931
**Hours:** 점심 11:00~4:00, 저녁 5:30~11:30, 브런치 10:30~4:00

# **10** Liquiteria  리퀴테리아

유기농으로 만든 각종 과일 음료를 파는 가게다. 시원하고 신선한 주스로 머리를 식혀 가며 학생들이 열심히 노트북으로 공부하며 쉬는 장소다. 카페에서 공부하는 것을 즐기는 NYU 학생들이 모여서인지 분위기가 젊고 활기차서 좋다. 대부분의 주스들이 다 맛있으니 두려워 말고 주문해도 좋다.

**Location:** 170 2nd ave.
**Call:** (212) 358-0300
**Hours:** 점심 11:00~4:00, 저녁 5:30~11:30, 브런치 10:30~4:00

# **11** Black Hound  블랙 하운드

이 케이크들은 작품이라고 말하고 싶다. 아니, 말해야만 맞는 표현일 것이다. 컵 모양으로 본을 뜬 초콜릿 속에 담긴 라즈베리 무스라고 하면 이것을 과연 내가 스푼으로 떠서 입 속에 넣을 수 있을까 하는 의문이 든다. 너무 예쁘고 고급스러워 보이는 미니 케이크들이 인기 상품으로 선물용 또는 파티 용으로 많이 나가고 로맨틱한 디저트를 위해 사 가는 커플들이 유독 많은 집이다.

**Location:** 170 2nd ave.
**Call:** (212) 979-9505
**Hours:** 10:00~23:00

# **12** Sympathy for the Kettle  심퍼시 포 더 케틀

핑크공주들이 좋아할 만한 이스트 빌리지의 찻집이다. '머리부터 발끝까지 다 사랑스러워' 라는 노랫말처럼 작고 아기자기한 이 찻집은 너무나 사랑스럽다. 그래서 여자 손님들이 대부분이다. 여러 종류의 향이 좋은 차들이 많아서 몸매를 생각하는 뉴요커들의 저녁 식사 디저트를 책임지고 있는 카페다. 찻잔도 너무 예쁘다.

**Location:** 109 Saint Marks Pl
**Call:** (212) 979-1650
**Hours:** 10:00~23:00

## 13   **Hummus**   휴머스

'휴머스'라는 스튜를 주문하면 납작한 빵이 같이 나오는데 터키 음식이라고 한다. 스튜에 빵을 찍어 먹는데 그 맛에 중독성이 있어서 그런지 한국인의 입맛에 맞아서 그런 건지 알 수 없게 자꾸자꾸 먹을 수밖에 없는 맛이다. 마치 먹어도 먹어도 질리지 않는 밥처럼 질리지가 않는다. 그리고 이집에는 궁극의 진한 터키 커피와 쿠키가 있는데 이 커피 때문에 오는 사람들도 적지 않다. 달걀이 들어가는 스튜 파바(Fava, $5.95)와 샤크슈카(shakshuka, $6.95)가 가장 인기가 좋다.

**Location:** 109 Saint Marks Pl # 1
**Call:** (212) 529-9198
**Hours:** 10:00~23:00

## 14   **Yaffa café**   야파 카페

살짝 정신없는 인테리어 때문에 혼란스러운 실내와는 달리 이 카페는 건물 안쪽으로 난 야외 테라스가 인기 만점이다. 날씨가 따뜻하면 야외 테라스가 오픈하는데 더운 날에는 시원하게 이곳 테라스에 앉아서 내 집 앞마당 같은 편안한 자세로 커피를 마시기에 좋은 곳이다. 그 정신 사납던 각양각색의 소파와 소품들이 야외에서는 너무나 조화로워서 신기하게 느껴진다.

**Location:** 97 Saint Marks Pl
**Call:** (212) 674-9302
**Hours:** 11:00~23:00

## 15   **Momofuku**   모모푸쿠

교포 출신 한국인이 요리사인데 한국 요리와 일본 요리와 함께 미국인들의 입맛에 맞게 적절히 바꾼 소스 덕분에 뉴욕에서 매장을 두 개나 갖고 있는 맛집이다. 보쌈을 퓨전화한 집과 누들(국수) 집이 그곳인데 떡볶이와 비슷한 맛을 내는 메뉴도 있다. 가격은 전혀 저렴하지 않아서 사실 한국 사람들이 먹기에는 조금 울컥할 수 있다. 보쌈 집보다 누들 집이 더 인기가 좋다.

**Location:** 207 2nd ave.
**Call:** (212) 254-3500
**Hours:** 점심 11:00~4:00, 저녁 5:30~11:30, 브런치 10:30~4:00

# 16   Veselka   베셀카

'베스트 셀프 카메라의 줄인 말 아냐?' 라고 해도 좋을 정도로 개인 홈피 메인 사진을 얻을 수 있을 만큼 멋진 사진이 연출되는 곳이다. 주말 브런치로 이 동네에서는 이미 유명한 곳으로 너도나도 팬케이크와 샐러드를 놓고 입을 즐겁게 하려는 사람들로 북적대는 카페다. 대체로 음식이 저렴하면서도 메뉴가 다 맛있어서 단골이 많은 곳이다.

**Location:** 144 2nd ave.
**Call:** (212) 228-9682
**Hours:** 24시간

# 17   Veniero's   베니에로스

커다란 쿠키를 한 입 먹고 치즈 케이크까지 욕심이 날 정도로 달달한 간식거리가 당기는 날에는 베니에로스로 직행하는 수밖에는 방법이 없다. 잘 구워진 홈 메이드 쿠키가 진열장에 가득하고 촉촉하면서도 무르지 않은 치즈 케이크는 아메리카노와 만나면 헤어질 수 없는 운명이라고밖에 표현할 수 없는 곳! '치즈 케이크가 다 거기서 거기지' 라고 생각하고 지나쳤다가는 후회하고 만다.

**Location:** 342 E 11th st.
**Call:** (212) 674-7070
**Hours:** 10:00~22:00

# 18   Dieci   디에치

반지하의 작고 조용한 이곳은 이탈리언 레스토랑이다. '보통 맛집이겠거니!' 라고 생각했다간 큰코다친다. 맛없는 집이 드물다는 이스트 빌리지에서도 이집의 행거 스테이크와 바닷가재 파스타는 절대 실망할 수 없는 맛이기 때문이다. 국경 초월 남녀노소를 불문하고 모두들 인정하는 맛으로 입맛 까다로운 그 누구에게 소개해 줘도 좋아할 숨은 맛집 중의 맛집이다.

**Location:** 228 E 10th st.
**Call:** (212) 387-9545
**Hours:** 점심 11:00~4:00, 저녁 5:30~11:30, 브런치 10:30~4:00

# 19 **Shabu-tatsu** 샤부타추

정통 일본식 샤부샤부를 선보이는 집인데 신선한 재료와 깔끔한 육수로 맛있고 정갈한 일본식 샤부샤부의 진수를 맛볼 수 있다. 가격은 1인당 $40선으로 조금 비싼 편이지만 일본 정통 샤부샤부를 뉴욕에서 한번 맛보고 싶다면 이집 말고는 추천할 곳이 없을 정도다.

**Location:** 216 E 10th st.
**Call:** (212) 477-2972
**Hours:** 점심 11:00~4:00, 저녁 5:30~11:30, 브런치 10:30~4:00

# 20 **Chikalicious** 치카리셔스

디저트 카페라는 이름의 신종 카페다. 길을 사이에 두고 양쪽에 한쪽은 테이크아웃을 하거나 간단히 푸딩만 먹을 수 있는 집이고 한쪽은 바나 테이블에 앉아서 디저트 푸딩을 코스로 즐기며 샴페인을 한 잔 하기에 좋은 디저트 바다. 이미 관광객들에게 너무 잘 알려져서 그런지 그리고 너무 좁은 실내로 인해 많은 인원이 들어갈 수 없어서인지 저녁에 가면 으레 기다려야 하는데 도저히 기다릴 수 없다면 테이크아웃 점에서 푸딩을 사서 맛보는 것도 좋다. 브리오슈(Brioche) 푸딩이 예술로 맛있다. 사랑해요 브리오슈!

**Location:** 203 E 10th st.
**Call:** (212) 995-9511
**Hours:** 목~일 15:00~22:30, 월~수 휴무

## 21 Max Brenner 맥스 브렌네르

초콜릿 신전이다. 모든 음식에 초콜릿이 들어가므로 "나 너무 말라서 괴로워!"라고 말하는 사람들은 반드시 이집에 가야 된다. 걸쭉한 핫초코가 인기 메뉴인데 심지어 초콜릿 피자도 있다. 피자 도우에 토마토 소스를 끼얹는 대신 초콜릿을 바른 것으로 초콜릿 크레페와 맛이 비슷한데 추천은 하지 않겠다. 어깻죽지가 결리고 너무 피곤한 날 감기 기운마저 돌 때 핫초코 한 잔하기에는 더없이 좋은 곳이다.

**Location:** 141 2nd ave.
**Call:** (212) 388-0030
**Hours:** 10:00~23:30

## 22 Otafuku 오타푸쿠

'뉴욕에서 파는 타코야키가 과연 맛있을까?' 하면서 먹었다가 양 엄지 치켜세우고 심지어 지나가는 커플들의 "맛있냐?"는 질문에 당장 사 먹어야 한다고 추천까지 해 버린 집이다. 타코야키 마니아들에게 이집의 커다란 문어살과 쫀득하고 따끈한 반죽은 가히 명품이라고 말하고 싶다. 이미 이 맛에 중독된 뉴요커들과 함께 앞에 있는 벤치에 앉아 먹고 있다 보면 묘한 기분이 드는 곳이다.

**Location:** 236 E 9th st.
**Call:** (212) 353-8503
**Hours:** 10:00~23:00

## 23 ChaAn 차안

다도로 유명한 일본의 정취가 느껴지는 레스토랑이다. 모든 음식들이 아주 소량 나오고 정갈하기가 이루 말할 수 없을 정도인데 이집의 하이라이트는 녹차 아이스 크림! 개운하고 싱큼 시원한 디저트를 원한다면 차안의 녹차 아이스 크림이 최고다. 현존하는 녹차 아이스 크림 중 그 비법이 궁금해지는 맛이니 꼭 한 번 맛보기를 권한다. 그 외에도 다양한 일본식 디저트들이 안 먹어 보고는 못 배길 만큼 예쁘게 나와서 옆 테이블에 서빙되는 음식들을 구경하는 재미도 쏠쏠하다.

**Location:** 230 E 9th st.
**Call:** (212) 228-8030
**Hours:** 점심 11:00~4:00, 저녁 5:30~11:30, 브런치 10:30~4:00

## 24 Sobaya 소바야

소바는 메밀국수라는 뜻으로 일본의 소바 요리는 이곳에 다 있다. 간장에 찍어 먹는 메밀 소바부터 튀김 소바와 비빔 소바에 이르기까지 '소바 천국'이 따로 없다. 저렴한 가격($9~14)인데도 불구하고 그 깔끔한 맛과 멋지게 나오는 스타일링 때문에 뉴요커들의 마음을 단숨에 사로잡은 집이다. 덮밥 종류도 대부분 맛이 있으니 친구와 가서 덮밥과 소바를 한 개씩 시켜서 나누어 먹는 것이 좋다. 어설픈 젓가락질에도 맛있게 소바를 먹는 외국인들을 보면 참 귀엽다는 생각이 절로 드는 곳이다.

**Location:** 229 E 9th st. # 3
**Call:** (212) 533-6966
**Hours:** 점심 12:00~3:30, 저녁 5:30~10:30

## 25 Snaraky 스나라키

스시 레스토랑인데 저녁에는 사케(일본식 소주)와 우동이 인기다. 이스트 빌리지에는 일본인들이 많아서 일식 주점과 레스토랑이 특히 많은데 이집도 그런 곳들 중 하나로 일본과 한국 유학생들의 술 터전으로 자리잡은 곳이다. 사케를 전문으로 하는 집인지 스시를 전문으로 하는 집인지 가끔 헷갈리게 만드는 레스토랑이다. 특별히 맛있는 집이라기보다는 조용히 사케를 즐기기에 좋은 집이다.

**Location:** 1 stuyvesant st.
**Call:** (212) 260-7853
**Hours:** 11:00~24:00

## 26 Klong 크롱

분위기 있는 간판이 몹시 독특한 타이 레스토랑이다. 작은 규모에도 불구하고 적당한 가격과 맛 때문에 사람들이 줄 서기를 피하지 않는다. 그래서 자리를 잡고 먹더라도 기다리는 줄 때문에 빨리 먹고 나오게 되는 게 흠이긴 하지만 어느 맛집을 가나 겪는 일이니 흠이라고 보기도 어렵다. 은은한 조명과 멋진 인테리어 때문에 사진도 잘나오니 예쁘게 음식이 담겨 나오면 한 컷 찍어 보자.

**Location:** 7 Saint Marks Pl
**Call:** (212) 505-9955
**Hours:** 점심 11:00~4:00, 저녁 5:30~11:30, 브런치 10:30~4:00

MAX BRENNE
CHOCOLATE BY THE BALD M
CHOCOLATE BAR
21
お好み焼
オタフクソース
焼そば
OPEN
たこ焼
オタフクソース
NO PARKING
22
Cha-An
TEA HOUSE
茶菴
23
24
蕎麦屋
soba-ya
OPEN
Herb
Shiatsu
Acupressure
Acupuncture
OPEN
SUSHI
ONE WAY
STOP
Sharaku
25
klong
26

# 27 Something sweet 섬딩 스위트

친구의 생일날 생일 선물의 꽃이라 불리는 케이크를 주려면 이집 케이크 정도는 돼야 생색을 톡톡히 낼 수 있다. 독특한 모양으로 직접 만드는 케이크라 그 감동이 몇 배가 되는 케이크 전문점이다. 주말이면 여러 파티와 생일을 축하하기 위해 미리 주문해 둔 독특한 케이크를 찾아가는 사람들의 발길이 끊이지 않는다. 바비 인형 케이크부터 귀여운 토끼 모양 케이크까지 자르기 아까운 케이크들이 주인을 기다리고 있다.

**Location:** 177 1st ave.  **Call:** (212) 533-9986
**Hours:** 10:00~23:00

# 28 La Zarza 라 자자

두꺼운 원목으로 된 문이 인상적인 이 레스토랑은 이탤리언 레스토랑이다. 오픈한 지 얼마 되지 않았는데 독특한 인테리어와 괜찮은 맛으로 사람들에게 좋은 반응을 얻고 있는 집이다. 숲 속에 있는 별장에서 식사하는 기분이 드는 것이 바로 이집의 매력 포인트다.

**Location:** 166 1st ave.
**Call:** (212) 674-7014
**Hours:** 점심 11:00~4:00, 저녁 5:30~11:30, 브런치 10:30~4:00

# 29 Menkui-tei 멘키테이

개운하면서도 진한 육수가 이집 라멘 맛의 첫 번째 비결이고 다 먹을 때까지 쫄깃하게 살아 있는 면발이 두 번째 비결인 이 라멘 집은 질리지 않는 점심 메뉴로 각광받으며 미드타운과 이스트 빌리지 두 곳에 지점을 두고 있다. 이미 미드타운에서 극찬을 했던 그 완탕 라멘 집이 바로 여기다. 뉴욕에서 최고의 라멘 집으로 일본인들도 인정하는 본토의 맛이니 빼놓치 말고 들러야 한다.

**Location:** 63 Cooper Sq  **Call:** (212) 228-4152
**Hours:** 10:00~23:00

# 30 Luzzo's 루조스

'루조스의 얇은 피자가 없었다면 이스트 빌리지 사람들은 무슨 피자를 먹었을까?' 라는 의문이 생길 정도로 맛있는 피자 집이다. 끝이 없는 배달 주문으로 이미 이 지역에서는 '피자하면 루조스!' 라는 고정관념이 생겨 버렸다고 한다. 허술한 인테리어와 그다지 특별해 보이지 않는 평범한 오븐에 구워 낸 피자인데 어쩌면 이렇게 고소하면서도 맛있게 토마토 향이 살아 있는 피자 맛이 나는지 그저 궁금할 따름이다.

**Location:** 211 1st ave.
**Call:** (212) 473-7447
**Hours:** 점심 11:00~4:00, 저녁 5:30~11:30, 브런치 10:30~4:00

# 31 **Village mingala** 빌리지 밍갈라

미얀마 음식이라고 하면 생소하지만 타이 음식과 비슷한 느낌의 국수 종류가 인기 있는 집이다. 특히 한국인의 입맛에 딱 맞게 마늘과 생강이 들어간 요리들이 많아서 매콤하면서 개운하고 속이 든든해지는 음식들이 대부분이다. 그리고 뭐니뭐니해도 저렴한 가격($8~11)이 이집의 인기에 보너스로 더해져 자주 찾게 된다. 덤플링 메뉴도 괜찮은 편이니 고민하지 말 것!

**Location:** 21 E 7th st.  **Call:** (212) 529-3656
**Hours:** 점심 11:00~4:00, 저녁 5:30~11:30, 브런치 10:30~4:00

# 32 **Café pick me up** 카페 픽 미 업

이집을 오픈할 때 주인이 빈티지 숍을 돌면서 의자 하나 테이블 하나를 한 개씩 따로따로 신중하게 구입한 것이 틀림없을 거라 예상할 정도로 모든 테이블과 의자들의 모양이 제각각이다. 가장 인기 만점인 테이블과 의자는 초등학교 시절 책상처럼 나란히 앉는 2인용 커플 테이블이다. 커플들이 나란히 앉아 손잡고 도란도란 사랑을 속삭이는 것을 보면 아이가 된 어른들을 보는 것처럼 순수하고 예쁘게 보인다. 머핀과 커피가 맛있는데 살짝 어두운 공부방 분위기가 나는 예쁜 카페다.

**Location:** 145 ave. A  **Call:** (212) 673-7231  **Hours:** 10:00~23:00

# 33 **Avenue A** 애버뉴 에이

애버뉴 A에 있다는 이유로 아주 쉽게 가게 이름을 지은 속 편한 카페다. 간단한 롤 종류를 파는 퓨전 일식 집인데 예쁜 간판만큼 맛도 좋고 가격도 저렴하다. 이스트 빌리지에서는 비싼 레스토랑을 오픈하면 장사가 안 되는지 여행자들도 신바람 나게 저렴한 가격으로 뉴욕을 즐길 수 있게 해준다. 서비스는 좋지 않지만 저렴한 가격에 자주 가게 되는 집이다.

**Location:** 101 ave. A
**Call:** (212) 358-9280
**Hours:** 점심 11:00~4:00, 저녁 5:30~11:30, 브런치 10:30~4:00

# 34 **7 A** 세븐 에이

이스트 빌리지에서 브런치가 맛있는 레스토랑 3위 안에 꼬박꼬박 드는 곳이다. 맛집이라 그런지 웨이터들의 친절도는 그리 높지 않지만 맛은 최고다. 주말 브런치 메뉴에 있는 음식들이 다 맛있어서 팬케이크를 주문하고 옆 테이블의 다른 요리를 보면 또 그게 생각나 다음 번을 기약하고 나가게 되는 집이다. 톰킨스 파크와 가까워 밥 먹고 산책하기에 좋다.

**Location:** 109 ave. A # 1
**Call:** (212) 475-9001
**Hours:** 점심 11:00~4:00, 저녁 5:30~11:30, 브런치 10:30~4:00

# 35 Hopscotch café 홉스카치 카페

톰킨스 파크 주변에는 이상하리만치 공부방 분위기의 카페가 그리니치만큼 많은데 노트북 유저들부터 시작해 노트에 무언가를 계속 적고 있는 사람까지 각양각색이다. 이 홉스카치 카페도 그런 카페 무리들 중 하나다. 이 동네 사람들의 수다방부터 공부방까지 다양한 용도로 이용되고 있는 전천후 카페다.

**Location:** 139 ave. A
**Call:** (212) 529-2233
**Hours:** 10:00~23:00

# 36 Flea market café 플리 마켓 카페

버거($7.5)부터 스테이크($17), 파스타($15)까지 다양한 음식들이 많이 있는데 메뉴가 너무 다양하면 자칫 음식을 못 하는 집이라는 옛말을 무색하게 할 만큼 모든 음식들이 다 맛있다. 이런 전천후 다재다능한 욕심쟁이 맛집이 있는 덕에 이곳 주민들은 '오늘은 뭘 먹지?' 라는 고민도 하지 않고 이곳에 온다. 학생들도 유난히 많은데 다양한 메뉴와 저렴한 가격 때문에 중독되었다고 한다. 그러나 이집에 오는 누구든 그렇게 될 것 같은 느낌이 든다.

**Location:** 131 ave. A
**Call:** (212) 358-9280
**Hours:** 점심 11:00~4:00, 저녁 5:30~11:30, 브런치 10:30~4:00

# 37 Back 40 백 포티

점심은 하지 않고 저녁과 브런치만 가능한 집인데 통유리 창이라 창가에 앉은 사람들의 모습이 밖에서도 잘 보인다. 그런데 먹는 이들의 표정이 한결 같이 어찌나 즐거워 보이는지 이집 앞을 지나가다 보면 다른 집으로 가서 저녁 먹을 계획을 급수정하게 되는데 우연히 발견한 이 보물 레스토랑을 이 책에 실을 수 있어서 참 행복하다. 우선 이집은 푸짐한 양과 맛있는 소스가 포인트인데 브런치도 괜찮지만 저녁 메뉴들이 정말 맛있다. 특히, 로스트 치킨(반 마리, $16)과 블루 크랩 롤($19)은 이집의 자연친화적인 인테리어와 너무 잘 어울리는 요리면서 이집의 인기 메뉴다. 창밖을 구경하면서 마르가리타 한 잔을 하기에도 좋다.

**Location:** 190 ave. B
**Call:** (212) 388-1990
**Hours:** 저녁 6:00~12:00, 브런치 12:30~3:30

## 38 Angon 앙공

이 길에 있는 인도 레스토랑 중 가장 세련되고 분위기 좋은 인테리어를 자랑하는 곳이다. 그리고 어마어마하게 다양한 메뉴를 보유하고 있어서 이것도 먹어 보고 싶고 저것도 먹어 보고 싶게 만들어 고민을 심하게 하게 되는 집이기도 하다. 탄두리 치킨(Tandoori chicken) 메뉴만도 아홉 개나 되니 웨이터의 조언 없이는 도대체 무엇을 먹어야 좋을지 알 수가 없다. 그러나 메뉴 대부분이 다 맛있다고 자부하는 집이니 걱정할 것은 아무것도 없을 듯! 그저 맛있게 먹고 즐기면 된다.

**Location:** 320 E 6th st.
**Call:** (212) 260-8229
**Hours:** 점심 111:00~4:00, 저녁 5:30~11:30, 브런치 10:30~4:00

## 39 Brick Lane 브릭 레인

일명 카레 골목으로 불리는 이 길에서 가장 큰 규모의 레스토랑이고 퓨전 인도 음식을 선보이는 집이다. 여기서 퓨전은 맛 부분에서 향신료의 강도가 살짝 낮아 인도 음식이 부담스러운 초보자들도 좋아하게 되고 마는 인도 레스토랑이다. 서비스 좋고 맛 좋고 가격도 좋아서 점심시간이 끝나기 무섭게 재료 준비에만 두 시간가량이 걸릴 만큼 장사가 잘되는 집이다.

**Location:** 306 E 6th st.
**Call:** (212) 979-2900
**Hours:** 점심 11:00~4:00, 저녁 5:30~11:30, 브런치 10:30~4:00

## 40 Zerza 저자

타지마할과 더불어 많은 단골을 확보한 인도 음식점이다. 인도 음식을 인디언 푸드라고 하는데 뉴욕에는 실제로 많은 인디언들이 살고 있고 그들이 자신들의 요리인 카레를 지금과 같은 인기 메뉴로 만드는데 한몫 단단히 한 터줏대감격인 레스토랑이다. 새로운 맛이 첨가되거나 다양한 메뉴를 늘 개발하지는 않지만 한결같이 변함없는 맛을 오래도록 선보이고 있는 맛집이다.

**Location:** 304 E 6th st.
**Call:** (212) 529-8250
**Hours:** 점심 11:00~4:00, 저녁 5:30~11:30, 브런치 10:30~4:00

## 41 Banjara 반자라

무슨 상을 그렇게 많이 탔는지 인도 음식 부분에서 만큼은 반자라의 카레가 정통 스타일을 추구한다고 본다. 약간 강한 향신료와 독특한 맛으로 정통 인디언 푸드를 선보이는데 저녁에는 뉴욕에 거주하는 돈 많은 인도 가족들이 식사를 하러 이곳으로 올 정도로 맛있다. 정통 인도의 탄두리 치킨 맛을 즐겨 보자.

**Location:** 97 1st ave.
**Call:** (212) 477-5956
**Hours:** 점심 11:00~4:00, 저녁 5:30~11:30, 브런치 10:30~4:00

## 42    Sea    시

타이 레스토랑으로 이스트 빌리지에 있는 이집이 원조격인데도 불구하고 브루클린의 베드포드 애버뉴에 있는 집이 더 인기가 많다. '드렁큰 누들'이 맛있는데 가격도 저렴하고 깨끗한 인테리어로 이미 맛 검증도 끝난 집이다. 원조라 해서 특별히 더 맛있는 것도 아니고 베드포드 지점의 인테리어가 훨씬 더 멋지니 맛볼 계획이라면 베드포드에 있는 타이 레스토랑 '시'로 갈 것!

**Location·** 75 2nd ave.
**Call:** (212) 228-5505
**Hours:** 점심 11:00~4:00, 저녁 5:30~11:30, 브런치 10:30~4:00

## 43    Five points    파이브 포인트

프렌치 토스트 브런치를 노래하고 뉴욕 땅을 밟은 자들이여 이곳으로 오라. (글을 쓰면서도 군침이 돈다.) 갓 구워 낸 향긋하고 달달한 빵 냄새, 그리고 기가 막히도록 맛있는 잼과 샐러드는 그냥 바로 한 입에 털어 넣어 버리고 싶을 만큼 먹고 싶게 만든다. 세련된 인테리어와 분위기로 더욱 사랑받고 있는 이집은 프렌치 스타일 브런치를 먹기에 딱 좋다.

**Location:** 31 Great Jones st.
**Call:** (212) 253-5700
**Hours:** 점심 11:00~4:00, 저녁 5:30~11:30, 브런치 10:30~4:00

## 44    Mercat    머캣

여자 친구들끼리 달달한 디저트 와인을 마시며 맛깔스러운 저녁을 먹고 싶다면 소호에 있는 이곳 머캣을 강추한다. 유쾌한 분위기의 이 레스토랑은 원목으로 된 테이블에 앉아 편안하게 시간 가는 줄 모르고 웃고 떠들기에 좋은 곳이다. 그래서인지 동성 친구들끼리 온 손님들로 테이블이 꽉 찬 광경을 종종 볼 수 있다. 관광객들보다 뉴요커들이 더 많아 뉴욕을 느끼기에 전혀 부족함이 없는 멋쟁이 스페인 요리 전문 레스토랑이다. 타파스와 와인, 그리고 친구들과의 금요일 밤 수다 떨기에 좋은 곳, 머캣에서 나만의 〈섹스 앤 더 시티〉를 찍어 보자.

**Location:** 45 Bond st. # A
**Call:** (212) 529-8600
**Hours:** 저녁 6:00~12:00, 브런치 12:30~3:30

## 45    Invino    인비노

남자와 와인을 마시기에 좋은 레스토랑이다. 맛도 좋고 분위기도 좋고 연인들을 위한 로맨틱함이 묻어 있는 곳이다. 그래서인지 이상하게 여자 친구들끼리 가거나 혼자서 가면 밥을 먹어도 허전하고 쓸쓸한 기분이 느껴지는 곳이기도 하다. 연인 사이가 아닌 남녀가 갈 경우에는 조금 위험(?)해질 수도 있는 곳이다.

**Location:** 215 E 4th st.
**Call:** (212) 539-1011
**Hours:** 저녁 6:00~12:00, 브런치 12:30~3:30

# 1 Newyork Central Art Supply  뉴욕 센트럴 아트 서플라이

말 그대로 설계나 제도를 위한 것부터 미술학도들을 위한 그림물감까지 모든 물건이 다 있다. 학생들이 이 가게에서 물건을 사고 나와 낑낑대며 들고 가는 모습을 보니 그때가 부럽다. 물론 '얼마나 많이 작업을 하려고 저렇게 사 가는 걸까?' 라는 생각도 든다. 학교 다닐 때 학교 앞 문방구가 생각나는 집으로 미술을 전공하는 학생이라면 펄 페인트와 이곳 등 두 곳이 가 볼 만하다.

**Location:** 62 3rd ave.
**Call:** (212) 473-7705
**Hours:** 10:00~19:00

# 2 Argosy  아르고시

빈티지 프린트 티셔츠가 이집의 주 무기다. 이스트 빌리지의 신경 안 쓴 듯하면서도 신경 엄청 쓴 독특한 패션에 많은 기여를 하는 집인데 빈티지 티셔츠와 스키니 진, 그리고 스니커즈나 부츠를 매치하기 좋아하는 이스트 빌리지 사람들의 취향을 정확히 간파했기 때문일 것이다. 독특하고 재미있는 문구의 티셔츠를 찾는 재미도 쏠쏠하다.

**Location:** 428 E 9th st.
**Call:** (212) 982-7918
**Hours:** 10:00~19:00

# 3 Atomic passion  아토믹 패션

재치 넘치고 유머러스한 간판이 보여 주는 것이 전부인 집이다. 사실 옷은 그다지 볼 만한 것이 없고 빈티지도 조금 애매한 핏이 많아서 막상 사기는 힘든데 간판 때문에 안 들어가 볼 수는 없는 옷가게다. 간판이 '삐끼' 역할을 아주 제대로 하는 집!

**Location:** 430 E 9th st.
**Call:** (212) 533-0718
**Hours:** 10:00~19:00

# 4 Odin  오딘

'나 패션 센스 좀 있다' 하는 남자들에게 최고의 쇼핑지 리스트로 이름을 올릴 만한 편집 숍이다. 유럽 디자이너들의 제품을 소량씩 진열해 두고 있는데 콤 데 가르송의 리미티드 에디션 향수도 있다. 와이스리의 멋진 아디다스 운동화부터 심플한 셔츠까지 다양한 제품군을 갖추고 남자들을 유혹하고 있으니 꼭 가 볼 겟! 여자들은 남자 친구에게 선물할 때에 들러 보기에 좋다.

**Location:** 328 E 11th st.
**Call:** (212) 475-0666
**Hours:** 10:00~19:00

# 5 Tokyo Joe    도쿄 조

잘 고르면 진짜 좋고 특이한 물건을 아주 저렴하게 구할 수 있는 빈티지 숍인데 그중에서도 이 숍은 정말 꼭 들러 봐야 할 집이다. 가격이 저렴해서 사이즈만 맞으면 되기 때문이기도 하고 일본 스타일의 빈티지라 이미 눈에 익어서 쉽게 고를 수 있기 때문이기도 하다. 벨트와 구두 등 패션 액세서리들이 참 예쁘다.

**Location:** 334 E 11th st.
**Call:** (212) 473-0724
**Hours:** 10:00~19:00

# 6 VINYL Market    바이널 마켓

추억의 LP판들이 전시되듯 진열되어 있는 레코드 가게다. 유난히 음악을 좋아하는 뉴요커들은 틈만 나면 귀에 이어폰을 꽂고 노래를 듣는데 그래서인지 LP인데도 불구하고 구경하고 사 가는 사람들이 꽤 있다. 로맨틱함의 진수를 보여 주는 재즈 음반들부터 팝까지 다양한 장르의 LP판을 구비해 놓고 있다.

**Location:** 241 E 10th st.
**Call:** (212) 539-1203
**Hours:** 10:00~19:00

# 7 Giant robot    자이언트 로봇

두 개의 숍이 나란히 붙어 있는데 한쪽은 가게, 한쪽은 갤러리다. 무엇을 파는지는 이름만 봐도 알 수 있듯 로봇이나 피겨를 파는 가게다. 이집 주인의 로봇 사랑은 팔기만 해서는 도저히 안 되겠는지 갤러리까지 만들어서 로봇 그림이나 모형을 전시해 놓고 있다. 그림들은 스케치를 한 것부터 섬세하게 컬러를 입힌 것까지 다양하다.

**Location:** 437 E 9th st.
**Call:** (212) 674-4769
**Hours:** 10:00~19:00

# 8 Love song    러브 송

예쁜 주얼리들이 많은 집이다. 블랙 룩을 선호하는 뉴요커들은 블랙 룩에 포인트가 될 수 있는 화려하거나 은은한 주얼리들을 무척 좋아하는데, 이 집의 액세서리들은 가히 감동할 만하다. 빈티지 원피스나 심플한 면 민소매에 하면 예쁠 롱 목걸이들과 깔끔한 정장에 섹시하게 어울릴 만한 찰랑찰랑거리는 귀고리들이 손님맞이를 하고 있다. 가격대는 목걸이가 $120에서 시작한다.

**Location:** 435 E 9th st.
**Call:** (212) 260-0421
**Hours:** 10:00~19:00

## 10 Roni 로니

이스트 빌리지에도 있고 소호 브로드웨이에도 있는 옷가게다. 신진 디자이너들의 제품을 모아 판매하는 편집 숍의 형태인데 심플하고 예쁜 다지인만을 고집해서 대체적으로 모던하면서 컬러도 무채색 계열이 주를 이룬다. 화려한 컬러나 프린트가 유행해도 심플한 옷 위주로 진열해 판매하기 때문에 자주 입을 만한 옷들이 많다.

**Location: 119 Saint Marks Pl # 1**
**Call: (212) 388-0038**
**Hours: 10:00~19:00**

## 9 Pink Olive 핑크 올리브

섹시한 레이스의 속옷에 옷보다 눈길이 더 간다. 〈섹스 앤 더 시티〉의 샬롯 같은 여성스러운 캐릭터의 여자들이 좋아할 셔링이 잡힌 예쁘고 고급스러운 속옷들이 한쪽 벽을 장식하고 있으니 다른 쪽에 진열된 옷에 눈이 갈 리가 없다. 팬티 라인이 표시나지 않아서 레깅스를 즐겨 입는다는 레깅스족의 사랑을 받고 있는 끈 팬티도 많다.

**Location: 439 E 9th st.**
**Call: (212) 780-0036**
**Hours: 10:00~19:00**

## 12 Gomi NYC 고미 뉴욕

잡지 협찬을 많이 했던 한때 몹시 잘나갔던 옷가게다. 여성스러운 컬러풀한 의상들을 주로 선보이고 있는데 트렌드를 앞서 가는 곳으로 한때는 이스트 빌리지의 패션을 책임졌을 만큼 인기 있었지만, 지금은 수없이 많이 생기고 있는 옷가게들에 밀리고 있다. 세일 폭이 워낙 크므로 세일 때만큼은 꼭 들러야 하는 집이다.

**Location: 443 E 6th st.**
**Call: (212) 979-0388**
**Hours: 10:00~19:00**

## 11 Coco & Delilah 코코 앤 딜라일라

사랑스럽고 러블리한 원피스가 많다. 원피스와 벨트, 그리고 플랫 슈즈를 사랑하는 뉴요커들의 영향 때문인지 원피스가 전 세계적으로 트렌드여서인지 알 수 없을 만큼 매장에 있는 옷 대부분이 원피스다. 프릴이 달린 원피스부터 네크라인에 보석이 주르륵 박혀 있거나 못이 박혀 터프한 느낌을 주는 원피스($130~300)까지 매우 다양하다.

**Location: 115 Saint Marks pl**
**Call: (212) 254-8741**
**Hours: 10:00~19:00**

## 13 A-1 record shop 에이원 레코드 숍

아주 오래된 레코드 숍이다. 그래서 나이든 고객층도 많은데 학교 근처라 그런지 학생들도 많고 클럽 디제이들도 음반을 보러 많이 오는 곳이다. 주말보다는 오히려 평일에 손님이 많은 가게인데 손님이 뜸한 주말에 가면 장난기 많은 주인 아저씨와 수다도 떨며 즐거운 음악 시간을 보낼 수 있다.

**Location: 439 E 6th st.**
**Call: (212) 473-2870**
**Hours: 10:00~19:00**

# Park & Museum

## 1 Tompkins Square park 톰킨스 스퀘어 파크

한적하면서도 고즈넉한 분위기가 감도는 부드러운 재즈 같은 느낌의 공원
이다. 공원 곳곳에서 그림을 그리거나 악기를 연주하는 사람들이 많다. 학
생들이 많은 이스트 빌리지라 그런지 가끔 학생들로 보이는 몇몇 아이들
이 미니 오케스트라를 꾸려 연주를 선보이기도 한다. 주말 놀이터에는 아
이들로 복작대서 아무 때고 가 보면 사람냄새가 나는 좋은 공원이다.

## 2 Leica gallery 라이카 갤러리

카메라 유저들의 꿈과 희망! '내 기필코 마지막에는……' 이라고 아껴 두
고 아껴 두었다가 장만하는 카메라로 악명 높은 라이카의 갤러리다. 사실
'라이카가 그렇게 많은 제품수가 있었나? 갤러리가 있을 만큼?' 이라는
의심을 갖고 갤러리 안으로 들어갔는데 제품이 많고 적음을 떠나서 그 포
스에 또 한 번 눌려 '영원할 수밖에 없는 로망이군!' 하며 쓸쓸히 돌아 나
오게 된다. 사진을 좋아한다면 통과의례처럼 꼭 한번 방문해야 하는 갤러
리다.

**Location:** 670 Broadway # 500
**Call:** (212) 777-3051
**Hours:** 10:00~19:00

## 3 Excel Custom Framing Art gallery 엑셀 커스텀 프레이밍 아트 갤러리

갤러리 같지 않고 그냥 벼룩시장 같은 느낌의 자유로운 갤러리다. 이름만
갤러리고 그냥 가게인 줄 알았을 정도로 아이들이 그린 듯한 삐뚤빼뚤한
A4 사이즈의 그림부터 가지각색의 작은 작품들이 판매되고 있다. 길가에
있어서 지나가는 길에 구경하기 좋다.

**Location:** 498 Hudson st.
**Call:** (212) 727-3913
**Hours:** 10:00~19:00

## 1 Simone 사이먼

낮에는 에스프레소 바, 저녁에는 공연도 하는 신나는 와인 바로 바뀌는 곳이다. 분위기나 인테리어, 서비스 모든 면에서 그리 뛰어나게 멋지지는 않다. 그러나 이스트 빌리지에는 아니, 이스트 빌리지에서 만큼은 최고다. 이 지역의 인디적인 문화가 바에도 반영이 되는 듯하다. 아주 편안한 소파에 몸을 최대한 편안히 묻고 와인 잔을 들고 홀짝이며 마실 수 있는 자유로운 와인 바라는 사실만으로도 이집을 빼놓을 수는 없다.

**Location:** 134 1st ave.
**Call:** (212) 982-6665
**Hours:** 18:00~24:00

## 2 Pylos 파이로스

부티가 왕창 나는 이집은 사실 그리스 요리 전문 레스토랑이다. '그런데 왜 바에다가 분류를 한 걸까?' 그 이유는 바로 와인 때문이다. 이집은 훌륭한 음식 못지않게 와인 바나 와인 전문점 못지않게 많은 와인을 보유하고 있는데 화이트 와인, 레드 와인, 디저트 와인 중에서도 괜찮은 것들로만 알차게 묶어 놓은 리스트를 보면 주인장의 와인 사랑을 잘 알 수 있다. 한쪽 벽을 빼곡히 장식한 와인들 때문에 '와인 바인가?' 하는 착각마저 드는 집이다.

**Location:** 128 E 7th st.
**Call:** (212) 473-0220
**Hours:** 18:00~24:00

## 3 Nevada Smith's 네바다 스미스즈

스포츠를 보면서 맥주 마시기 딱인 집이다. 분위기가 벌써 미국의 카우보이들이 부츠의 뒷굽으로 불을 켜 담배 한 대를 피우면서 들어가는 바다. 물론 실내에서 담배를 피울 수는 없지만 담배를 피울 생각조차 나지 않을 정도로 곳곳의 텔레비전에서는 야구, 축구, 농구의 경기가 다이내믹하게 펼쳐지고, 중요한 경기라도 있는 날에는 시끄러운 남자들의 소굴로 변해버리는 곳이다.

**Location:** 74 3rd ave.
**Call:** (212) 982-2591
**Hours:** 18:00~24:00

## **4** Rue-B 루비

이 맥주 펍도 대학생들의 사랑을 많이 받는 집으로 얼큰히 취하고 톰킨스 파크를 한 바퀴 돌며 데이트를 하기에 좋은 집이다. 한마디로 '작업용 바'라고 보면 된다. 분위기가 로맨틱하지도 않고 오히려 아주 오래된 옛날 술집처럼 꾸며져 있는데 그게 오히려 강점으로 작용해 편안함을 선사하기 때문에 빈틈을 보여 주기가 쉬워서 그런 것 같다. 편안한 분위기에서 마시는 술은 생각만으로도 기분이 좋아진다. 맥주가 맛있고 안주들도 훌륭해서 자주 갔던 곳이다.

**Location: 188 ave. B**
**Call: (212) 358-1700**
**Hours: 18:00~24:00**

## **5** Boxcar 박스카

동서고금을 막론하고 '술집은 어둡다!' 라는 것을 잘 알려 주는 바다. 어두컴컴한 실내와 이스트 빌리지 특유의 여유가 특징인 이 바는 동네 주민들을 위한 바인 듯 술 마시는 사람들이 지금 막 들어오는 사람들과 정답게 인사하고 안부를 묻는 풍경을 쉽게 볼 수 있다. 그래서 혼자 술을 마시러 오는 사람들이 많다. 왜냐하면 이곳에 오면 으레 아는 사람 누군가 한 명은 만나게 되니까! 그리고 이집의 하이라이트는 바로 정원에 있다. 날씨가 따뜻해지면 안쪽에 있는 가든을 오픈하는데 야외라면 끔찍이 좋아하는 이 동네 사람들에게는 인기 만점이다.

**Location: 168 ave. B**
**Call: (212) 473-2830**
**Hours: 18:00~24:00**

## **6** Yakitori Taisho 야키토리 타이쇼

일본식 주점이다. 따뜻한 사케가 소주병의 동생쯤 되는 작고 예쁜 단지에 담겨 나온다. 안주들이 대부분 맛있어서 특히 오코노미야키와 우동은 국물에 소주 마시던 습관을 지니고 사는 한국인 유학생들에게도 인기 만점이었다. 그래서 이 술집에 오면 한국 유학생들을 한 팀 이상은 만날 수 있다.

**Location: 5 Saint Marks Pl**
**Call: (212) 228-5086**
**Hours: 18:00~2:00**

## **7** The Thirsty Scholar 서스티 스콜라

〈죽은 시인의 사회〉라는 영화가 생각나는 펍이다. 이름처럼 목마른 우리에게 술을 주는 이 고마운 집은 가격까지 저렴해서 실제로 학생들의 주점처럼 오랜 시간 동안 사랑을 받아 왔다. 대학가 주변이라 그런지 이스트 빌리지에는 정말 다양한 술집들이 많이 있는데 가장 미국적이고 대학가와 어울리는 술집이 이집이다.

**Location: 155 2nd ave.**
**Call: (212) 777-6514**
**Hours: 18:00~24:00**

# Have to do!

### $10짜리 미용 모델되기

이스트 빌리지에는 유난히 미용실이 많은데 다니다 보면 헤어 모델로 $10
에 머리를 커트해 준다는 종이가 붙은 곳이 적잖이 있는 것을 발견하게 된
다. 대부분 뉴욕으로 헤어를 공부하러 온 학생들이 잘라 주는데 주로 일본
학생들이 많은 게 특징이고 그들의 레어어드 커트는 아주 일품이다. '학생
이니까 내 머리 갖고 이상하게 자르면 어쩌지?' 라고 걱정하기 전에 '스타
일이 너무 독특해 내가 소화하지 못하면 어떻해?' 라고 걱정하는 게 더 맞
다. 레어어드 커트가 독특하고 예뻐서 남녀노소 불문하고 꼭 한번 경험해
보기를 추천한다. 자르고 나면 이스트 빌리지의 분위기와 잘 어울리게 되
어 아주 만족스러울 듯!

### 앨러모<sub>Alamo</sub> 돌리기

애스터 플레이스<sub>Astor Place</sub>의 명물 앨러모는 거대한 조각품으로 사각
큐브다. 이 앞에서 스케이드 보드를 즐기는 아이들부터 친구와의 약속
을 기다리는 사람들까지 다양한 사람들이 랜드마크로 확실히 이용하고 있는데
앨러모를 손으로 돌리면 돌아간다는 즐거운 사실. 관광객들은 저마다 밀면서 사
진 찍기에 전념하는 즐거운 곳이다. 이런 작은 것만 봐도 뉴욕은 도시 곳곳에 묘
한 재미를 숨겨 놓은 매력적인 도시라는 생각이 든다.

뉴욕 여행에 절대 빼놓을 수 없는 소호

# 8. SoHo

뉴욕에서 소호를 모른다면 미국에서 뉴욕을 모른다고 말하는 것과 같다. 아주 예전에는 앤디워홀 같은 엔터테이너 기질이 다분한 팝아트 예술가들의 갤러리와 작업실이 많이 있어서 그들의 놀이터 역할을 하며 유명해진 지역이지만 이제는 관광객들을 위한 쇼핑몰과 레스토랑이 몰려 있어 유명한 곳이 되었다. 과거의 매력과 명성에 비해 변화한 모습이 조금 아쉽지만 누가 뭐래도 '소호는 여전히 소호다!' 라고 외쳐 줄 만큼 이곳은 뉴욕 여행에서 빼놓을 수 없는 곳이다. 특히 더 빼놓을 수 없는 소호 프라다 매장 앞 건널목에서 사진 찍기가 있다는 사실.

## Oh! Buy

1. 오프닝 세리머니가 오픈하기가 무섭게 쇼핑 시작 ···▶  2. 레콜에서 점심 먹기 ···▶
3. 디젤 갤러리에서 청바지 쇼핑 ···▶
4. 아페세, 필립 림 등 한국에서 만나기 힘든 브랜드 위주로 골라서 쇼핑 ···▶
5. 카페 보르지아에서 카푸치노 한 잔 ···▶  6. 키티차이에서 저녁 식사 하기 ···▶
7. 생츄어리 티에서 차 한 잔.

## Hey Play!

1. 애니메이징 갤러리와 코다 갤러리 구경하기 ···▶  2. 루어 바에서 점심 먹기 ···▶  3. 톰슨 카페에서 커피 한 잔 ···▶  4. 키스 초콜릿에서 초콜릿을 사 와서 톰슨 길을 따라 걸어 내려가며 먹기 ···▶  5. 펄 페인트 구경하기 ···▶  6. 카페 카페의 복층 의자에 앉아서 커피와 머핀으로 간식 ···▶  7. 애플 스토어 구경하기 ···▶  8. 사봉에서 바스 볼과 아로마 초 구입! ···▶  9. 12 체어스에서 저녁 식사하기 ···▶  10. 빈티지에서 와인 구입할 것 ···▶  11. 집으로 와서 와인 한 잔 하면서 바스 볼을 욕조에 풀고 입욕하며 피로 풀기.

WOOD BURNING
GRILL • ROTISSERIE • OVEN
RESTAURANT • BAR
W 10 St
W 8 St
Washington Mews
Wavery Pl
Astor
WASHINGTON SQUARE
워싱턴 스퀘어 파크
Geenwi
New York University
NoHo
Great
Bleecker St
Carmine St
Downing St
king St
Charlton St
Vandam St
Bedford
Cor
Minetta La
MacDougal St
Suillvan St
Thompson St
La Guardia Pl
W Houston St
Jersey
Prince St
Prince St    R W
Soho
CE
Spring St
Spring St
Renwick St
Dominick St
Watts St
Grand St
Wooter St
Greene St
Mercer St
Broadway
Crosby St
ACE
Canal St
Canal St
Howard St
Baxter St
broses St
Jastry St
Laight St
Hubert St
Beavth St
Collister St
Hudson St
Varick St
York St
St Johns La
N Moore St
Franklin St
Harrison St
Jay St
West St
West Btoadway
Greenwich St
Church St
Lispenard St
Walder St
White St
Franklin St
Leonard St
Worth St
Thomas St
Duane St
Reade St
시청
Chambers St
Warren St
urray St
k Pl
Barclav St
CITY HALL
Cortlandt Al
Canal St
N Q R W
Lafayette St
Centre St
Mosco St
CHANEL
CIGARS
OPEN
Chi
bey St
Mott St
Bayard
Pe
Frankli
NEW YORK
NEW YORK
THE BRONX

## Café & Restaurant

1.L'ecole(레콜) 2.Mirô Café(미로 카페) 3.Aquagrill(아쿠아그릴)
4.Once upon a tart(원스 어폰 어 타르트) 5.Il corallo trattoria(일 코랄로 트라토리아)
6.Peep(핍) 7.Blue ribbon sushi(블루 리본 스시) 8.Café Borgia(카페 보르지아)
9.Olive's(올리브즈) 10.Prem on Thai(프렘 온 타이) 11.Kittichai(키티차이) 12.Ama(아마)
13.Aroma espresso bar(아로마 에스프레소 바) 14.Le Pain Quotidien (르 페 쾨티디앵)

35.Coach(코치) 36.French connection(프렌치 커넥션) 37.Wink(윙크) 38.Flying A(플라잉 에이) 39.Bigdrop(빅드롭) 40.Union(유니언)
41.Theory(씨어리) 42.Korres(코레스) 43.Barneys Coop(바니스 쿱) 44.TSE(티에스이) 45.BCBG(비시비지) 46.Camper(캠퍼)
47.True Religion(트루 릴리전) 48.Chanel(샤넬) 49.Apt(아파트) 50.Moss(모스) 51.Paul smith(폴 스미스)
52.Lucky brand jeans(럭키 브랜드 진) 53.Vivienne Tam(비비안 탐) 54.Kate spade(케이트 스페이드) 55.Shabby Chic(섀비 시크)
56.AG Jeans(에이지 진스) 57.3.1Phillip lim(3.1필립 림) 58.Tarina Tarantino(타리나 타란티노) 59.Karen miller(카렌 밀러)
60.Oakley(오클리) 61.J.crew(제이크루) 62.Michael Kors(마이클 코어스) 63.Apple Store(애플 스토어) 64.A.P.C.(아페세)
65.Diesel Gallery(디젤 갤러리) 66.Alessi(알레씨) 67.Replay(리플레이) 68.Yaso(야소) 69.Scoop(스쿱)
70.Burton(버튼) 71.Anthropologie(앤스로폴로지) 72.Ralph Lauren(랄프 로렌) 73.Tommy Hilfiger(타미 힐피거)
74.Cigars(시가스) 75.Arth(알스) 76.Pearl paint(펄 페인트) 77.TOPSHOP(톱숍)

## Museum

1.Ward Nasse Gallery(워드 나쎄 갤러리) 2.Jamali Gallery(자말리 갤러리) 3.Martin Lawrence Gallery(마틴 로렌스 갤러리)
4.Franklin Bowles Gallery(프랭크 보울즈 갤러리) 5.William Bennett Gallery(윌리엄 버넷 갤러리) 6.Arcadia Gallery(아카디아 갤러리)
7.Animazing Gallery(애니메이징 갤러리) 8.Coda Gallery(코다 갤러리) 9.Pomegranate Gallery(파머그래넛 갤러리)

## Shop

## 1 L'ecole 레콜

요리 학교의 1층에 있는 프랑스 요리 전문 레스토랑이다. 프렌치 요리 학교의 부설 레스토랑 같은 곳이라 관광 온 프랑스 인들도 인정한 프렌치 레스토랑. 양도 많고 저녁에도 프리픽스 메뉴가 있어서 코스로 먹어도 $40를 넘지 않는 적정 가격 선을 유지하고 있다. 맛도 있고 가격도 좋고 하니 할 일은 전화나 사이트로 꼭 예약하고 가는 것이다.

**Location:** 462 Broadway
**Call:** (212) 219-3300
**Hours:** 점심 11:00~4:00, 저녁 5:30~11:30, 브런치 10:30~4:00

## 2 Mirô Café 미로 카페

소호의 바리와 미로는 유명한 초창기 카페다. 아주 오래된 데다가 특히 라테가 맛있기로 유명한 곳이다. 부드러운 우유가 녹아든 라테 한 잔과 소호 브로드웨이 길을 바라볼 수 있는 창가 자리. 이 두 가지 조건만 성사되면 하루 종일 심심할 틈이 없다. 바쁜 소호의 직장인들에게 샌드위치가 점심 메뉴로 많이 팔린다. 편안하고 캐주얼한 카페!

**Location:** 594 Broadway
**Call:** (212) 965-9777
**Hours:** 10:00~23:00

## 3 Aquagrill 아쿠아그릴

해산물 요리의 지존이라고 할 수 있다. 해산물이 들어간 모든 요리가 다 있는데 그냥 해산물이 들어간 정도가 아니라 살아 있다고 표현할 수 있을 만큼 살이 통통하게 오른 신선한 재료만을 사용한다. 굴을 못 먹는 사람들도 이집의 레몬을 뿌린 다양한 종류의 굴 앞에서는 무릎을 꿇을 정도다. 소호의 바다 향기를 책임지고 있는 곳인 만큼 정말 맛있지만 가격이 이것저것 먹다 보면 1인당 $40 이상 나오게 되므로 주의해야 한다.

**Location:** 210 Spring st.
**Call:** (212) 274-0505
**Hours:** 점심 11:00~4:00, 저녁 5:30~11:30, 브런치 10:30~4:00

## 4 Once upon a tart 원스 어폰 어 타르트

『이상한 나라의 앨리스』에 나오는 토끼가 들어간 동굴처럼 어두운 실내 조명에 눈이 익으면 곧바로 신세계가 열린다. 아이들의 천국이고 디저트 타르트와 파이를 사랑하는 걸들에게는 출퇴근 도장을 찍게 하는 디저트 전문 카페가 눈앞에 펼쳐져 있다. 야외 테라스에는 커다란 개를 데리고 산책 나온 김에 차 한 잔과 타르트를 한 개 맛보고 가는 주민부터 관광객과 어린아이들까지 이집의 손님들은 각양각색이다. 블루베리, 라즈베리 타르트와 파이들이 다 맛있다.

**Location:** 135 Sullivan st. # 1
**Call:** (212) 387-8869
**Hours:** 10:00~23:00

## 5 Il corallo trattoria 일 코랄로 트라토리아

장인정신이 느껴지는 매끈하지 않은(수타인가 보다!) 면발의 파스타와 피자로 유명한 집이다. 다양한 종류의 파스타가 점심 때에는 $9 정도여서 한국 유학생들에게는 학교 식당처럼 많이 이용하게 되는 곳이다. 더불어 양이 엄청나게 많으니 둘이 가면 파스타 하나와 샐러드 하나를 시키는 것이 적당하고 파스타에는 수프나 샐러드가 딸려 나오므로 수프를 선택하고 샐러드 요리를 하나 시켜서 둘이 나눠 먹는 게 좋다. 그러나 기대는 하지 말 것!

**Location:** 176 Prince st.
**Call:** (212) 941-7119
**Hours:** 점심 11:00~4:00, 저녁 5:30~11:30, 브런치 10:30~4:00

## 6 Peep 핍

반짝이는 조명으로 된 간판으로 인해 '뭐하는 집이지?' 라고 궁금증이 생기는 타이 레스토랑이다. 퓨전 스타일의 팟타이가 맛있다. 분위기도 좋고 가격도 저렴해서 유학생들 사이에서는 이미 입소문이 난 소호의 타이 레스토랑이다. 점심시간에는 $10 미만의 런치 메뉴가 지갑이 가벼운 이들을 유혹한다.

**Location:** 177 Prince st.
**Call:** (212) 254-7337
**Hours:** 점심 11:00~4:00, 저녁 5:30~11:30, 브런치 10:30~4:00

## 7 Blue ribbon sushi 블루 리본 스시

반지하의 스시 집으로 새벽까지 영업을 해서인지 오히려 낮보다 밤에 더 사람이 많은 집이다. 인테리어도 고급스럽고 다 좋은데 간판이 없고 반지하라 찾아서 들어가기가 힘들다. 스시는 비싸지만 비싼 값을 하는데 정말 두툼하고 쫄깃하니 맛있다. 회를 싫어하는 사람들도 이곳만은 인정할 정도! 데이트 코스로도 유명한 집이다. 스시와 사케 한 잔으로 모든 시름을 잊을 수 있는 곳.

**Location:** 119 Sullivan st.
**Call:** (212) 343-0404
**Hours:** 점심 11:00~4:00, 저녁 5:30~11:30, 브런치 10:30~4:00

## 8 Café Borgia 카페 보르지아

"Cappuccino with ice-cream($8)" 이라는 외침이 여기저기서 터져 나오는 카페다. 카푸치노 위에 바닐라 아이스 크림을 한 스쿱 얹어 주는데 그 맛이 정말 끝내 주게 맛있다. 날씨 좋은 날 브런치를 먹고 야외 테이블에서 사람들을 구경하면서 카푸치노를 마시는 것이 뉴요커들의 일상이 되어 버릴 만큼 유명하고 유명한 집이다.

**Location:** 196 Spring st. # 1
**Call:** (212) 473-2290
**Hours:** 10:00~23:00

INTERNATIONAL CULINARY CENTER
ITALIAN CULINARY ACADEMY
The French Culinary Institute
ITALIAN CULINARY ACADEMY
ONE WAY
BROADWAY
L'ECOLE
NYC TAXI
1
Café & Restaurant
Miró café
SANDWICH & ESPRESSO BAR
(212) 431-9391
474
2
Miró café
SANDWICH · SALAD
espresso bar
2
AQUAGRILL
OYSTER BAR
3
Once Upon a Tart...
4
IL CORALLO TRATTORIA
KOCH
IL CORALLO TRATTORIA    941-7119
5
6
8
Cafe Borgia
Established 1975
161
Keep
7
8
Cafe Borgia
Established 1975
161
161

## 9  Olive's  올리브즈

가게 앞의 빨간 벤치는 점심시간이 되기가 무섭게 메밀국수가 들어간 샐러드를 테이크아웃해 먹는 사람들로 – 그 벤치가 빨간색인지 알 수 없을 만큼 – 꽉 차 있다. 신선하고 누들이 섞여 있는 이 독특한 유기농 샐러드가 인기 있는 것은 어쩌면 당연한 결과다. 불편하게 길거리에서 먹고 있는 모습을 보면 웃기기도 하지만 더운 날 시원하고 개운하게 먹기에 아주 좋다.

**Location:** 120 Prince st.
**Call:** (212) 941-0111
**Hours:** 10:00~23:00

## 10  Prem on Thai  프렘 온 타이

저렴하고 분위기 좋고 맛있는 소호의 타이 레스토랑을 찾는다면 프렘 온 타이뿐이다. 우연히 저녁 때 켜진 조명에 꽂혀 반지하의 이 레스토랑에 들어갔다가 무릎을 치며 "이집이네!" 를 삼창했다. 양도 적당하고 모든 메뉴가 한국인의 입맛에 맞아서 입에 짝짝 붙는다. 팟타이가 특히나 아주 맛있고 면발도 들러붙지 않고 쫄깃해서 좋았다. 거기다가 타이 레스토랑들의 장점인 착한 가격($20)까지 마음에 쏙! 안 드는 게 없다.

**Location:** 138 W Houston st.
**Call:** (212) 353-2338
**Hours:** 점심 11:00~4:00, 저녁 5:30~11:30, 브런치 10:30~4:00

## 11  Kittichai  키티차이

톰슨 호텔 안에 있는 레스토랑으로 신문에 난 기사를 보고 찾아가 보았는데 기사에 나온 대로 로맨틱하고 근사한 분위기에 압도당한다. 더불어 맛도 끝내 주는데 양이 조금 적고 타이 레스토링인데도 불구하고 가격이 센 점을 제외하면 모든 것이 뉴욕 여행에서의 하루 저녁 식사에 완벽하게 맞아 떨어지는 분위기가 좋은 맛집이다. 근사하게 차려입고 가서 맛있게 먹고 예쁜 사진도 많이 찍을 것.

**Location:** 60 Thompson st.
**Call:** (212) 219-2000
**Hours:** 점심 11:00~4:00, 저녁 5:30~11:30, 브런치 10:30~4:00

## 12 **Ama** 아마

프렌치 요리 전문 레스토랑인데 상도 꽤 많이 받았을 만큼 정말 맛있는 요리 집이다. 코스로 나오는 대부분의 음식들은 뉴욕에서 유명한 셰프의 작품으로 점심 메뉴를 이용해 먹는 것이 이집을 즐기는 요령이다. 인기가 워낙 많은 집인 만큼 저녁에는 예약을 해야 갈 수 있고 특히 주말 저녁에는 문전성시인 데에다가 평일 저녁에도 먹기에 조금 부담스러운 가격 때문이다. 그러나 한 번 맛보면 저녁 시간에도 도전하고 싶어진다. 프랑스 요리의 진수를 보여 주는 소호의 숨은 맛집이다.

**Location:** 48 Macdougal st.
**Call:** (212) 358-1707
**Hours:** 점심 11:00~4:00, 저녁 5:30~11:30, 브런치 10:30~4:00

## 13 **Aroma espresso bar** 아로마 에스프레소 바

에스프레소 바임을 명심해야 한다. '세상에서 가장 맛없는 아메리카노 집임과 동시에 세상에서 가장 진하고 맛있는 에스프레소 집'이라는 독특한 타이틀을 달고 있는 집이다. 더불어 인터넷을 할 수도 있어서 창가 자리는 늘 피시방 분위기를 낸다. NYU 학생들의 단골 커피 집으로 라테나 에스프레소가 맛있다.

**Location:** 145 Greene st.
**Call:** (212) 533-1094
**Hours:** 10:00~23:00

## 14 **Le Pain Quotidien** 르 페 쿼티디앵

소호의 르 페는 규모가 조금 크고 밖에 걸터앉을 수 있도록 되어 있어서 샌드위치를 사서 이곳에 허클베리 핀처럼 걸터앉아 책을 보며 먹는 사람들을 쉽게 볼 수 있다. 왠지 모를 자유가 느껴져 따라해 봤는데 돌 위에 앉아서 먹는 거라 편하지는 않았지만 등을 기대고 가만히 햇볕을 쬐고 있기에는 진짜 좋았다. 한번 시도해 보길! 자리가 있다면 말이다.

**Location:** 100 Grand st.
**Call:** (212) 625-9009
**Hours:** 10:00~23:00

## 15 **Thompson Café** 톰슨 카페

사람들이 별로 다니지 않는 톰슨 길에 위치한 예쁘고 앙증맞은 카페다.
뉴요커들이 사랑하는 플레이스 중 하나로 아기자기한 실내가 예뻐 여자들
에게 인기 만점인 곳이다. 노란색 벤치가 그냥 지나치지 못하게 사람들의
발목을 잡아끈다. 이집의 샌드위치와 커피 한 잔은 이미 소호 족들에게
인기 있고 저렴한 점심 한 상이다.

**Location:** 68 Thompson st. # B
**Call:** (212) 334-0177
**Hours:** 10:00~23:00

## 16 **Kee's Chocolates** 키스 초콜릿

정갈하게 수제로 만든 초콜릿들이 열을 맞춰 나란히 서 있는 게 마냥 귀
엽기만 한 가게다. 정신없고 사람들로 북적대는 소호가 아닌 듯한 조용한
톰슨 길에 있는 이 초콜릿 집도 밸런타인데이 시즌이면 포장해 가려는 뉴
요커로 길고긴 줄이 생길 정도다. 부드럽게 입 안 가득 퍼지는 초콜릿
향이 기분 좋아지는 집이다.

**Location:** 80 Thompson st.
**Call:** (212) 334-3284
**Hours:** 10:00~23:00

## 17 **Vesuvio Bakery** 베수비오 베이커리

끊임없이 계속 구워져 나오는 바게트들의 다양한 모양을 구경하는 것만으
로도 재밌는 베이커리. 화산이 터지듯 빵들이 계속 터져 나오고 계속 사
간다. 잼도 안 바르고 빵만 먹어도 맛있는 바게트와 빵들이 많은데 올리
브 오일에 발사믹 식초를 떨어뜨린 소스에 찍어 먹는 게 제일 맛있다. 갓
구운 빵들이 창가에 가득 쌓이는데 저녁 때가 되면 그 많던 빵이 거의 다
팔리고 만다.

**Location:** 160 Prince st.
**Call:** (212) 925-8248
**Hours:** 10:00~23:00

## 18 **El Paso** 엘 파소

멕시칸 요리를 별로 좋아하지 않는 편인데 이유는 너무 자극적이고 강한
소스와 살짝 고기 냄새가 나기 때문. 그러나 이집의 멕시칸 요리들은 그
렇지 않다. 분명 정통 멕시칸인 듯한데도 약간 퓨전 같기도 한 맛에 누구
나 쉽게 멕시칸 요리를 즐길 수 있도록 도와 주는 도우미 같은 곳이다. 멕
시칸 요리의 모든 편견을 버리게 되는 집이다.

**Location:** 134 W Houston st. # 234
**Call:** (212) 673-0828
**Hours:** 점심 11:00~4:00, 저녁 5:30~11:30, 브런치 10:30~4:00

# 19   12 chairs   투웰브 체어스

유난히 나무의자를 좋아하는 내게 이집은 학교다. 맛있고 커다란 버거와 샐러드를 친구와 나눠 먹기도 하고 커피를 마시며 작업도 하고 참 많은 시간을 이 조용하고 따뜻하면서도 맛있는 이집에서 보냈던 것 같다. 버거와 샐러드 종류가 인기 메뉴인데 저녁에는 촛불을 테이블마다 켜 줘서 로맨틱해진다. 작고 귀여운 소호의 고향 같은 레스토랑이다.

**Location:** 56 Macdougal st.
**Call:** (212) 254-8640
**Hours:** 점심 11:00~4:00, 저녁 5:30~11:30, 브런치 10:30~4:00


# 20   Salt   솔트

아주 작은 이 레스토랑 겸 바에는 하얀색 긴 테이블이 포인트다. 아주 조용하고 편안한 분위기의 이 레스토랑 안 모든 음식들이 맛있고 신선해서 일단 맛보면 바로 단골이 돼 버린다. 친절한 서비스도 좋고 아담한 레스토랑 사이즈 때문인지 정말 거기 있는 손님들 모두가 친구처럼 느껴지는 곳이다.

**Location:** 58 Macdougal st.
**Call:** (212) 674-4968
**Hours:** 점심 11:00~4:00, 저녁 5:30~11:30, 브런치 10:30~4:00

## 21 Barolo 바로로

이탈리언들도 인정한 소호의 파스타 집이다. 특히 오징어 먹물 파스타가
맛있다. 파스타가 아주 알맞게 간이 배어 있는 데다가 딱 씹기 좋게 삶아
져 나오고 양도 많지도 적지도 않은 딱 적당한 양이라 좋다. 가격이 조금
비싼 편이므로 저녁보다는 점심 때를 이용하는 것이 좋고 레스토랑이 클
래식해서 혼자라면 더더욱 점심을 권하고 싶다. 저녁에는 가족 단위나 나
이기 지긋하신 분들이 주로 많이 온다.

**Location:** 398 W Broadway **Call:** (212) 226-1102
**Hours:** 점심 11:00~4:00, 저녁 5:30~11:30, 브런치 10:30~4:00

## 22 Bari 바리

소호의 브로드웨이 길 한가운데에 있는 커피 전문점이다. 유난히 맛집이
많고 카페가 많아서 지금은 심각하지 않지만 몇 년 전 만해도 소호에서
가장 트렌디한 커피 집으로 이름을 날렸다. 그래서 자리에 앉기가 하늘에
별 따기만큼 어려웠다고 한다. 지금은 그 정도까지는 아니다. 소호에서는
앉아서 커피를 마시는 사람보다 걸어 다니며 마시는 사람들이 더 많기 때
문인데 이곳에는 옆의 벤치에 앉아 시원한 바람을 맞으며 마시는 커피가
제일 맛있다.

**Location:** 529 Broadway **Call:** (212) 431-4350 **Hours:** 10:00~23:00

## 23 Cipriani 치프리아니

노란색 차양이 저 멀리서도 시선을 확 잡아끄는 치프리아니 레스토랑은
월 스트리트와 이곳 두 지역에 있는 이탈리언 레스토랑이다. 특히 서비스
가 확실히 좋아서 그런지 오는 손님들의 대부분이 이집을 좀 안다 하는
40~50대의 멋쟁이들이 많다. 피자부터 파스타까지 모든 메뉴들이 다 맛
있고 언제나 소호 쇼핑 족을 위해 활짝 문을 열어 두고 있어서 자꾸 시선
과 발이 가는 집이다.

**Location:** 376 W Broadway **Call:** (212) 343-0999
**Hours:** 점심 11:00~3:00, 저녁 5:30~11:30, 브런치 10:30~4:00

## 24 Dos Caminos 도 카미노

시원한 샐러드 요리들이 유명한 레스토랑이다. 실내 인테리어가 좋은데도
불구하고 사람들은 야외 테라스에 앉아서 먹는데 아무리 더운 날에도 그
늘이 지는 지리적 위치 때문에 점심을 이곳에서 먹으려는 멋쟁이들이 많
아서 야외 테이블에는 사람들로 늘 넘친다. 샌드위치는 $15선에서 먹을
수 있고 느긋하게 게으름을 피우기에도 좋은 레스토랑이다.

**Location:** 475 W Broadway
**Call:** (212) 277-4300
**Hours:** 점심 11:00~4:00, 저녁 5:30~11:30, 브런치 10:30~4:00

## 25 Café Café 카페 카페

2층에 혼자 앉는 테이블에서 카운터와 입구를 바라보며 머핀과 함께 커피를 한 잔 하고 있으면 혼자 있어도 신이 난다. 즉, 혼자놀기의 달인들이 주로 가는 복층 구조의 재미있는 카페라고 보면 된다. 뉴요커들에게는 이미 인기 있는 곳이라 2층에 있는 초등학생용(덩치 좋은 미국인용은 아니다!) 나무의자와 테이블은 늘 자리가 없다!

**Location:** 470 Broome st. # 2
**Call:** (212) 226-9295
**Hours:** 10:00~22:00

## 26 Vintage 빈티지

빈티지한 멋이 흐르는 이 가게는 와인 가게다. 레드 와인부터 디저트 용 스파클링 와인까지 인기 있는 와인을 다량 보유, 판매하고 있다. '어떤 맛을 선호한다'고 말해 주면 소믈리에가 알아서 척척 골라 주는 게 이집의 매력이다. 소호에 있어서인지 선물 포장을 주로 많이 해 가는데 추천해 주는 와인들은 모두 맛있으니 걱정 말고 분위기를 잡을 날만 잡으면 된다.

**Location:** 482 Broome st.
**Call:** (212) 226-9463
**Hours:** 10:00~21:00

## 27 The mercer Kitchen 머서 키친

장 조지의 소호에 위치한 레스토랑으로 분위기가 좋다. 프렌치 퓨전으로 음식의 양이 그다지 많지도 않고 장 조지의 레스토랑 중에는 가장 특색이 애매한 레스토랑이지만 소호에 있어서인지 예약이 필수인 집이다. 점심 때도 관광객들이 많아서 결코 한가하지만은 않으나 독특한 구조와 인테리어의 반지하 레스토랑에서는 점심 프리픽스 메뉴가 가장 싸게 즐길 수 있는 방법이다.

**Location:** 99 Prince st.
**Call:** (212) 966-5454
**Hours:** 점심 11:00~3:00, 저녁 5:30~11:30, 브런치 10:30~3:00

## 28 Lure Bar 루어 바

프라다 매장 지하층에 위치한 바다. 술을 팔기도 하지만 사실 레스토랑에 가까운데 퓨전 일식 레스토랑이다. 꼭 배 안에서 식사를 하는 기분이 드는 인테리어가 재미 있고 요리들의 맛과 서비스가 마음에 드는 집이다. 굉장히 비싸 보이는 일식 집으로 스시 콤보가 $38로 다소 비싼 가격대지만 맛은 강력하게 인정해 주고 싶다.

**Location:** 142 Mercer st.
**Call:** (212) 431-7676
**Hours:** 점심 11:00~3:00, 저녁 5:30~11:30, 브런치 10:30~4:00

<table>
<tr><td>

## 29   **Zoe**   조에

조에의 참치 샌드위치($14.75)와 스테이크 샐러드($15.75)는 친구와의 점심 약속에서도 빼놓기 힘든 메뉴다. 그만큼 맛있고 푸짐해서 친구와의 수다와 한 끼 식사가 이렇게 잘 어울릴 수가 없다. 커다랗게 조에라고 씌어 있는 노란 현수막이 걸려 있어서 찾기도 쉬워 약속 장소로 자주 이용하는 곳이다.

**Location:** 90 Prince st.
**Call:** (212) 966-6722
**Hours:** 점심 11:00~4:00, 저녁 5:30~11:30, 브런치 10:30~4:00

</td><td>

</td></tr>
</table>

## 30   **Dean & Deluca**   딘 앤 델루카

유기농 식품만을 취급하고 판매하는 슈퍼마켓 같은 곳이다. 빵도 있고 말린 과일과 다양한 요리 재료들, 시원한 음료도 판매한다. 추천하는 메뉴는 딘 앤 델루카의 레몬 주스와 낱개로 판매하는 코코넛 쿠키! 원기 회복제에 버금가는 2종 세트이니 꼭 한번 맛보기를 권한다.

**Location:** 560 Broadway # 404
**Call:** (212) 226-6800
**Hours:** 10:00~21:00

## 31   **Kelley Ping**   켈리 핑

아시안 누들 전문점인데 인테리어가 아주 독특하다. 가격도 거의 $7 미만으로 저렴해 대부분의 누들을 맛볼 수 있기 때문에 관광객들부터 학생들까지 다양한 사람들로 붐비는 곳이다. 과도한 쇼핑으로 인해 주머니 사정이 가벼워졌다면 이집에서 가볍게 누들을 먹어 주면 된다는 사실. 맛은 보통 이상 정도이니 크게 기대는 하지 말 것!

**Location:** 127 Greene st. # A
**Call:** (212) 228-1212
**Hours:** 점심 11:00~4:00, 저녁 5:30~11:30, 브런치 10:30~4:00

# 32    Savore    사보어

파스타들이 맛있기로 유명한 사보어는 하얀 테이블보에 나뭇잎이 만들어 주는 그늘에 앉아서 식사할 수 있는 멋진 곳이다. 테라스에 앉아 걸어 다 니는 사람들과 풍경을 바라보며 음식을 먹기에 그만이다. 날씨 좋은 점심 시간에는 사보어의 야외 테라스에서 파스타를 맛보자.

**Location:** 200 Spring st.
**Call:** (212) 431-1212
**Hours:** 점심 11:00~4:00, 저녁 5:30~11:30, 브런치 10:30~4:00

# 33    Sanctuary T    생츄어리 티

차 마시는 것을 커피 마시는 것보다 즐기는 뉴요커들이 점차 늘어나면서 건강에 유독 신경을 많이 쓰는 이들을 위해 생츄어리 티 카페가 소호에 생겼다. 다양한 차들이 많은데 커다란 국화가 찻잔 가득 퍼지는 국화차는 향도 좋고 맛도 있다. 그 외에 블랙 티나 얼그레이 민트 카모마일 등 다양 한 종류의 차들이 인기의 인기를 얻고 있는 카페.

**Location:** 337B West Broadway
**Call:** (212) 941-7832
**Hours:** 10:00~23:00

# 1   Adidas   아디다스

스텔라 매카트니의 아디다스 요가 복과 등산복이 아주 섹시하고도 저렴하게 판매되고 있어 운동은 극도로 싫어하고 웬만해서는 빠지지 않는 단단한 살을 가진 나를 유혹하는 무시무시한 곳이다. 결국 요가 복을 지르고 말았는데 한국보다 더 싸므로 요가 마니아나 피트니스를 즐기는 사람들에게는 희소식이 아닐 수 없다. 또한 연예인들처럼 섹시하게 등산을 해 보고 싶다면 실용적이면서 아주 편안한 등산복도 많이 있으니 구경부터 해 보자.

**Location:** 599 Broadway # 2
**Call:** (917) 237-1480
**Hours:** 10:00~19:00

# 2   Urban outfitters   어번 아웃피터스

뉴요커들의 쇼핑 1번지인 어번이다. 모델들의 독특한 그래피티 티셔츠와 빈티지한 스커트 대부분이 이집의 옷이다. 가격은 보통 $50부터 시작되는데 아무리 비싸도 $150를 넘는 의상은 보기 힘들다. 그래서 세일 기간이 되면 수많은 사람들로 붐비고 계산하는 줄은 물론 피팅 룸 앞에서 기다리는 줄에 여기저기 옷을 양팔에 들고 인고의 시간을 거쳐야만 하나 건질 수 있는 곳이기도 하다. 빈티지한 느낌의 와이드 가죽 벨트를 $30면 살 수 있다.

**Location:** 628 Broadway
**Call:** (212) 475-0009
**Hours:** 10:00~19:00

# 3   Pottery barn   포터리 반

스웨덴 브랜드인 이케아(IKEA) 가구와 소품들이 집 꾸미기에 흔히 활용되고 있는 한국과 달리 뉴욕에서는 포터리 반이 인기 있다. 이케아보다 더 고급스럽고 가격은 조금 비싸지만 금세 망가지고 부러져 못 쓰게 되는 이케아에 비해 오래 쓸 수 있어 튼튼하고 편안하기 때문에 뉴요커들에게 꾸준한 사랑을 받고 있다. 소파와 앤티크한 느낌을 물씬 풍기는 테이블들과 꽃병은 집 꾸미기에 필수인 인기 아이템이 된 지 오래다.

**Location:** 600 Broadway
**Call:** (212) 219-2420
**Hours:** 10:00~19:00

# 4   Lounge   라운지

스쿱, 제프리와 더불어 명품 디자이너의 의상 및 소품 편집 숍이자 편집 숍이라는 개념을 도입한 주역 삼인방 중 하나다. 그러나 왜인지는 몰라도 스쿱이나 제프리를 사람들이 더 좋아하는데 나는 젊은 디자이너의 옷을 많이 다루는 라운지를 즐겨 가곤 한다. 세일 한 번 시작하면 30%에서 70%까지 시간이 갈수록 세일 폭이 점점 커진다. 백화점보다 더 싼 경우도 많으니 확인해 보고 들르자.

**Location:** 593 Broadway
**Call:** (212) 226-7585
**Hours:** 10:00~19:00

# 5 American Eagle 아메리칸 이글

이미 유니언 스퀘어에서도 언급했지만 소호의 랜드마크 중 하나인 만큼 이곳도 빼놓을 수 없는 쇼핑의 즐거움을 주는 곳이다. 정통 아메리칸 스타일의 프레피 룩을 선보이는 숍으로 특히 이 브랜드의 스트라이프 셔츠들은 팔뚝은 가늘어 보이게 하고 몸매는 글래머러스하게 보이도록 착시효과를 주는 바람직한 디자인이니 사 놓으면 요긴하게 입을 수 있다. 그리고 더불어 속옷 짱짱하고 좋은 면이라 편하고 좋다. 한국과는 사이즈가 다르게 표기되므로 매장에서 반드시 입어 보고 살 것.

**Location:** 575 Broadway
**Call:** (212) 941-9785
**Hours:** 10:00~19:00

# 6 Prada 프라다

소호의 프라다 매장은 다른 매장에 비해 인테리어로 더욱 유명하다. 애플 스토어와 함께 소호의 랜드마크로서 만남의 장소로 많이 이용되는 곳. 넓은 매장과 시즌마다 각 콘셉트에 맞춰 변신하는 윈도는 소호 분위기에 잘 맞춰서 변신하는 프라다 매장이라는 생각이 들게 한다. 관광객들의 무차별 쇼핑으로 인해 세일 기간이 지나면 물건이 많지 않은 게 특징이다.

**Location:** 575 Broadway
**Call:** (212) 334-8888
**Hours:** 10:00~19:00

# 7 Victoria's Secret 빅토리아 시크릿

속옷 하나로 전 세계를 휩쓴 브랜드다. 모델들은 늘 세계 톱모델을 써서 광고하고 레이스가 많은 여성스럽고 러블리한 것부터 망사 끈 팬티까지 없는 것이 없을 정도. 최근에는 향수와 화장품 라인까지 선보이고 있으니 이제 빅토리아를 입고 뿌리고 바를 수 있게 되었다.

**Location:** 1328 Broadway
**Call:** (212) 356-8380
**Hours:** 10:00~19:00

# 8 Purl patchwork 펄 패치워크

'한 바느질한다!' 하는 퀼트 마니아들이여! 이집을 꼭 방문해야 할 것이다. 퀼트를 위한 모든 것이 이 안에 다 있기 때문이다. 앙증맞은 다양한 종류의 조각 천부터 실과 비즈와 액자로 걸어 놓을 수 있게 해 놓은 틀까지 퀼트를 위한 모든 것이 이 안에 다 있다. 한국처럼 뉴욕도 아기 엄마들이 주로 포푸리(potpourri)를 만들거나 아기를 위한 담요를 만들기 위해 이곳을 많이 찾는다. 완성된 제품들도 물론 판매한다.

**Location:** 147 Sullivan st.
**Call:** (212) 420-8798
**Hours:** 10:00~19:00

# 9 **Louis Vuitton** 루이 비통

리뉴얼 중이라 '저게 루이 비통 매장 맞나?' 싶게 프라다와 대조를 이룰 만큼 허섭하게 소호 한복판에 서 있다. 그러나 외관만 보고 그 안을 판단 하지는 말 것. 다양한 신상(품) 퍼레이드가 눈앞에 펼쳐진다. 역시나 지갑 코너와 가방 코너는 언제나 인기 만점이다.

**Location:** 163 Mercer st.
**Call:** (212) 925-5009
**Hours:** 10:00~19:00

# 10 **Banana Republic** 바나나 리퍼블릭

한국에도 입점해 있는 브랜드로 30~40대가 좋아할 만한 단아하고 편안 한 이지 룩들을 주로 선보이는 곳이다. 단순하고 심플한 옷들이 많아서 싫증나지 않고 오랜 기간 입을 수 있는 데다가 다른 저렴한 브랜드들보다 천이 좋아서 피부에 닿는 감촉도 좋다. 아기 엄마, 아빠들의 외출복으로 좋을 만큼 편안한 옷들이 대부분이다.

**Location:** 2360 Broadway
**Call:** (212) 787-2064
**Hours:** 10:00~19:00

# 11 **Uniqlo** 유니클로

일본 브랜드로 저렴한 가격에 핏이 예쁘기로 소문난 바지로 인기몰이를 톡톡히 하고 있는 브랜드다. 타쿤과의 공동작업으로 작년 한 해 큰 재미 를 보았을 정도로 많이 팔려 나갔는데 이번에는 만화 캐릭터를 티셔츠에 프린팅해 빈티지한 매력으로 어필하고 있다. 저가 브랜드들 중에서는 가 장 퀄리티가 높다. 특히 우산은 정말 튼튼하고 예쁘고 실용적인 백점짜리 아이템이다.

**Location:** 546 Broadway
**Call:** (917) 237-8800
**Hours:** 10:00~19:00

# 12 **Opening Ceremony** 오프닝 세리머니

끌로에 셰비니(Sevigny) 라인이나 유럽에서만 판매되는 디자이너 브랜드 와 톱숍 브랜드의 리미티드 에디션들을 주로 진열해 판매하는 편집 숍이 다. 현재 뉴욕에서 가장 중심에 있는 트렌드를 이끌어 가는 편집 숍으로 명성이 나 있다. 뭐 하나 두고 나오고 싶은 것이 없을 정도로 다 예쁘고 멋지다. 주얼리도 판매하고 있는데 대부분 잡지에 협찬한 것들이 많아서 눈에 익은 제품들이 많다. 제품을 보는 안목이 뛰어나고 소비자들의 입맛 에 딱 맞는 물건들만 진열해 아주 괜찮은 편집 숍 중 한 곳이다. 가격대는 원피스가 $250~500대로 세일 기간을 이용하면 싸고도 멋진 옷을 옷장 에 걸 수 있다.

**Location:** 35 Howard st. # 1
**Call:** (212) 219-2631
**Hours:** 10:00~19:00

## 13   Anna Sui   안나 수이

뱅 헤어스타일의 여자아이와 보라색 컬러가 트레이드마크인 그리고 한국에서는 손거울 하나로 브랜드 이미지를 각인시켰던 토털 멀티 브랜드다. 화장품과 옷, 각종 패션 소품에 이르기까지 굉장히 다양한 아이템을 선보이고 있다. 일본인 디자이너의 러블리한 취향에 맞춘 소녀스러운 디자인이 인기 만점이다. 화장대를 우아하게 만들어 주는 파우더 케이스 또한 선물용으로 좋다.

**Location:** 113 Greene st.
**Call:** (212) 941-8406
**Hours:** 10:00~19:00

## 14   Burberry   버버리

한국의 백화점에 입점해 있는 버버리를 생각하면 안 된다. 유럽과 뉴욕에서는 아이들의 예쁜 체크 망토부터 시작해 섹시한 체크 홀터넥 원피스까지 다양한 디자인과 의류를 선보이고 있는데 몇 년 전 수석 디자이너의 교체와 함께 브랜드도 함께 젊게 바뀌고 있는 추세다. 특히 이곳에는 아동복이 저렴하고 예쁜 것들이 많은데 날씬한 44사이즈에게는 여름 옷들이 무난하게 다 맞을 것이니 아동복 코너도 노려 보자.

**Location:** 131 Spring st. # 1
**Call:** (212) 925-9300
**Hours:** 10:00~19:00

## 15   American Apparel   아메리칸 어패럴

한국에도 입점해 있지만 다양한 컬러의 질 좋은 레깅스는 이집만 한 데가 없다. 더군다나 레깅스가 진화해서 이제는 다양한 컬러와 프린트까지 들어가 줘야 하는 형국이니 가죽 같은 질감이 나는 레깅스로 한껏 섹시한 각선미를 드러내 보자. 아주 길이가 긴 것을 사서 스키니 진처럼 입어도 무척이나 스타일리시해 보인다.

**Location:** 121 Spring st.
**Call:** (212) 226-4880
**Hours:** 10:00~19:00

## 16   Kidrobot   키드로봇

매장 위치가 바뀌면서 대로로 더 가까이 나오고 숍도 더 커졌다. 기존에 있던 밝은 컬러의 피겨 가게는 온데간데없이 사라지고 블랙 톤의 피겨 요새 같은 느낌으로 가게가 변신했는데 제품이 훨씬 다양해지고 있어서 지름신을 더 강하게 불러들이고 있으니 주의해야 한다. 열쇠고리는 선물용으로 좋고 피겨 마니아라면 수많은 제품들을 실제로 만나 볼 수 있어 영광스러운 매장이라고 하겠다. 실제로 자신이 직접 그려서 디자인할 수 있고 그림대로 제작된 피겨들도 있으니 이 얼마나 즐거운 곳인가.

**Location:** 126 Prince st.
**Call:** (212) 966-5427
**Hours:** 10:00~19:00

## 17 Mango 망고

최근 소호에 오픈한 매장이다. '그동안 왜 뉴욕에는 망고가 없었지? 서울에도 있는데' 라며 의아했는데 떡하니 그것도 아주 크게 자리를 잡아 오픈했다. 블랙 컬러의 고급스러운 매장 분위기와 이번 시즌의 컬러풀한 의상들이 어우러져 화려한 느낌을 주는 망고 매장도 꼭 한번 들러 주어야 한다.

**Location:** 561 Broadway
**Call:** (212) 343-7012
**Hours:** 10:00~19:00

## 18 Betsey Johnson 벳시 존슨

정신이 사납도록 화려한 핫핑크와 표범 무늬, 그리고 천사들을 향한 디자이너의 지칠 줄 모르는 사랑 덕분에 어마어마하게 화려한 주얼리들과 의상들이 탄생하는데 클럽 드레스로는 손색이 전혀 없는 원피스부터 어깨에 예쁘게 셔링이 잡힌 재킷들과 코트가 잔뜩 걸려 있는 매장이다. 평소에 입기에는 조금 무리인 것 같지만 친구 결혼식이나 특별한 모임을 위해 한 벌 장만해 두는 것도 나쁘지는 않다.

**Location:** 138 Wooster st.
**Call:** (212) 995-5048
**Hours:** 10:00~19:00

# 19   **Steve Madden**   스티브 마덴

가죽이 부드럽고 발 모양에 잘 맞는 데다가 디자인이 세련되고 독특해서 늘 이 가게 안은 사람들로 붐비고 여기저기서 사이즈를 말하는 소리가 터져 나온다. 그 많은 손님들의 사이즈에 맞는 구두를 정확히 찾아서 가져다 주는 직원들의 눈썰미와 기억력에 그저 놀라고 감탄할 따름이다. 겨울에는 부츠가 정말 예쁜 것들이 많은데 뉴요커들 대부분이 이곳에서 부츠를 사 신는다고 할 정도이니 어떤 의상과도 잘 매치되는 무난한 컬러로 골라서 하나 신어 보자.

**Location:** 540 Broadway
**Call:** (212) 343-1800

# 20   **Sabon**   사봉

록펠러의 엄청난 기부로 인해 5층 이상의 건물들은 물값을 내지 않는 뉴욕은 목욕을 즐기기에 더없이 좋은 곳이다. 그래서인지 목욕용 거품 볼로 뉴욕을 평정한 후 여러 곳에 매장이 늘어난 이 사봉이라는 숍이 소호에 떡하니 있는 것은 이제 놀랄 일도 아니다. 각종 수제 비누와 방향제는 초강력이라 화장실에 하나 사서 놓아 두면 그 어떤 냄새도 침투할 수 없다. 무엇보다 즐거운 것은 동그란 목욕용 볼이다. 물속에 들어가면 비타민이 물에 들어가 녹듯 녹아내려 진한 장미향과 우윳빛 목욕물로 만들어 주니 클레오파트라의 우유 목욕이 부럽지 않다.

**Location:** 2052 Broadway
**Call:** (212) 362-0200
**Hours:** 10:00~19:00

## Sephora　세포라

한국에 들어오지 않은 브랜드의 화장품들이 판매되고 있는 화장품 토털 숍이다. 향수부터 헤어 제품과 보디 제품까지 없는 게 없는데 테스터가 있어서 발라 볼 수 있고 구입한 뒤에도 피부에 트러블이 생겼다거나 색상이 마음에 들지 않으면 교환은 물론 환불도 가능한 곳이다. 단, 케이스가 있어야 하고 영수증도 있어야 한다. 나스(Nars) 브랜드 제품들이 좋다.

**Location:** 555 Broadway
**Call:** (212) 625-1309
**Hours:** 10:00~22:00



## 22

## Elie Tahari　엘리 타하리

디자이너 엘리 타하리의 로드 숍이다. 아방가르드하면서도 독특한 의상으로 세계적인 디자이너가 되었는데 한국에서는 큰 편집 숍에만 몇 벌 볼 수 있다. 심플하면서 아방가르드한 디자인의 블라우스는 날씬한 스키니 진이나 시가렛 팬츠와 잘 어울린다.

**Location:** 417 W Broadway
**Call:** (212) 334-4441
**Hours:** 10:00~19:00

## DKNY　디케이엔와이

뉴욕의 대표 브랜드가 소호에서 빠질 수 있는가. 코트나 재킷들이 예쁜데 핏이 유난히 예쁜 DKNY의 재킷을 입은 남자들은 굉장히 섹시하고 듬직하다는 느낌이 든다. 코트나 재킷 종류가 특히 예쁜 것들이 많고 입을 만하다. 원피스들도 독특한 디자인의 부티 나는 제품들이 많다.

**Location:** 420 W Broadway
**Call:** (646) 613-1100
**Hours:** 10:00~19:00



## Missoni　미소니

미소니의 손녀인 마르게리타의 옷 입는 스타일을 참고로 미소니 원피스에 도전해 보자. 미소니 특유 지그재그 무늬의 색감과 세련됨은 결코 아저씨 아줌마들만의 옷이라고 볼 수 없고 디자인도 날씬하고 예쁜 니트 원피스들이 특히 많은 소호의 미소니 매장은 꼭 들러야 하는 곳이다. 클럽 의상으로도 손색 없고 평상복으로도 좋다. 할리우드 스타인 미샤 바튼이 주 고객이다.

**Location:** 426 W Broadway
**Call:** (212) 431-6500
**Hours:** 10:00~19:00

## Satellite  세틀라이트

프랑스 주얼리 브랜드로 화려하고 치렁치렁한 앤티크 주얼리를 주로 선보인다. 유럽의 웅장한 성문 같은 느낌의 귀고리에 붉은 컬러의 스톤으로 주르륵 수놓은 듯한 제품이 많이 눈에 띈다. 여성스럽고 화려한 주얼리에 관심이 많은 사람들에게 환영받을 만한 멋진 주얼리 브랜드다.

**Location:** 412 W Broadway
**Call:** (212) 372-0016
**Hours:** 10:00~19:00

## 26  Max Azria  막스 아즈리아

심플하면서도 예쁜 핏으로 유명해진 디자이너 막스 아즈리아의 로드 숍이다. 개인적으로 좋아하는 디자이너여서 들어가 구경하면서 신이 났다. 날씬하면서도 예쁜 트렌치코트가 눈에 띄었는데 $750여서 조용히 입어만 봤다. 세일 기간을 노려 볼 만한 브랜드로 하늘하늘한 카디건도 예술이다.

**Location:** 409 W Broadway
**Call:** (212) 991-4740
**Hours:** 10:00~19:00

## 27  Bloomingdales  블루밍데일즈

블루밍데일즈의 소호 점이다. 렉싱턴 점에 비하면 규모가 아주 작아서 그다지 볼 것은 없지만 쇼핑의 중심지인 소호에 있어서 사람들은 늘 바글거린다. 대부분이 관광객으로 특히 마크 제이콥스 매장에 늘 사람들이 많다. 마크 제이콥스 신발 매장이 볼 만하다.

**Location:** 504 Broadway
**Call:** (212) 729-5900
**Hours:** 10:00~19:00

## 28  Michael K  마이클 케이

여러 개의 브랜드들이 옹기종기 모여서 만든 미니몰이다. 아직 자신의 이름을 내 걸고 판매하기엔 포스가 약한 디자이너의 의상들이 많이 있는데 지하에는 나이키와 컨버스 등 운동화를 판매한다. 1층에는 남자들이 즐겨 입을 만한 힙합 의상부터 독특한 디자인의 소품들이 주를 이룬다. 여자 옷도 판매하는데 그리 많지는 않은 편이다.

**Location:** 512 Broadway
**Call:** (212) 334-9088
**Hours:** 10:00~19:00

# 29 H&M 에이치앤엠

소호 매장치고는 그리 크지 않지만 있어야 할 만한 것들은 다 있다. 오히려 34th st.에 있는 한인 타운 매장보다 물건이 많은 편이다. 워낙 쇼핑할 곳이 많은 소호여서 에이치앤엠이 다른 곳보다 장사가 안 되는 건 당연한 이야기다. 스웨덴 브랜드로 전 세계적으로 인기몰이를 하고 있고 올가을에 또 다른 빅 이슈가 될 만한 공동작업이 있다고 하니 그때를 기대해 보자.

**Location:** 558 Broadway
**Call:** (212) 343-2722
**Hours:** 10:00~19:00

# 30 Agatha Ruiz de la prada 아가타 루이즈 드 라 프라다

'원더걸스' 뮤직 비디오의 배경이 되었던 매장이다. 커다란 하트가 예쁜 이 매장에 있는 옷에는 거의 대부분 하트가 들어가 있다. 하트가 들어간 옷만 판다는 이 재미있는 발상도 좋지만 인테리어가 멋져서 관광객들이 그냥 지나치는 법 없이 모두 이 숍을 배경으로 사진을 찍고 간다.

**Location.** 135 Wooster st.
**Call:** (212) 598-4078
**Hours:** 10:00~19:00

# 31 Alberta ferretti Philosophy 알베르타 페레티 필로소피

오묘한 분위기의 잡지 광고로 신비로운 분위기를 풍기는 브랜드다. 실제 옷들은 낙낙한 핏에 멋진 정장들이 많은데 이번 시즌에는 롱 스커트들이 정말 멋지게 디스플레이되어 있다. 키 크고 날씬한 사람들이 입으면 정말 멋진 스타일의 옷으로 가격은 몹시 비싸다.

**Location:** 452 W Broadway
**Call:** (212) 460-5500
**Hours:** 10:00~19:00

# 32 Sportmax 스포트막스

캐주얼한 느낌의 30~40대를 위한 정장이라는 말이 딱 맞는다. 그다지 특이하지 않은 스타일과 무난한 디자인인데 가격도 합리적이고 퀄리티가 높아 아줌마들의 인기를 한몸에 받고 있다. 티셔츠의 경우에는 한국에서 골프 웨어로 인기를 날리고 있는데 어른들 말을 빌리면 질도 좋고 편안하다고 한다. 그러니 선물용으로 당연히 좋을 수밖에 없다.

**Location:** 450 W Broadway
**Call:** (212) 674-1817
**Hours:** 10:00~19:00

## 33 D&G 디앤지

돌체 앤 가바나의 섹시함을 간직한 귀여운 소녀들의 옷이라고 보면 된다. 청바지 라인들이 다 예쁜데 속옷들도 정말 편하고 좋다고 한다. 디앤지 아이스 블루 컬러의 청바지만큼 여름에 섹시하고 예쁜 컬러는 없다고 하는데 그 어떤 프리미엄 진에서도 나오지 않는 컬러다. 색깔별로 청바지를 수집하다시피 하는 진 마니아라면 꼭 하나는 소장할 가치가 있는 제품이다.

**Location:** 434 W Broadway
**Call:** (212) 965-9848
**Hours:** 10:00~19:00

## 34 Stussy 스투시

하도 독특하게 흘려 쓰고 겹쳐 써 놓아서 브랜드 이름이 무엇인지 알기 위해 매장 직원에게 물어 봤던 집이다. 옷들은 너무 독특하고 예쁜데 당최 이름을 모르겠으니 어쩔 수 없이 물어 보았는데 직원들이 몹시 친절하다. 특히 특이한 디자인을 보면 사지 않고 못 배기는 남성들이라면 절대 강추!

**Location:** 121 Wooster st. # 2
**Call:** (212) 274-8855
**Hours:** 10:00~19:00

## 35 Coach 코치

한국 아줌마들의 시장 가방이라고 불리는 코치 매장이다. 역시 아시안 관광객들이 많은데 가격이 정말 싸서 세일할 때는 별로 갖고 싶지 않았는데도 싸서 사게 될 정도다. 그러나 소호 매장에서는 아무리 싸도 눈요기만 해 두는 것이 좋다. 우드버리에 갈 일정이 잡혀 있다면 말이다.

**Location:** 143 Prince st. # A
**Call:** (212) 473-6925
**Hours:** 10:00~19:00

## 36 French connection 프렌치 커넥션

심플한 의상들이 주를 이뤄 오랫동안 뉴요커들의 사랑을 받아 아주 굳건히 자리를 잡은 브랜드다. 니트 종류의 옷들이 자연스럽고 예쁘며 핏이 여성스럽다. 자연스럽게 아무 거나 걸친 듯한데도 제법 분위기가 나는 옷들이 많다.

**Location:** 435 W Broadway
**Call:** (212) 219-1197
**Hours:** 10:00~19:00

# 37 Wink 윙크

보세 옷집인데 꽤 오랫동안 소호에서 자리잡고 터줏대감 역할을 해 온 매장이다. 지금은 너무 예쁜 매장들이 워낙 많고 노리타로 가면 비슷한 듯하지만 더 예쁜 옷이 많아져 많이 밀려났지만 여전히 소호에서 건재하게 살아남은 곳이다. 액세서리도 귀여운 것들이 많다.

**Location:** 155 Spring st. # 1
**Call:** (212) 334-3646
**Hours:** 10:00~19:00

# 38 Flying A 플라잉 에이

그 이름도 경쾌한 '에이!' 남성들을 위한 옷가게다. 뉴욕에서는 패션에 대한 관심이 남녀에 구별이 없다. 아니, 오히려 더 신경 쓰며 초콜릿 복근을 가꾸는 남자들이 많다. 이 가게에서는 빈티지하면서도 프렌치 스타일의 깔끔한 옷들이 많은데 모델들의 주요 쇼핑지다. 컬러풀한 스타킹들이 아주 실용적이다.

**Location:** 169 Spring st.
**Call:** (212) 965-9090
**Hours:** 10:00~19:00

# 39 Bigdrop 빅드롭

어퍼 웨스트와 이스트 빌리지에도 매장이 있는 빅드롭은 편집 숍이다. 그러나 다른 고가의 편집 숍들과는 달리 $80~150선의 합리적인 가격대로 트렌드에 걸맞는 아이템들을 구입할 수 있어서 세일 때보다 신상(품)이 나올 때 사람들이 더 몰려드는 매장이다. 3월과 8월 말이 신상(품)이 나오는 시기다.

**Location:** 174 Spring st.
**Call:** (212) 966-4299
**Hours:** 10:00~19:00

# 40 Union 유니언

스케이트 보더들의 패션에 지대한 영향을 끼칠 것만 같은 매장이다. 그래피티 티셔츠가 켜켜이 쌓여 있는데 전반적으로 다 멋있어서 남자들도 고민을 많이 하는 눈치다. 서로 입고 있는 옷에 대한 품평을 하면서 이것도 추천하고 저것도 추천해 주는 친절한 직원들이 인상적인 곳!

**Location:** 176 Spring st.
**Call:** (212) 226-8493
**Hours:** 10:00~19:00

# 41 **Theory** 씨어리

말이 필요 없는 바지와 재킷의 핏이 이렇게 예쁠 수가 없다. 여자의 몸을 가장 날씬하게 보이도록 재단된 바지와 어깨선이 날렵한 재킷을 발견했다면 특히 직장 생활 중 오아시스 같은 휴가를 얻어 온 뉴욕 여행이라면 한 벌 장만해 두자. 회사로 돌아가는 순간 뉴욕에 갔다 왔다는 티를 온몸이 알아서 팍팍 내줄 테니까 말이다.

**Location:** 151 Spring st.
**Call:** (212) 219-1795
**Hours:** 10:00~19:00

# 42 **Korres** 코레스

순수 식물성 화장품으로 남자들이 더 좋아한다. 아니, 게이들이 굉장히 좋아한다. 아무리 거칠고 예민한 피부에도 다 잘 맞는데 테스트 용 샘플을 달라고 하면 샘플을 공짜로 준다. 그것을 써 보고 이상이 없으면 본 제품을 사면 되는데 클렌싱 크림은 정말 부드럽게 피부의 모든 노폐물을 깨끗이 없애 준다.

**Location:** 110 Wooster st.
**Call:** (212) 219-0683
**Hours:** 10:00~19:00

# 43 **Barneys Coop** 바니스 쿱

바니스 뉴욕에서 1년에 두 번 대대적인 세일을 하는데 그때 팔리지 않은 대부분의 상품들이 이곳의 바니스 쿱 매장으로 넘어 온다. 시즌 아이템들이 전반적으로 괜찮은 해에는 사투가 벌어질 정도로 사이즈 쟁탈전이 치열하다. 뉴요커라고 생각하면 다 키도 크고 날씬할 것 같지만 의외로 신장이나 체형이 한국 여성과 크게 다르지 않기 때문에 44사이즈가 아니라면 서둘러야 한다.

**Location:** 116 Wooster st.
**Call:** (212) 965-9964
**Hours:** 10:00~19:00

# 44 **TSE** 티에스이

보드라운 캐시미어로 만들어지는 모든 것이 이 숍 안에 다 있다. 니트 재킷, 장갑, 머플러, 치마, 바지에 이르기까지 대부분의 의상이 니트로 되어 있거나 니트 짜임으로 된 것들이다. 그래서 온화하고 따뜻한 느낌이 나는 옷들이 많다. 가격대가 캐시미어라 조금 비싼 편이다.

**Location:** 120 Wooster st.
**Call:** (212) 925-2520
**Hours:** 10:00~19:00

BCBGMAXAZRIA
45
PRINCE ST
WOOSTER ST
ONE WAY
CAMPER
46
TRUE RELIGION
47
CHANEL
48
52
LUCKY
BRAND
JEANS
apt
49
moss
50
51
Spring Summer 2008
Spring Summer 2008

## 45 BCBG 비시비지

디자이너 브랜드인데 질 스튜어트처럼 사랑스러운 리본이나 프릴 디테일이 달린 옷들이 많다. 〈가십 걸〉에서 블레어와 같은 원피스를 사고 싶다면 이곳에 다 있다. 이번 시즌에는 커다란 꽃무늬 프린트 원피스들과 기하학적 패턴의 원피스가 눈에 띄게 많았는데 세련된 커리어 우먼들에게는 절대 빠질 수 없는 의상이니 재빠르게 움직이자.

**Location:** 120 Wooster st. # 5
**Call:** (212) 625-2723
**Hours:** 10:00~19:00

## 46 Camper 캠퍼

운동화를 비롯한 아주 편한 신발을 신고 많이 걸어 다니는 뉴요커들에게 사랑받는 브랜드다. 다양한 디자인의 운동화와 발레리나 슈즈를 접목한 여성용 운동화는 한 번 맛들이면 구두 신기가 힘들어질 정도라고 하니 유난히 오래 서 있거나 많이 걸어야 하는 날이거나 그런 직종에 근무한다면 꼭 들러 보자. 각종 매체에 엄청나게 광고를 해서 그런지 늘 손님들로 북적이는 곳이다.

**Location:** 125 Prince st.
**Call:** (212) 358-1842
**Hours:** 10:00~19:00

## 47 True Religion 트루 릴리전

굵은 스티치와 독특한 말발굽 모양의 바지 뒷주머니 로고로 남녀노소 모두의 마음을 빼앗았던 브랜드다. 국내에서는 30만 원을 훌쩍 넘기는 고가의 바지인데 소호에서는 $250~350선에서 한국에서는 볼 수 없는 다양한 종류의 신상(品)들을 만날 수 있다. 거친 스티치 느낌 때문인지 여자들보다 남자들이 더 열광하는데(사실 남자들이 입은 게 더 예쁘기도 하다!) 아동용 청바지는 감탄사가 랩으로 나올 만큼 귀엽고 깜찍하다.

**Location:** 130 Prince st.
**Call:** (212) 966-6011
**Hours:** 10:00~19:00

## 48 Chanel 샤넬

샤넬이라는 이름 하나만으로도 가슴이 두근거리는 그야말로 명품 브랜드다. 소호는 신기하게도 명품 숍들도 소호의 건물을 그대로 유지한 채 매장을 지어야 하기 때문에 소호의 분위기에 그대로 흡수된 것처럼 눈에 잘 띄지도 않게 조용히 숨어 들어가 관광객들을 맞는 매장이 많다. 이 샤넬 매장도 마찬가지다. 샤넬 로고와 트위드 재킷이 아니었다면 이 작고 아담한 소호 안쪽에 샤넬이 있을 거라고 누가 상상이나 했을까 싶다.

**Location:** 139 Spring st.
**Call:** (212) 334-0055
**Hours:** 10:00~19:00

## 49 Apt 아파트

비싼 그러나 내가 뉴욕에 살게 된다면 이곳의 가구 하나와 벽에 거는 그림 하나는 꼭 사고픈 인테리어 숍이다. 팝아트적인 깔끔하면서도 유쾌한 유머가 넘치는 제품들이 많아서 독특하고 멋었다. 모스와 모마 디자인 스토어와 함께 소호의 인테리어 삼형제 중 셋째다.

**Location:** 61 Greene st.
**Call:** (212) 219-7550
**Hours:** 10:00~19:00

## 50 Moss 모스

조명이 예쁜 인테리어 숍이다. 테이블에 올려 놓는 스탠드부터 천장에 거는 샹들리에까지 독특하고 세련된 이집 조명으로 우리 집을 근사하게 밝혀 놓을 것을 상상하면 집을 나서는 게 싫어질 것만 같다. 이외에도 다양한 테이블들이 독특하고 예쁘다. 모마 디자인 스토어와 아파트와 비슷한 분위기의 인테리어 소품 가게 중 하나다.

**Location:** 150 Greene st.
**Call:** (212) 204-7100
**Hours:** 10:00~19:00

## 51 Paul smith 폴 스미스

영국 디자이너 폴 스미스는 현란한 배색의 스트라이프 무늬로 일약 스타덤에 올랐다. 색동의 느낌과도 비슷한 경쾌한 스트라이프 무늬는 안경테와 옷, 가방, 구두 등 곳곳에 접목되어 폴 스미스의 트레이드마크가 된 지 오래다. 폴 스미스의 맞춘 듯한 정장은 요즘 남자들에게 최고로 인기 있는 아이템이다.

**Location:** 142 Greene st.
**Call:** (212) 254-3530
**Hours:** 10:00~19:00

## 52 Lucky brand jeans 럭키 브랜드 진

프리미엄 데님 편집 숍이다. 이 매장 저 매장 찾아다니기 귀찮은 귀차니스트들을 위해 온갖 종류의 데님을 이곳에 다 모아 놓았는데 노리타의 헨리 리어가 남성 청바지 위주로 꾸며져 있다면 이곳 럭키 브랜드 진은 여성 청바지 위주로 구성되어 있다. 밑위가 엄청나게 짧은 섹시한 청바지부터 가슴선 바로 아래까지 올라오는 하이웨이스트 청바지까지 각양각색의 진들이 디스플레이되어 있는 곳이다.

**Location:** 38 Greene st. # 1
**Call:** (212) 625-0707
**Hours:** 10:00~19:00

## 53 Vivienne Tam 비비안 탐

디자이너 비비안 탐의 소호 매장이다. 실크 소재의 옷을 주로 많이 디자인하는 곳으로 원색적인 컬러의 강한 느낌에다 실크 소재라 반짝이기까지 해서 편안하게 평상복으로 입는 옷은 아니다. 그래도 로맨틱한 저녁이 예약되어 있다면 긴 트렌치코트 속에 입고 가서 상대를 깜짝 놀라게 할 만큼 아름다운 변신이 가능한 옷이니 보라색 새틴 원피스는 옷장 안에 한 벌 정도 넣어 두고 싶을 정도다.

**Location:** 40 Mercer st.
**Call:** (212) 966-2398
**Hours:** 10:00~19:00

## 54 Kate spade 케이트 스페이드

한국에도 입점이 되어 있는 가방 전문 브랜드다. 하트나 꽃 같은 러블리한 디테일이 가미되거나 아주 미래적이며 심플한 디자인의 두 가지로 대표되는데 가락신 같은 슬리퍼 종류도 굉장히 예쁘고 편하다.

**Location:** 454 Broome st. # A
**Call:** (212) 274-1991
**Hours:** 10:00~19:00

## 55 Shabby Chic 새비 시크

유럽 풍의 높고 푹신한 침대에 어울릴 꽃무늬 침대 커버 외에 다양한 인테리어 소품들을 판매하고 있는 이곳은 엘레강스한 유럽 풍의 디자인들이 대부분이다. 다양한 소품들 중에는 침대 커버가 제일 인기가 많다. 현대적인 멋과 세련된 멋이 있을 뿐만 아니라 따뜻한 느낌이 드는 시골의 어느 별장에 와 있는 듯한 기분이 드는 예쁜 소품들이 가득한 매장이다.

**Location:** 83 Wooster st. # 1
**Call:** (212) 274-9842
**Hours:** 10:00~19:00

## 56 AG Jeans 에이지 진스

있지 말아야 할 곳에 포진해 있는 살들을 적당히 정리(?)해서 몸매가 아주 날씬하게 보이도록 해 주는 옷들이 많은 매장이다. 너무 심하게 라이크라가 함유돼 있지 않아서 잘 늘어나지 않고 살이 올록볼록하게 튀어 나와 보이지도 않아서 살을 옷 속에 가두고 싶을 때 아주 요긴하다. 남성 라인보다 여성 라인의 진이 더 예쁘고 디자인과 컬러도 다양하다.

**Location:** 111 Greene st.
**Call:** (212) 680-0581
**Hours:** 10:00~19:00

# 57   3.1Phillip lim   3.1필립 림

디자인 공부도 하지 않았다는 이 필립 림 씨의 원피스에 전 세계의 많은
여성들이 홀딱 반해 버렸다. 한국에서는 카피가 돌 정도로 인기가 심하게
많은데 그 필립 림의 소호 매장이 바로 여기에 있다. 러블리한 트렌치코
트와 원피스, 그리고 팬츠들은 입고 나면 벗기가 정말 싫어질 만큼 라인
이 우아하고 예쁘다. 원피스가 $550부터 시작하니 가격이 그리 저렴한
편은 아니다.

**Location:** 115 Mercer st.
**Call:** (212) 334-1160
**Hours:** 10:00~19:00

# 58   Tarina Tarantino   타리나 타란티노

장미가 새겨진 귀고리와 목걸이, 팔찌들을 몇 해 전부터 유행시킨 바로
그 브랜드다. 장난감 같은 주얼리가 이 브랜드의 특징인데 컬러풀하고 장
난감 같고 화려하고 커다란 것이 '도대체 저걸 어떻게 하나?' 싶은데 또
몸에 걸치면 그렇게 예쁠 수가 없는 게 바로 이곳의 액세서리다.

**Location:** 117 Greene st.
**Call:** (212) 226-6953
**Hours:** 10:00~19:00

# 59   Karen miller   카렌 밀러

미국 디자이너인 카렌 밀러의 소호 매장으로 어퍼 이스트에도 매장이 있
다. 심플하면서도 과감한 패턴으로 커리어 우먼들의 출퇴근 복장으로 깊
숙이 자리 잡은 지 오래다. 씨어리와 더불어 뉴욕의 직장 여성들이 선호
하는 브랜드.

**Location:** 112 Prince st.
**Call:** (212) 334-8492
**Hours:** 10:00~19:00

# 60   Oakley   오클리

고글 전문 오클리는 스키어나 스노보더 들에게는 이미 너무나 잘 알려진
브랜드다. 한국에서는 구하기 힘들다는 독특한 고글들이 난무하니 겨울마
다 리프트 쿠폰을 끊을 만큼 스키나 보드를 즐긴다면 반드시 두어 개 마
련해 갈 것. 가격도 한국보다 더 싸고 예쁜 것들이 엄청 많다.

**Location:** 113 Prince st. # 2
**Call:** (212) 673-7700
**Hours:** 10:00~19:00

## 61 J.crew 제이크루

다양한 사이즈가 구비되어 있는 데다가(14사이즈까지 있다!) 아주 단정한 미국식 프레피 룩의 진수를 보여 주기 때문에 이미 많은 팬을 확보하고 있는 브랜드다. 갭과 비슷한 느낌의 옷들이 많은데 갭보다 조금 더 고객층의 나이대가 높다. 바닷가에서 요트 탈 때 입으면 빛이 날 단정한 옷들이 주를 이룬다.

**Location:** 99 Prince st.
**Call:** (212) 966-2739
**Hours:** 10:00~19:00

## 62 Michael Kors 마이클 코어스

심플하면서도 거친, 그리고 터프한 느낌의 의류와 가방으로 유명한 명품 브랜드다. 소호에 있으면 사실 명품인지 잘 알 수 없을 정도로 매장이 작은 게 특징인데 눈에 띄게 하얀색으로 꾸며 놓아 시선이 집중된다. 그렇게 비싼 고가의 명품이라고는 볼 수 없는 가격대지만 뉴요커나 관광객들에게 인기가 많지는 않다.

**Location:** 101 Prince st.
**Call:** (212) 965-0401
**Hours:** 10:00~19:00

## 63 Apple Store 애플 스토어

소호의 랜드마크이자 깨끗하고 좋은 화장실이 있는 고마운 곳이다. 맛있는 카페와 레스토랑이 즐비한 관계로 스타벅스가 별로 없는 소호에서 24시간을 오픈하는 애플 스토어는 밤낮 가리지 않고 지속적인 서비스를 제공해 주니 애플의 아이팟 시리즈를 좋아하지 않기란 거의 불가능하다. 보면 볼수록 심플하고도 멋진 디자인과 로고의 파워 때문에 맥을 쓰고 싶게 만든다.

**Location:** 151 Mercer st.
**Call:** (212) 966-2727
**Hours:** 10:00~19:00

## 64 A.P.C. 아페세

프랑스 브랜드인데 할리우드 스타인 키얼스틴 던스트가 이곳의 원피스들을 즐겨 입는 것으로 유명하다. 심플하고 부드러운 소재를 사용하고 아주 자연스러운 스타일의 핏이 되도록 옷을 만들 때 가장 주력한다고 한다. 때문에 입을수록 멋이 나는 옷들이 많다.

**Location:** 131 Mercer st. # A
**Call:** (212) 966-9685
**Hours:** 10:00~19:00

# 65 Diesel Gallery 디젤 갤러리

진 업계에서는 따라갈 수 없는 핏의 전설이라고 불리는 디젤 매장이다. 아니, 매장이 아니라 갤러리다. 없는 것 없이 다 전시돼 있어 보기에 편하기 때문에 쇼핑하기가 매우 좋다. 밑위도 엄청 짧고 스판도 강력하고 컬러감과 디자인 역시 디젤을 능가할 만한 진 브랜드를 발견하지 못 했을 정도다. 디젤이 가장 싸게 팔린다는 파리 매장과 가격 차이가 별로 나지 않는다고 한다.

**Location:** 68 Greene st.
**Call:** (212) 966-5593
**Hours:** 10:00~19:00

# 66 Alessi 알레씨

예쁘고 깔끔한 일러스트 티셔츠들이 많은 곳이다. 특히 매장 안에 '조 앤 아트 커피 전문점'이 있어서 티셔츠 하나 사 입고 커피 마시며 탁 트인 시원한 소호 거리를 구경하기에 좋다. 유난히 티셔츠 가게가 많은데 이집은 다른 집들이 현란한 그래피티로 승부하는 것과 달리 아주 귀엽고 아기자기한 일러스트 티셔츠를 판매해서 그런지 여자 손님들 특히 나이 어린 모델들이 많이 찾는 곳이다.

**Location:** 155 Spring st.
**Call:** (212) 431-1310
**Hours:** 10:00~19:00

# 67 Replay 리플레이

짧은 핫팬츠를 너무나 섹시하게 입고 있는 마네킹이 있는 리플레이는 다이어트를 감행하고 들어가고 싶은 곳이다. 엄청나게 짧은 청바지가 리플레이의 트레이드마크처럼 디스플레이되어 있기 때문이기도 하지만 다른 모든 옷들이 노출이 많거나 몸매가 적나라하게 드러나는 핏들이 주를 이루기 때문이다. 꽃무늬 탱크톱은 롱 비치에서 입으면 제격이다.

**Location:** 109 Prince st.
**Call:** (212) 673-6300
**Hours:** 10:00~19:00

# 68 Yaso 야소

아방가르드한 독특한 재단의 셔츠 원피스가 인상적인 옷가게. 딱히 눈에 들어오는 예쁜 옷이 많은 집은 아니지만 내 몸에 꼭 맞게 또는 내 마음에 쏙 들게 리폼한 옷 같은 기분이 드는 옷가게다. 입구에 있는 벽화가 특히 예쁜 곳이다.

**Location:** 62 Grand st.
**Call:** (212) 941-8506
**Hours:** 10:00~19:00

## 69   Scoop   스쿱

앞문은 브로드웨이 쪽으로, 뒷문은 머서 스트리트 쪽으로 나 있는 아주 긴 매장이다. 뒤쪽은 아동복 코너이고 앞쪽이 여성복과 남성복 코너인데 여자 옷보다 남자 옷이나 소품이 더 괜찮은 것들이 많다. 뉴욕을 여행 중인 남자들은 꼭 가 볼 것! 운동화나 의류가 세일 기간이라면 사는 게 돈 버는 길이다.

**Location:** 473 Broadway # A
**Call:** (212) 925-3539
**Hours:** 10:00~19:00

## 70   Burton   버튼

스노보더들과 스키어들 사이에서는 이미 명품처럼 인정받고 있는 브랜드로 장비부터 의상, 액세서리까지 없는 게 없는 토털 브랜드다. 심지어 여행용 트렁크까지 판매하고 있는데 마치 가방에 짐 챙겨서 스키 여행을 떠날 때는 버튼의 풀 세트로 준비하라는 무언의 메시지 같기도 하다. 고글도 예쁜 것들이 너무나 많고 보드 복과 테크도 한국보다 저렴한 가격으로 신상(품)을 구입할 수 있는 곳이다.

**Location:** 106 Spring st.
**Call:** (212) 966-8070
**Hours:** 10:00~19:00

## 71   Anthropologie   앤스로폴로지

여성스러운 빈티지 원피스가 많은 옷가게다. 토털 숍이라고 하는 게 딱 맞지 싶을 정도로 접시부터 숟가락, 가방, 바닥에 까는 러그까지 전원풍의 꽃과 나비가 그려진 혹은 레이스와 러플 디테일이 예쁜 옷과 소품들로 넘쳐 나는 매장이다.

**Location:** 30 W Broadway
**Call:** (212) 253-0426
**Hours:** 10:00~19:00

## 72   Ralph Lauren   랄프 로렌

커다란 폴로를 하는 남자가 그려진 현수막이 저 멀리서도 랄프 로렌 매장으로 가고 있음을 알려 준다. 랄프 로렌의 로고가 그려진 폴로 티셔츠나 라운드 티셔츠가 인기 아이템으로 뉴요커들은 청바지에 즐겨 입는다. 한국에 비해 블루 라벨의 경우는 25% 정도 더 저렴하고 세일 기간을 이용하면 더 저렴한 가격에 구입할 수 있으므로 이번에 챙기자!

**Location:** 381 W Broadway
**Call:** (212) 625-1660
**Hours:** 10:00~19:00

SCOOP
NYC
SCOOP
NYC
SALE
69
72
CIGARS
OPEN
ANTHROPOLOGIE
71
72
ANTHRO

# 73 Tommy Hilfiger 타미 힐피거

미국식 프레피 룩에서 빠질 수 없는 타미 힐피거의 옷은 대학생들이라면
옷장 안에 한 벌씩은 다 있을 것이다. 남자들은 넥타이도 예쁘다. 대학교
에 입학한 새내기 의상으로 타미 힐피거의 스트라이프 재킷은 인기 만점
이다. 아주 시원해 보이고 날씬해 보여서 커플 룩으로도 적격.

**Location:** 372 W Broadway
**Call:** (917) 237-0983
**Hours:** 10:00~19:00

# 74 Cigars 시가스

$5짜리 저렴한 시가부터 한 개당 $70까지 하는 고가의 시가까지 시가의
모든 것이 이곳에 다 있다. 담배와 다르게 시가는 흡입하는 것이 아니라
고 하는데 피우기도 까다롭고 특유의 냄새 때문에 아무 데서나 피지도 못
하는 시가를 왜 그렇게 좋아하는지 이해할 수는 없지만 가게 앞에서 시가
를 문 멋쟁이 할아버지의 모습만은 절대 잊을 수 없다.

**Location:** 383 W Broadway # A
**Call:** (212) 965-9065
**Hours:** 10:00~19:00

# 75 Arth 알스

모자 모형을 세워 두어 모자 가게임을 알려 주는 이 가게에는 다양한 모
자들이 진열돼 있다. 벙거지 스타일부터 챙이 넓은 우아한 모자까지 종류
별로 엄청나게 많다. 헌팅캡이나 베레(béret)가 예쁜 것이 특히 많으니 꼭
써 보고 사자. 한국에서 파는 베레처럼 머리가 커 보이지 않는다.

**Location:** 75 W Houston st.
**Call:** (212) 849-0594
**Hours:** 10:00~19:00

## 76  **Pearl paint**  펄 페인트

뉴욕의 모든 미술학도들을 차이나 타운으로 오게 만드는 대형 미술 용품
점이다. 정말 없는 게 없는데 싸기도 엄청나게 싸다. 그래서 의상부터 무
대까지 각종 디자인을 하는 사람들이 한 달에 한 번은 꼭 장보러 가듯 가
는 곳이기도 하다. 어떻게 그렇게 가격이 쌀 수 있는지 '이렇게 팔고도 남
는 거라면 내가 너무 비싸게 산 게 아닐까?' 하는 의심마저 드는데 성능
도 좋아서 써 보면 이곳만 찾게 된다.

**Location:** 308 Canal st.
**Call:** (212) 431-7932
**Hours:** 10:00~19:00

## 77  **TOPSHOP**  톱숍

영국 브랜드인 톱숍은 작년에 런던에서 케이트 모스와의 합작품으로 돌풍
을 일으켰던 브랜드다. 중저가를 고집하며 에이치앤엠과 더불어 유럽에서
인기몰이를 했던 브랜드가 드디어 뉴욕에 들어 온 것이다! 그것도 아주
바람직하게 소호에 커다랗게 매장 오픈을 준비 중이니 이 어찌 기쁘지 않
을 수 있는가. 가격 대비 재질도 좋은 편이라 오픈하면 많은 사람들이 올
것 같다. 2008년 가을 오픈이 기대된다.

# 1 Ward Nasse Gallery 워드 나쎄 갤러리

원색적인 채색이 조명 아래서 따뜻하고 열정적으로 빛나서 나도 모르게 들어가 보니 갤러리였다. 소호의 그 많던 갤러리들은 모두 첼시나 브루클린으로 갔는데 이 갤러리는 아직도 소호를 수호하며 그렇게 빛나고 있었다.

**Location:** 178 Prince st.
**Call:** (212) 925-6951
**Hours:** 10:00~19:00

# 2 Jamali Gallery 자말리 갤러리

필자가 방문한 날에는 추상적인 느낌의 풍경화를 전시하고 있었는데 규모가 꽤 큰 갤러리다. 그림의 사이즈도 대형 사이즈가 많았는데 큰 사이즈의 그림을 좋아하는 내 눈에 바로 포착된 갤러리다.

**Location:** 413 W Broadway
**Call:** (212) 966-3335
**Hours:** 10:00~19:00

# 3 Martin Lawrence Gallery 마틴 로렌스 갤러리

고미술 작품들이 전시되어 있었는데 현재 진행 중인 전시의 테마에 맞춘 것일 뿐 여러 장르의 작품을 전시한다고 한다. 아름다운 누드화와 인물화, 그리고 멋진 풍경화 들이 인상적이었던 곳이다.

**Location:** 457 W Broadway
**Call:** (212) 995-8865
**Hours:** 10:00~19:00

# 4 Franklin Bowles Gallery 프랭클린 보울즈 갤러리

앤티크한 액자에 담긴 멋진 그림들이 갤러리라기보다는 컬렉터의 집을 방문한 듯한 기분이 드는 곳이다. 편안한 분위기에서 느긋하게 소호 거리의 쇼핑이 지겨워질 무렵에 들르면 좋다.

**Location:** 431 W Broadway
**Call:** (212) 226-1616
**Hours:** 10:00~19:00

## 5 William Bennett Gallery  윌리엄 버넷 갤러리

입구에 예쁜 튤립들이 심어져 있어 더욱 기분 좋았던 갤러리다. 풍경화 위주의 작품 전시와 갤러리 앞의 튤립이 꼭 연결된 듯한 느낌이 드는 곳이다.

**Location:** 65 Greene st.
**Call:** (212) 965-8707
**Hours:** 10:00~19:00

## 6 Arcadia Gallery  아카디아 갤러리

개성 넘치는 그래피티 같은 느낌의 포스가 강한 그림들이 많은 갤러리다. 강렬한 채색과 거친 질감의 인물화를 보고 있으면 은근히 빨려드는 매력이 느껴진다. 심지어 자꾸 보면 아는 사람 같기도 하다.

**Location:** 51 Greene st.
**Call:** (212) 965-1387
**Hours:** 10:00~19:00

## 7 **Animazing Gallery** 애니메이징 갤러리

전 세계인의 사랑을 받았던 스누피의 작가 찰스 슐츠의 드로잉부터 가지 각색의 작품들이 전시되어 있다. 작년에 한국에서도 '예술의 전당'에서 스누피를 소재로 한 재미있는 기획 전시가 열렸는데 그때와는 사뭇 다른 작품들이 전시되어 있어 매우 인상적이었다. 찰리 브라운과 스누피는 정말 한 점 사고 싶을 만큼 욕심이 났는데 아쉽다.

**Location: 461 Broome st. # 1**
**Call: (212) 226-7374**
**Hours: 10:00~19:00**

## 8 **Coda Gallery** 코다 갤러리

추상화와 팝아트적인 그림을 많이 전시해서 자주 갔던 갤러리다. 소호의 한가운데에 있어서 쇼핑하거나 친구들과 점심 먹고 수다 떨다가 그냥 한 번 쓰윽 들르게 되는 갤러리다. 예술적인 팝아트 작품들이 거부할 수 없는 매력으로 다가오는 곳이다.

**Location: 472 Broome st. # A**
**Call: (212) 334-0407**
**Hours: 10:00~19:00**

## 9 **Pomegranate Gallery** 파머그래넛 갤러리

로고가 너무 귀여운 갤러리다. 필지가 갔던 날에도 추상화를 전시하고 있었는데 소호에서 꽤 큰 규모의 갤러리로 추상화와 풍경화를 주로 많이 전시한다고 한다.

**Location: 133 Greene st.**
**Call: (212) 260-4014**
**Hours: 10:00~19:00**

# Have to do!

### 프라다 매장 입장하기

단지 입장만으로도 행복해지는 곳이다. 굳이 사지 않아도 입고 벗고 다 해도 될 만큼 관광객들이 많이 들락거리는 매장이므로 절대 주눅들 필요가 없어서 더욱 신나는 곳이다. '내가 언제 또 프라다 옷을 뉴욕 소호 매장에서 입어 보겠어?' 하며 이것저것 입어 보고 나와 매장 입구에서 사진 한방 찍어 주면 세상이 다 내 것 같다. 그리고 인테리어가 독특하고 윈도 디스플레이가 특이하기로 유명하니 전공하는 분야가 이쪽이라면 견학용으로라도 꼭 가 볼 만하다. 소호의 랜드마크로 그 앞에 서 있으면 친구를 기다리는 다양한 뉴요커 들도 볼 수 있다.

### 톰슨 스트리트 따라 걷기

톰슨 스트리트는 워낙 소호에서 안쪽에 자리한 길이라 관광객 들이 잘 다니지 않는 길이지만 이 길에는 여러 예쁜 카페와 레스 토랑들이 즐비해 길거리 파파라치처럼 사진 찍기에 참 좋다. 더 불어 멋진 톰슨 카페에서 즐기는 한 잔의 커피는 정신없는 소호 의 모습 속에 아주 다른 아기자기하고 조용하고 예쁜 소호의 모 습이 들어 있다는 것을 느낄 수 있게 해 준다.

# 9. Nolita

리틀 이태리의 북쪽 동네의 약자가 바로 '노리타' 다. 그러나 이 노리타의 유명세로 인해 리틀 이태리 지역 전체가 거의 사라져 버리는 이상 현상이 일어나기까지 했다는 사실!  노리타는 브로드웨이 길 건너편 소호가 포화 상태가 되자 레스토랑과 빈티지 옷가게들이 하나둘 이쪽으로 자리를 틀면서 생겼지만 지금은 소호보다 더 나은 쇼핑지로 별 다섯 개의 스타벅스 왕관을 씌워 줘도 모자르는 곳이다. 이 지역의 땅 속 깊은 곳에는 거대한 지름 맥이 흐르고 있으니 카드는 숙소에 숨겨 두고 나오는 것이 좋다. 이유인즉, 쇼핑에 지쳐 나가 떨어진 노리타 족이라면 하바나의 치즈가 뿌려진 그릴 콘과 카페 지타인의 핫초코를 먹고 나선 다시 벌떡 일어나 2차, 3차 쇼핑을 하게 되기 때문이다. 노리타는 그런 무시무시한 매력으로 가득 찬 곳이다.

1. 햄튼 처트니에서 도사로 점심 먹기 ···▶  2. 하바나의 그릴 콘! ···▶
3. 노리타의 편집 숍 및 디자이너 숍 쇼핑 투어 시작 ···▶  4. 팔라이에서 저녁 식사하기 ···▶
5. 에일린스 치즈 케이크를 디저트로 커피 마시기 ···▶
6. 노리타 족으로 변신한 뒤 골드 바에서 쇼핑한 옷들 입고 댄스 추기.

**Hey Play!**

1. 카페 콜로니얼에서 점심 먹기 ···▶  2. 카페 지타인의 핫초코 마시기 ···▶  3. 하우징 워크스 북 카페에서 여유롭게 화보 구경하기 ···▶  4. 파피루스와 파이오니스에서 필기구와 카드 사기 ···▶  5. 에피스트로피에서 친구들에게 카드 쓰기 ···▶  6. 치비스 바에서 친구와 함께 사케 한 잔!

E 12
E 10
Stuyvesant St
St Marks
Washington Mews
Wavery Pl
Astor Pl
Cooper Union
쿠퍼유니온
E 6S
WASHINGTON SQUARE
닝턴 스퀘어 파크
Geenwich Village
E 4S
New York University
Great Jones St
NoHo
Bond St
E 2S
Thompson St
La Guardia Pl
Bleecker St
W Houston St
Jersey St
Nolita
Prince St
SoHo
Prince St
R W
Spring St
Spring St
Kenmare St
J M Z
Bowery
Wooster St
Greene St
Mercer St
Broadway
Crosby St
Little Italy
Forsyth St
Chrystie St
Bowery
Elizabeth St
Mott St
Mulbery St
Baxter St
Howard St
Cortland Al
Lafayette St
Centre St
Chinatown
Hester St
Canal St
Bayard St
Mosco St
York St
Franklin St
Leonard St
Worth St
Thomas St
Duane St
Reade St
West Broadway
Church St
Chambers St
Warren St
Murray St
시청
CITY HALL
NEW YORK

## Café & Restaurant

1.Housing works used book café(하우징 워크스 유즈드 북 카페) 2.Café Habana(카페 하바나)
3.Café Gitane(카페 지타인) 4.Ciao bella(차오 벨라) 5.Café Colonial(카페 콜로니얼)
6.McNally Robinson Book Café(맥널리 로빈슨 북 카페) 7.Rice to Riches(라이스 투 리치스)

## Bar & Club

1.Chibis Bar(치비스 바) 2.Gold Bar(골드 바)

8.Lombardi's(롬바르디)   9.Bread(브레드)   10.Hampton chutney co.(햄튼 처트니)   11.Soho Park(소호 파크)   12.Balthazar(발타자르)
13.Gimme Coffee(김미 커피)   14.Lobster Bar(로브스터 바)   15.Eileen's special cheese cake(에일린스 스페셜 치즈 케이크)
16.Café Falai(카페 팔라이)   17.L'asso(라쏘)   18.Epistrophy(에피스트로피)

## Shop

1.Brooklyn Industries(브루클린 인더스트리)   2.Bess(베쓰)   3.Triple five soul(트리플 파이브 솔)   4.John Fluevog(존 플루에보그)
5.Pinky Otto(핑키 오토)   6.Charlotte ronson(샬롯트 론슨)   7.Project 234(프로젝트 234)   8.Lisa Shaub(리사 샤우)
9.Indomix(인도믹스)   10.Versani(베르사니)   11.Premium Laces(프리미엄 레이시즈)   12.Cat fish greeting's(캣 피시 그리팅스)
13.Alice + Olivia(앨리스 플러스 올리비아)   14.Min.k(민케이)   15.Amarcord(아마코드)   16.Lilliput(릴리풋)
17.Sissy(시씨)   18.Matta(마타)   19.Clientele(클라이언텔레)   20.Pylones(파이로니스)   21.Moma Design Store(모마 디자인 스토어)
22.Kate's paperie(케이트 페이퍼리)   23.Papyrus(파피루스)   24.Sur La table(수르 라 타블)   25.Groupe(그루프)
26.Trust Fund baby(트러스트 펀드 베이비)   27.Mayle(메일리)   28.Kipepeo(키페페오)   29.Jirisuda(지리수다)
30.Sigerson Morrison(시저슨 모리슨)   31.Henry Lehr(헨리 리어)   32.La petite princesse(라 프티트 프린세스)
33.Only Heart(온리 하트)   34.Unis(유니스)   35.Steven Alan(스티븐 알란)

## 1  Housing works used book café  하우징 워크스 유즈 드 북카페

쉽게 말하면 아주 커다란 중고 책방인데 커피도 마시면서 각양각색의 편안하고 안락한 의자에 앉아 보고 싶은 책을 편안히 내 방처럼 앉아 읽을 수 있는 곳이다. 중고 책방이라고 해서 책이 더럽거나 오래되어 내용이 없거나 할 거라는 생각은 허드슨 강 깊은 곳으로 던져 버려야 한다. 구하기 어려운 희귀한 화보들부터 베스트셀러, 스테디셀러에 이르기까지 없는 게 없을 정도.

**Location:** 126 Crosby st.  **Call:** (212) 334-3324  **Hours:** 10:00~22:00

## 2  Café Habana  카페 하바나

이곳의 그릴 콘(grill corn)은 평범한 옥수수가 아니다. '도대체 누가 발명했을까? 이 맛을!' 싶을 정도로 고소한 옥수수가 달달하게 구워져 나오고 그 위에 치즈 가루가 눈 내리듯 소복이 뿌려져 있고 또 그 위에 멕시칸 고춧가루가 '매콤함은 내가 책임지겠어!' 라고 말하듯 일렬로 뿌려져 있는데 관광객들부터 노리타 피플까지 모두들 입 주변에 치즈 가루를 잔뜩 묻혀 가며 그릴 콘을 먹기에 정신이 없다. 그 모습을 보고 웃을 겨를도 없을 만큼 맛있다.

**Location:** 17 Prince st.  **Call:** (212) 625-2001  **Hours:** 10:00~22:00

## 3  Café Gitane  카페 지타인

노리타 피플들의 지칠 줄 모르는 쇼핑 에너지는 여기서 나온다고 해도 과언이 아니다. 지타인의 핫초코는 달달하고 걸쭉한 다른 핫초코와 달리 달콤 쌉싸름한 진정 다크 초콜릿으로만 맛을 낸 리얼 핫초코다. 그러니 이 오리지널 핫초코가 우리에게 미치는 영향은 한겨울에는 추위를 잊게 해 주고 한여름에는 체력을 보강해 주니 사시사철 보양 음료로 인정해 주어야 한다. 핫초코만을 마시기 위한 테이크아웃 창이 카페 오른쪽에 조그맣게 나 있으니 핫초코 한 잔으로 충전하고 다시 스트리트로 무브무브!

**Location:** 242 Mott st. # 2  **Call:** (212) 334-9552  **Hours:** 10:00~22:00

## 4  Ciao bella  차오 벨라

이미 어퍼 이스트에서 소개한 적이 있는 아이스 크림 집이다. 아니, 젤라토라고 하는 게 더 좋다. 새콤달콤한 셔벗은 양 볼 깊숙한 곳의 침샘을 자극하는 맛으로 시원하고 뒤끝이 개운한 게 특징이다. 아이스 크림을 먹어도 입 안에 텁텁함이 남지 않아 중독되기 십상이다. 다이어트의 길에서 후진하더라도 먹고 또 먹고 싶은 차오 벨라의 젤라토다!

**Location:** 285 Mott st.
**Call:** (212) 431-3591
**Hours:** 10:00~21:00

## 5 Café Colonial    카페 콜로니얼

쫀쫀한 치즈 브레드와 스테이크 샐러드가 일품인 집이다. 스테이크 샐러드야 사실 파스티스나 다른 맛집에서도 비슷한 맛이긴 하지만 저 귀엽게 생긴 맛 좋은 치즈 브레드는 감히 따라갈 자가 없다. 일행들이 다 와야 자리를 내 주는 브런치 타임에는 친구들과 다 같이 가는 게 좋다. 시원해 보이는 멋진 벽화가 눈에 확 띄어 찾기도 쉽다.

**Location:** 73 E Houston st.
**Call:** (212) 274-0044
**Hours:** 점심 11:00~3:00, 저녁 5:30~11:30, 브런치 10:30~4:00

## 6 McNally Robinson Book Café    맥널리 로빈슨 북 카페

깔끔한 서점인 줄 알고 들어갔더니 옆에 카페가 있다. 하우징 북 카페가 내 방처럼 편안함을 준다면 이곳은 남들이 바라보는 내 모습이 어떨지 궁금해질 만큼 세련된 분위기의 북 카페다. 이렇게 앉아서 커피 마시며 책을 볼 수 있는 멋진 서점에서 과연 누가 책을 살까 싶을 만큼 예쁘고 밝은 북 카페다.

**Location:** 50 Prince st.
**Call:** (212) 274-1160
**Hours:** 10:00~22:00

## 7 Rice to Riches    라이스 투 리치스

한국의 죽에다가 아이스 크림을 섞어 놓은 맛인데 정말 먹기가 곤란하다고 하는 사람과 먹을수록 매력적이라는 이상한 입맛을 가진 사람으로 나뉘는 곳이다. 독특한 인테리어 디자인 덕도 좀 보는 듯하다. 쌀죽과 아이스 크림이 섞인 맛이 궁금하다면 사 먹지 말고 꼭 테스트로 맛부터 볼 것!

**Location:** 37 Spring st. # A
**Call:** (212) 274-0008
**Hours:** 10:00~21:00

## 8 Lombardi's    롬바르디

뉴욕 피자의 아버지가 그리말디라면 어머니격인 롬바르디 또한 빼놓을 수 없는 뉴욕의 피자 집이다. 그리말디의 분위기가 남성적인 느낌이라면 이곳은 여성스러운 부드러운 분위기의 피자 집으로 모나리자 벽화가 인상 깊다. 화덕에서 구워 낸 담백한 도우가 쫀득쫀득함을 잃지 않아서 정말 맛있는데 기호에 따라 토핑을 추가해 먹을 수 있다. 레스토랑 안쪽에 테이크아웃을 할 수 있는 곳이 따로 있다.

**Location:** 32 Spring st.
**Call:** (212) 941-7994
**Hours:** 10:00~23:00

# 9 Bread 브레드

파니니(Panini)를 주문하는 외침이 화음 넣듯 가게 안 여기저기서 터지는 곳으로 바삭한 파니니가 일품인 집이다. 주말 브런치 시간이나 점심시간이 되면 노리타에서 쇼핑을 즐기던 노리타 족들이 맛있게 허기를 달래고자 이곳으로 하나둘씩 몰려드는데 따뜻하고 바삭하게 구워진 파니니는 담백해서 그런지 먹어도 먹어도 질리지가 않는다. 아기자기한 인테리어도 예뻐서 친구와 함께 가기 좋은 곳이다.

**Location:** 20 Spring st.
**Call:** (212) 334-1015
**Hours:** 점심 11:00~4:00, 저녁 5:30~11:30, 브런치 10:30~4:00

# 10 Hampton chutney co. 햄튼 처트니

얇고 말랑말랑한 맛 좋은 도사(Dosa)와 티 한 잔의 즐거움은 점심시간이면 바글바글 대는 이집의 인기로 증명된다. 어퍼 웨스트에도 있지만 위치가 노리타여서인지 시간대에 상관없이 인기 폭발인 집이라 앉아서 먹기 힘들 정도다. 이런 사실을 익히 잘 아는 뉴요커들은 점심 때는 테이크아웃해 집에 가서 먹는 사람들이 많다. 아보카도와 아르굴라와 치킨이 들어간 도사가 갑자기 그리워진다.

**Location:** 68 Prince st.
**Call:** (212) 226-9996
**Hours:** 10:00~23:00

# 11 Soho Park 소호 파크

노리타 한가운데에는 숲 속 오두막집 같이 생긴 예쁜 레스토랑이 있다. 바로 이곳 소호 파크다. 격자무늬 통유리 창으로 된 벽 때문에 실내가 다 들여다보이는데 꼭 온실 속에서 식사하고 있는 것처럼 보인다. 그러나 바깥에서 보는 느낌과 안에 들어와서 보는 느낌은 180도로 다르다. 너무 예쁘고 아기자기하게 꾸며진 정원에서 하는 싱그러운 브런치! 딱 그 느낌이다. 대부분 $10 미만의 저렴한 가격인 이집을 떠올리면 가슴속이 따뜻해지는데, 저렴한 가격 또한 이집을 사랑하게 되는 요인 중 하나다. 샐러드 종류는 다 맛있고 파크 치즈 버거는 적당히 잘 구워진 패티와 고소한 치즈가 환상의 듀엣 송을 부르니 꼭 맛보기를 권한다.

**Location:** 62 Prince st.
**Call:** (212) 219-2129
**Hours:** 점심 11:00~4:00, 저녁 5:30~11:30, 브런치 10:30~4:00

## 12 Balthazar 발타자르

아주아주 유명한 브런치 레스토랑이다. 뉴욕의 브런치 가게들을 꽤 오랫동안 평정했는데 그 메뉴는 바로 '어니언 수프'다. 사실 어니언 수프($11)는 조금 짜고 기대했던 것보다 내 입맛에는 별로였는데 브리오슈 프렌치 토스트($16.5)는 소름이 돋을 정도로 맛있다. 얼마나 먹었는지 셀 수 없을 정도인데도 질리지 않고 계속 들어가는 요상한 프렌치 토스트는 완전 강추다. 에그 노르웨이전($18)이라는 메뉴도 베리 굿!

**Location:** 80 Spring st.
**Call:** (212) 941-0364
**Hours:** 점심 11:00~4:00, 저녁 5:30~11:30, 브런치 10:30~4:00

## 13 Gimme Coffee 김미 커피

발음 그대로 하자면 '커피 주세요!' 카페다. 노리타의 쇼핑지 한가운데에 있어서 노리타 족들의 쇼핑을 더욱 멋스럽게 만들어 주는 집이다. 이집의 커피를 손에 들고 천천히 걸어 다니며 쇼핑하는 그들의 모습은 잡지 화보가 따로 없으니 옷을 구경해야 할지 사람을 구경해야 할지 애매하게 만든다. 뉴요커들의 사랑을 받을 만한 충분한 이유가 있는 커피 맛 또한 이집이 트렌디한 길 한가운데에 자리하기에 손색 없음을 증명한다.

**Location:** 228 Mott st.
**Call:** (212) 226-4011
**Hours:** 10:00~23:00

## 14 Lobster Bar 로브스터 바

메뉴 판에는 바닷가재가 안 들어간 메뉴를 찾기 힘들 정도로 이집은 '로브스터 바다'다. 로브스터 샐러드, 로브스터 롤 등. 그중에 롤이 제일 맛있는데 로브스터와 각계각층의 재료들을 짝지워 최상의 맛 궁합을 펼쳐 놓았으니 아무 거나 시켜도 좋다. 여러 명이서 갔다면 '시가'로 판매하는 삶은 로브스터를 가운데 멋지게 놓고 롤과 샐러드를 시켜서 나눠 먹으며 파티를 즐겨도 좋다.

**Location:** 222 Lafayette st.
**Call:** (212) 343-3236
**Hours:** 점심 11:00~4:00, 저녁 5:30~11:30, 브런치 10:30~4:00

## 15 Eileen's special cheese cake 에일린스 스페셜 치즈 케이크

스페셜하다, 최고다 라고 극찬에 극찬을 하지만 이집의 치즈 케이크는 아주 무르다. 거의 무스 스타일의 치즈 케이크 정도로 달고 느끼해서 작은 사이즈 하나만 주문해 나눠 먹어야 좋다. 에그 타르트와도 비슷한 맛이 날 만큼 부드럽고 말랑한 것이 이집의 치즈 케이크 노하우라나? 커피와 함께 부드럽게 녹여 먹는 치즈 케이크를 선호한다면 꼭 가 보자!

**Location:** 17 Cleveland Pl
**Call:** (212) 966-5585
**Hours:** 10:00~22:00

## 16   Café Falai   카페 팔라이

캘빈 클라인의 디자이너였던 주인장의 센스가 이집의 인테리어에 지대한 영향을 끼쳤다. 심플하면서도 미래적인 인테리어로 이미 로어 이스트에 명소를 만든 이집 주인은 노리타에도 그녀의 세 번째 가게를 오픈했다. 나오는 음식을 담는 그릇들마저 하나의 작품 같은 이집의 매력은 세 지점 모두 콘셉트가 다 다르다는 데에 있다. 첫째는 와인 바 겸 레스토랑이고 둘째는 베이커리 겸 카페이고 노리타에 있는 이 세 번째 가게는 아주 캐 주얼하게 꾸며진 브런치 레스토랑이다. 그래서 셋 중에 가장 자주 가게 되는 집이 될 테니 창가 자리에 자리잡고 앉아 주문해 보자.

**Location:** 265 Lafayette st.
**Call:** (917) 338-6207
**Hours:** 점심 11:00~4:00, 저녁 5:30~11:30, 브런치 10:30~4:00

## 17   L'asso   라쏘

진정한 미국인들의 음식인 피자와 버거. 그래서 이 둘은 자꾸 진화하는데 이집은 그 모양과 맛을 진정으로 진화시킨 맛집이다. 솔직히 말하자면 나 는 롬바르디보다 이집의 피자가 더 좋다. 이유는 한국처럼 '하프 앤 하프' 주문이 가능하기 때문! 그리고 12인치, 18인치 길이가 동그랗지 않고 럭비 공 같이 생긴 재미있는 모양이라서 좋다. 마지막으로 오븐에 구워 얇고 바삭한 환상적인 도우와 다양한 피자 토핑이 있다는 점! 심지어 사과가 토핑된 피자도 있다. 그래서 이런 저런 이유로 나는 뉴욕에서 이 피자 집 을 가장 많이 추천하고 다녔다. 흠, 생각만 해도 너무 좋다.

**Location:** 192 Mott st.
**Call:** (212) 219-2353
**Hours:** 12:00~24:00

## 18   Epistrophy   에피스트로피

『오즈의 마법사』에 나오는 에메랄드 성처럼 마법 같은 카페다. 햇볕 따뜻 한 날이면 창가의 긴 의자에 앉아 다양한 종류의 차도 맛보고 블루베리 치즈 케이크도 한 조각 먹으면서 사람 구경도 하고 수다 떨다가 쉬다가 공부도 하다가 이곳에서 할 수 있는 건 다 해 보게 된다. 멋지게 문신을 한 친절하고 멋진 주인 언니가 이집의 트레이드마크인데 뉴요커들이 가장 아끼는 카페라고 하니 안 가 보면 후회한다.

**Location:** 200 Mott st.
**Call:** (212) 966-0904
**Hours:** 10:00~24:00

## 1 Brooklyn Industries 브루클린 인더스트리

브루클린에서도 꼭 설명해야 할 집이지만 브루클린과 노리타는 분위기가 많이 닮아 있다. 그래서 뉴요커들의 사랑을 받게 된 건지도 모를 일인데 이 옷가게는 심플하면서도 빈티지한 느낌이 나는 원피스와 바지들이 많다. 남성복도 파는데 남자들은 티셔츠와 바지 코너에 가면 여자 친구와 같이 왔다는 사실도 잊어 버리고 열심히 쇼핑하게 될 만큼 예쁜 옷이 많은 집이다.

**Location:** 284 Lafayette st.
**Call:** (212) 219-0861
**Hours:** 10:00~19:00

## 2 Bess 베쓰

이집은 '19세 이상 입장 금지' 딱지를 붙여 놓아야 한다. 하드코어적인 록을 하는 사람들이 입을 만한 가죽바지와 섹시한 의상들을 파는 집인데 '저 옷을 평소에 어떻게 입나?' 싶은 옷을 주인 언니가 입은 걸 보면 또 영 이상해 보이지는 않는 아주 묘한 집이다. 섹시한 의상들이 많아서 구경하는 것만으로도 눈이 휘둥그레진다.

**Location:** 292 Lafayette st. # 1
**Call:** (212) 219-0723
**Hours:** 10:00~19:00

## 3 Triple five soul 트리플 파이브 솔

딱 꼬집어 설명하자면 미국 배우 조쉬 하트넷이 입는 스타일의 티셔츠와 청바지가 많다. 살짝 특이한 그래픽 티셔츠와 심플한 바지 라인과 가방, 운동화들은 은근히 세련돼 보여서 남자들이 쇼핑에 박차를 가하게 되는 집이다. 다양한 종류의 비니도 예쁘니 남자 친구에게 선물하기에 참 좋은 곳.

**Location:** 290 Lafayette st.
**Call:** (212) 431-2404
**Hours:** 10:00~19:00

## 4 John Fluevog 존 플루에보그

귀여운 구두 일러스트가 하얀 벽에 그려져 있는 까닭에 100미터 거리에서도 '저 집은 신발 가게!' 라는 것을 쉽게 짐작할 수 있다. 예쁜 가게에 비해 그다지 여성스러운 예쁜 신발은 없어서 딱히 살 것은 없어 보이지만 늘 걸어야 하는 뉴요커들이 좋아할 만한 신발들은 많다. 발등이 편하고 굽이 없어 투박해 보이기까지 하는 부츠들이 인기 상품이라고 한다.

**Location:** 250 Mulberry st.
**Call:** (212) 431-4484
**Hours:** 10:00~19:00

charlotteronson
project234
234
SALE
232
ERSANI
Cat fish Gr

## 5 Pinky Otto 핑키 오토

10대와 20대 소녀들의 주요 쇼핑 플레이스다. 신상(품)이 나오는 시즌과 세일 기간 동안 만큼은 이 작은 옷가게에 발 디딜 틈이 없다. 그리고 조금만 게으름을 부려도 어느 샌가 다 팔려 나가니 세일 때는 부지런함도 발휘해야 한다. 빈티지하거나 여성스러운 원피스들이 대부분인데 너무 예쁘다.

**Location:** 49 Prince st.
**Call:** (212) 226-3580
**Hours:** 10:00~19:00

## 6 Charlotte ronson 샬롯트 론슨

그 누가 이집을 그냥 지나쳐 갈 수 있을까 싶게 너무 예쁜 옷들이 가득한 집이다. 신진 디자이너인 샬롯트 론슨의 로드 숍으로 $150~350 사이의 옷이라 고가는 아니지만 소재와 디자인은 고가의 명품과 견주어도 좋을 만큼 독특하다. 코트나 재킷들도 예쁘다. 핑크 색 벤치가 이집의 포인트!

**Location:** 239 Mulberry st.
**Call:** (212) 625-9074
**Hours:** 10:00~19:00

## 7 Project 234 프로젝트 234

편집 숍으로 신진 디자이너들의 제품을 판매하는 곳이다. 여성스럽고 프린팅이 강한 옷을 주로 가져와 판매하는데 대부분 의상들이 프릴이 달리거나 화려한 꽃 또는 지브라 프린트의 블라우스, 원피스들이다. 러플과 과감한 프린트를 사랑하는 마니아라면 꼭 한번 가서 내 옷장에 들어갈 만한 것들이 있나 점검해 볼 것!

**Location:** 234 Mulberry st.
**Call:** (212) 334-6431
**Hours:** 10:00~19:00

## 8 Lisa Shaub 리사 샤우

모자 가게다. 아니, 모자 디자이너의 가게다. 이 디자이너는 친구 결혼식에 쓰면 잘 어울릴 모자부터 주말마다 교회에 가는 할머니들이 쓰시면 고울 모자까지 다양한 디자인의 모자들을 전시하다시피 해 놓고 판매하고 있다. 그중 굉장히 독특한 베레들은 잡지에도 협찬한 적이 많다고 한다.

**Location:** 232 Mulberry st.
**Call:** (212) 965-9176
**Hours:** 10:00~19:00

## 9 Indomix 인도믹스

어디서 어떻게 입수해 진열을 해 놓는지 모르지만 트렌디한 모든 옷들이 유행이 시작하는 것보다 더 발 빠르게 들어오기로 유명한 집이다. 그래서 잡지에도 많이 소개되는 편집 숍이다. 늘 트렌드에 발 빠르고 온몸에 있는 촉을 곤두세우고 있는 걸들에게 이집은 쇼핑의 시작과 마지막에 꼭 들러 주어야 하는 숍이다. 가격대는 $250~350 정도다.

**Location:** 232 Mulberry st.
**Call:** (212) 334-6356
**Hours:** 10:00~19:00

## 10 Versani 베르사니

심플하게 은으로 세공된 주얼리들이 아주 고급스럽게 진열되어 있어서 굉장히 비싸 보이지만 생각만큼 그렇게 비싼 집은 아니다. 그리고 그다지 독특한 디자인이 많은 집은 아니지만 작은 십자가 은 목걸이들은 몹시 탐이 날 만큼 귀엽고 예쁘다. 여름에 화려한 꽃무늬 원피스에 같이 연출하면 좋을 주얼리가 많은 숍이다.

**Location:** 152 Mercer st. # 1
**Call:** (212) 941-7770
**Hours:** 10:00~19:00

## 11 Premium Laces 프리미엄 레이시즈

한국에서는 구하기 어려울 정도로 귀하거나 비싼 운동화들이 여기에 종류별로 좍 몰려 있다. 나이키나 아디다스 운동화 중에서도 엄선한 멋진 제품들만 모아 놓은 집인데 그래서 운동화홀릭들이 귀찮게 발품을 파는 일을 줄여 주는 집이다. 심플한 디자인부터 시작해 리미티드 에디션으로 나온 적이 있는 제품군까지 다양하게 구비해 놓았다.

**Location:** 68 Spring st.
**Call:** (212) 334-4939
**Hours:** 10:00~19:00

## 12 Cat fish greeting's 캣 피시 그리팅스

100일 미만의 아기들이 입으면 너무나 예쁠 100% 유기농 순면 소재의 아기 옷을 파는 가게다. 빨래집게에 아기 점보 슈트들이 죽 걸려 있는 모습이 너무 귀여워 아기는커녕 결혼도 안 한 처자들의 마음을 설레게 하는 숍이다. 친한 친구의 출산 선물로도 아주 좋고 미래를 생각해서 몇 벌 장만해 두고 싶은 욕심나는 가게다. 가격대는 $35~55로 조금 비싼 편이긴 하지만 유기농 순면이라는 것을 생각하면 비싼 것도 아니다!

**Location:** 219 Mulberry st. # A
**Call:** (212) 625-1800
**Hours:** 10:00~19:00

# 13 Alice + Olivia 앨리스 플러스 올리비아

윈도 디스플레이를 너무 잘해 놓은 집이어서 안으로 들어가 '저 옷 ○○사이즈 있어요?' 라고 물어 보는 손님들이 방문객의 70% 정도라고 한다. 문을 열고 들어가 이것저것 둘러보고 있으면 '찾는 물건은 이쪽에 있다!' 라고 알려 주는 독심술사 주인장은 거침 없는 조언을 하기로도 유명하다. 손님이 없을 때 들어가서 마음에 드는 옷을 입고 나오면 주인장이 어울리는 벨트외 액세서리까지 해 주어 모조리 다 사게 되는 조금은 무서운 가게다.

**Location:** 219 Mott st. **Call:** (212) 334-7815 **Hours:** 10:00~19:00

# 14 Min.k 민케이

트렌치코트가 예쁘기로 소문난 집이다. 이집에는 할리우드 스타들도 가끔 볼 수 있을 정도로 인기가 있는데 그럴 만도 한 것이 매장 안에 들어와 보면 금세 느끼게 된다. 정말 걸려 있는 옷들이 모두 주옥 같다. $450에 여성스러운 트렌치코트를 구입할 수 있는데 일본 고객이 특히 많다. 독특한 디테일과 감각으로 이미 브랜드화 되어 버린 노리타의 터줏대감격 멋집으로 노리타만 가면 꼭 들르게 되는 집이다.

**Location:** 219 Mott st. **Call:** (212) 219-2834 **Hours:** 10:00~19:00

# 15 Amarcord 아마코드

명품 빈티지로 유명한 집이다. 빈티지 구찌 부츠와 이브 생 로랑의 스웨이드 재킷이 $150라는 사실에 자동으로 지갑에서 카드를 꺼내게 되는 곳이다. 디자이너의 명품 빈티지와 진짜 빈티지 옷들이 적절히 믹스되어 있는데 빈티지 마니아면서 명품과의 믹스매치에도 달인이라면 완전 강추하는 집이다. 브루클린의 베드포드 애버뉴에도 있다.

**Location:** 252 Lafayette st.
**Call:** (212) 431-4161
**Hours:** 10:00~19:00

# 16 Lilliput 릴리풋

빈티지 장난감 천국이다. "아, 저 정겨운 양배추 인형!"을 외치며 들어갔는데 주인 아저씨는 태엽으로 바퀴를 감아 달리는 비행기와 버스를 보여 준다. 시대가 가고 세월이 가도 구관이 명관이라고. 요즘 나오는 현란한 장난감보다 훨씬 따뜻하고 정겨운 장난감과 인형들이 빼곡해서 향수를 불러일으키는 집이다.

**Location:** 240 Lafayette st.
**Call:** (212) 965-9201
**Hours:** 10:00~19:00

# 17 Sissy 시씨

현란한 컬러의 클러치 백과 가방들이 옷과 함께 예쁘게 디스플레이되어 있는데 여름에 청바지에 턱 걸치면 예쁠 빅 백들도 즐비하다. 너도나도 다 똑같은 명품 백을 메기보다 이런 멋진 컬러 백으로 한여름에는 시원하게 포인트를 주는 것도 기분 전환에 꼭 필요하다.

**Location:** 231 Lafayette st.
**Call:** (212) 226-4467
**Hours:** 10:00~19:00

# 18 Matta 마타

세련된 직장 여성들이 획일화된 브랜드의 정장들에 싫증나고 입기 싫어졌다면 마타가 있으니 걱정 말라고 말해 주고 싶다. 회사에서 한껏 멋쟁이로 소문나게 될 테니 혼자만 알고 다른 사람들에게는 말해 주지 말라고 말해 주고 싶은 숍이다. 새틴 소재의 고급스럽고 단아한 원피스와 커팅이 특이한 셔츠들은 회사에 빨리 출근하고 싶게 당신을 변화시킬 것이다.

**Location:** 241 Lafayette st.
**Call:** (212) 343-9399
**Hours:** 10:00~19:00

# 19 Clientele 클라이언텔레

힙합 소년과 소녀들에게 힙합 트렌드를 알려 주는 옷가게다. 힙합도 시즌마다 유행이 있다. 요즘 남자들은 심플하게, 여자들은 섹시하게 입는 것이 대세이고 컬러도 최대한 블랙으로 맞추는 것이 포인트라고 한다. 힙합 전문 숍이라 그런지 점원들과 금세 친해져 이것저것 수다를 떨게 되는 곳이다.

**Location:** 267 Lafayette st.
**Call:** (212) 219-0531
**Hours:** 10:00~19:00

# 20 Pylones 파이로니스

사람의 머릿속에서 나올 수 있는 상상력이 총 동원된 팬시 용품점이다. 새 모양의 손잡이 우산은 들고 다니는 것만으로도 시선 집중! 친구와 들어가면 "이것 좀 봐" 라는 말을 연발하면서 서로 발견한 재미있는 제품들에 감탄하고 웃으며 시간 가는 줄 모르게 되는 곳이다. 그랜드 센트럴 역 지하에도 같은 매장이 있다.

**Location:** 69 Spring st.
**Call:** (212) 431-3244
**Hours:** 10:00~19:00

## 21 Moma Design Store 모마 디자인 스토어

모마 뮤지엄에서 운영하는 스토어로 팬시부터 가구까지 전반적인 소품들
은 다 판매하고 있다. 대부분의 제품들이 모던 아트에 부합되는 심플한
디자인으로 세련된 제품들이 많다. 그래서 질리지 않고 오래 쓸 수 있다.
볼펜이나 메모지들은 선물용으로도 좋다.

**Location:** 81 Spring st.
**Call:** (646) 613-1367
**Hours:** 10:00~19:00

## 22 Kate's paperie 케이트 페이퍼리

각종 디자인의 종이란 종이는 다 있다. 노트, 카드, 메모지 등 정말 엄청나
게 많은 양의 종이 제품들이 있다. 그중에서도 카드 종류가 인기 많은데,
특별한 날을 위한 카드와 초대장으로 쓸 만한 카드 등 여러 가지 다양한
종류의 카드들이 많은 곳이다. 청첩장으로 써도 좋을 분위기의 러블리한
카드들도 많다.

**Location:** 561 Broadway
**Call:** (212) 941-9816
**Hours:** 10:00~19:00

## 23 Papyrus 파피루스

필기 용품 전문점인데 아주 세련되고 디자인에 컬러까지 고운 다이어리가
인기 만점인 곳이다. 종이의 질이 특히 좋아서 만년필 마니아들은 이집
다이어리만 고집한다고 할 정도로 고급 종이를 사용해 글 쓰는 느낌이 남
다른 나만의 노트로 꾸미기에 좋다. 가격이 높아서 $35부터 시작하는 다
이어리는 사실 선뜻 사기에는 망설여지지만 꾸준히 쓸 계획이라면 몇 년
이 지나도 변치 않는 종이라고 하니 하나쯤 장만해 둘만 하다.

**Location:** 233 Broadway # 3
**Call:** (212) 608-3180
**Hours:** 10:00~19:00

## 24 Sur La table 수르 라 타블

요리에 관심이 많은 학생 또는 주부들이라면 요리사들이 쓰는 얼굴이 비
치는 프라이팬과 고운 컬러의 큰 그릇들, 그리고 세공이 예쁜 스푼과 포
크 세트에 침을 꿀꺽 삼킬 것이다. 스파게티나 파스타를 요리해 담아 두
면 아주 그럴싸해 보이는 큰 접시들이 특히 인기가 있다. 가격은
$50~100선이다.

**Location:** 75 Spring st.
**Call:** (212) 966-3375
**Hours:** 10:00~19:00

# 25 Groupe 그루프

오토바이를 사랑하는 뉴욕의 바이커들이 자신과 한몸과도 같은 오토바이와의 커플 룩을 위해 자주 찾는 매장이라고 한다. 매장 분위기에서 벌써 터프함이 물씬 풍겨 난다 했는데 빈티지 중고 청바지 같은 바지들과 가죽 의상들이 범상치 않게 진열되어 있다. 바이크 룩을 제대로 연출하고 싶다면 찾아가 상담해 보자.

**Location:** 267 Elizabeth st.
**Call:** (212) 343-0007
**Hours:** 10:00~19:00

# 26 Trust Fund baby 트러스트 펀드 베이비

윈도 디스플레이에 봉제 인형들이 있어서 인형 가게인 줄 알고 신이 나서 들어갔더니 아기 옷가게였다. 확실한 '삐끼' 역할을 하는 아기 옷 덕분에 손님들이 꽤 많았는데 이 숍은 특이하게도 아기와 엄마의 커플 룩을 맞춰 팔기도 했다. 아기와 함께 티셔츠를 맞춰 입는데 문구가 예를 들면 '엄마가 좋아? 아빠가 좋아?' 라면 '할머니!' 라고 씌어 있는 재미있는 커플 티들이 구경하는 내내 웃음나게 만들었던 곳이다.

**Location:** 239 Elizabeth st. # A
**Call:** (212) 219-3600
**Hours:** 10:00~19:00

# 27 Mayle 메일리

러블리한 니트 원피스들이 예쁜 디자이너 브랜드 숍이다. 이집의 가방은 키얼스틴 던스트가 즐겨 들어 유행시킨 바로 그 '완소 잇백' 이다. 주 고객이 할리우드 스타일 정도이니 가격도 꽤 비쌀 것 같지만 $300~500 정도에 예쁜 니트 원피스를 구입할 수 있다. 원피스가 예쁘기로도 유명하지만 키얼스틴이 든 가방은 여러 가지 소재로 시즌마다 계속 출시되므로 세일 기간에 한 점 마련해 놓자.

**Location:** 242 Elizabeth st.
**Call:** (212) 625-0406
**Hours:** 10:00~19:00

# 28 Kipepeo 키페페오

세련된 스타일의 액세서리가 많은 숍이다. 옷가게인데 주얼리가 더 눈에 띄게 예쁘다. 그래서인지 디스플레이도 주얼리에 중점을 두어서 진열했다. 심플한 링에 자잘한 원석으로 만들어진 여성스러운 귀고리가 예쁜 것들이 너무 많아서 무엇을 살지 엄청 고민하게 만든다.

**Location:** 250 Elizabeth st. # B
**Call:** (212) 219-7555
**Hours:** 10:00~19:00

# 29 **Jirisuda** 지리수다

유럽의 디자이너 제품들을 한데 모아 놓은 편집 숍이다. 유럽 스타일의
옷들이라 그런지 클래식한 디자인이나 컬러가 많은데 필립 림의 원피스도
볼 수 있다. 친절하고 예쁜 주인 언니의 안목 있는 조언으로 즐거운 쇼핑
을 할 수 있다. 안쪽에 있는 세일 코너를 노리면 디자이너의 제품을 $100
미만의 저렴한 가격에 구입할 수 있는데 단, 사이즈가 맞아야 가능하다.
세일하고 남은 품목들을 항상 세일 코너에 두고 있으니 365일 세일이 진
행되는 셈이다.

**Location:** 248 Elizabeth st.
**Call:** (212) 941-1101
**Hours:** 10:00~19:00

# 30 **Sigerson Morrison** 시저슨 모리슨

연두색 플랫 슈즈와 오렌지 컬러 원석이 박힌 가락신이 여름을 알려 주듯
디스플레이되어 사람들의 눈과 발을 잡는 시저슨 모리슨 노리타 매장은
규모도 크고 하얀 벽돌과 커다란 통유리 창이 마치 갤러리 같은 느낌을
주는 숍이다. 이곳의 신발은 우선 편하고 디자인이 특이하면서도 유행을
타지 않고 가격대($150~250)마저도 합리적이라 신발 마니아들 사이에서
는 알아 주는 곳이기도 하다. 그 편안함과 신선한 디자인은 명품이라고
해도 손색이 없다.

**Location:** 28 Prince st.
**Call:** (212) 941-1225
**Hours:** 10:00~19:00

# 31 **Henry Lehr** 헨리 리어

각종 프리미엄 청바지의 신상(품)이 가장 먼저 이 숍을 통해 선보여진다.
그리고 조금 지난 구하기 힘든 리미티드 에디션 청바지들도 구할 수 있을
만큼 없는 게 없는 '진 왕국' 이다. 노리타의 구석진 곳에 있지만 아는 사
람들은 너나 할 것 없이 어떻게들 세일 기간인지 신상(품)이 나왔는지 알
고 들어오는지 다들 입어 보고 사 간다. 클러버나 인기 디제이들이 수시
로 들르는 매장이다.

**Location:** 11 Prince st.
**Call:** (212) 274-9921
**Hours:** 10:00~19:00

## ϾϾ **La petite princesse** 라 프티트 프린세스

프렌치 스타일의 주얼리를 판매하는 숍이다. 화려하고 독특한 스타일과 굵직한 느낌의 목걸이가 많다. 가격은 $40~120선인데 심플하거나 심심한 원피스에 포인트로 하기에 적당한 액세서리가 많아서 여름이 되면 이곳을 찾는 고객들이 부쩍 많아진다.

**Location:** 232 Elizabeth st.
**Call:** (212) 965-0535
**Hours:** 10:00~19:00

## ϾϾ **Only Heart** 온리 하트

러블리한 슈즈들이 너무 예뻐서 무조건 들어가게 되는 집이다. 원피스나 다른 옷들도 정말 예쁘지만 가격대가 조금 있는 신진 디자이너의 제품들이 많은데 이집에서 가장 눈여겨볼 아이템은 바로 구두다. 펌프스와 힐이 특히나 예쁜데 $350로 좀 비싼 편이다. 그러므로 찜해 두었다가 세일이 시작하기가 무섭게 달려가 낚아야 하는데 정말 '낚아야 한다'는 표현이 딱 맞을 정도로 조금만 늦어도 예쁜 펌프스는 누군가에 의해 사라져 버리고 없다.

**Location:** 230 Mott st. # A
**Call:** (212) 431-3694
**Hours:** 10:00~19:00

## ϾϾ **Unis** 유니스

유니스의 트레이드마크이자 이 브랜드하면 떠오르는 '밀리터리 재킷'은 남녀노소를 불문하고 패션 피플이라면 누구나 옷장에 한 벌씩은 걸려 있을 만큼 머스트 해브 아이템이다. 심플한 라인인데도 불구하고 입으면 자연스럽게 떨어지는 핏이 예술이고 올리브 그린 컬러와 카키색, 짙은 카키색 등의 색깔이 부티 나기 때문에 모델들부터 관광객들까지 이곳의 밀리터리 재킷에 눈독을 들인다. 모델들의 백 스테이지 컷에서 볼 수 있는 밀리터리 재킷 중에는 유니스 옷들이 꽤 많다고 알려져 있다.

**Location:** 226 Elizabeth st.
**Call:** (212) 431-5533
**Hours:** 10:00~19:00

## ϾϾ **Steven Alan** 스티븐 알란

한국의 갤러리아 백화점에도 있는 스티븐 알란은 세계적인 편집 숍이다. 전 세계 컬렉션을 돌면서 신진 디자이너의 제품을 미리 구입해 놓기도 하고 이미 유명해진 디자이너의 제품들을 판매하기도 한다. 그리고 무엇보다 이집이 쇼핑 리스트에서 빠지면 안 되는 이유는 바로 세일 때문이다. 1년 내내 세일 폭을 달리하여 진행하기 때문에 유명 디자이너의 브랜드 제품을 아주 저렴하게 구입할 수 있는 기회가 늘 도사리고 있다. 사이즈가 빠지지 않도록 빠르게 움직여야 하며 이집만의 바잉 스타일은 심플 이지 룩이라는 것을 명심하고 가야 한다.

**Location:** 229 Elizabeth st.
**Call:** (212) 226-7482
**Hours:** 10:00~19:00

# Bar & Club

## 1 Chibis Bar  치비스 바

뜨끈한 사케 한 잔이 생각날 때면 저녁을 먹고 이집으로 발걸음이 옮겨진
다. 쏘아 보는 듯한 시선이 매력적인 강아지 간판이 이집의 트레이드마크
인데 실제로 주인이 키우는 개라고 한다. 다양한 종류의 사케를 보유하고
있는 이집은 나무로 된 편안한 분위기로 되어 있어 술이 잘도 들어가게
한몫한다. 덤플링 안주들도 사케와 잘 어울리고 맛있다.

**Location:** 238 Mott st.
**Call:** (212) 274-0025
**Hours:** 17:00~24:00

## 2 Gold Bar  골드 바

바라기보다 클럽에 더 가깝다. 노리타와 리틀 이태리의 중간 지점에 있는
까닭에 물이 좋기로 유명하다. 흑인 도어맨들이 등장하기 전까지는 클럽인
지 알 수 없는 것이 바로 뉴욕 클럽들의 특징인데 이집 역시 그냥 고급 아
파트 대문처럼 생겼는데 밤이 되면 사람들이 술이나 한 잔 하면서 가볍게
몸을 풀기 위해 이집 앞에 줄을 선다. 실내 인테리어가 거대한 샹들리에는
물론 전부 골드 컬러로 되어 있어 금빛 대저택에 들어온 듯한 기분마저 드
는데 모든 컬러가 골드인 만큼 블랙 컬러의 의상을 입어야 확 튄다.

**Location:** 389 Broome st.
**Call:** (212) 274-1568
**Hours:** 23:00~6:00

# Have to do!

### 하바나의 그릴 콘 양손에 쥐고 먹기

노리타에 가면 무조건 무조건이야! 그건 바로 카페 하바나의 그릴 콘을 먹는 것이다. 고소한 치즈와 멕시칸 고춧가루가 뿌려진 그 달콤 고소한 맛은 간식임에도 불구하고 관광객들에게는 거의 주식이 되어 버린다. 양손에 쥐고 먹지 못한 날은 꼭 밤에 자기 전에 생각나서 "내일 또 노리타를 가야겠어!"라고 말하게 만드는 하바나의 $1.9 그릴 콘이다. 누군가 내게 노리타에서 살다가 이사 갈 때 하바나도 가져가고 싶다고 했던 말이 무슨 말인지는 직접 가서 먹어 봐야 안다. 하바나는 이쑤시개도 구비해 놓고 노리타에서 우리를 기다리고 있다.

### 롬바르디 피자 먹기

브루클린의 그리말디와 더불어 노리타의 롬바르디는 피자의 양대 산맥으로 뉴욕을 평정했는데 롬바르디가 노리타에 있어서인지 관광객들의 발길이 밤늦게까지도 끊이지를 않는다. 기름기가 쫘악 빠진 도우에 고소한 치즈 토핑이 예술이고 기다리는 시간이 지루하지 않게 셀프 카메라 놀이를 위한 입구 한쪽 벽에 그려진 모나리자도 예술이다. 굳이 다른 토핑을 추가하지 않아도 맛있으니 토핑을 많이 해서 피자 값이 비싸지지 않도록 하는 것이 롬바르디를 제대로 즐기는 요령이다.

# 10. Lower East

누군가 내게 뉴욕의 매력을 딱 한 단어로 말하라고 하면 '다양성'이라고 주저 없이 말할 수 있다. 다양한 인종이 모여 있고 이 작은 맨해튼이 지역별로 특색이 서로 다른 다양함을 잘 아우르고 있기 때문이다. 이런 점으로 볼 때 진짜 뉴요커들, 그리고 뉴욕에 대한 환상을 꿈꾸며 전 세계에서 온 사람들이 맨해튼의 여러 지역 중 가장 뉴욕적인 곳을 꼽으라고 한다면 다들 이스트를 꼽는다. 그리고 포화 상태의 이스트 지역을 뒷받침해 주는, 빈티지와 뉴욕 초기 아파트들과 그래피티의 천국으로 표현되는 뉴욕 속의 작은 뉴욕, 이곳이 바로 여기 '로어 이스트' 다.

1. 요나 심멜에서 포테이토 크니시로 간식 ···▶ 2. 롤리, 리드 스페이스, 허드슨 스트리트 페이퍼, 슈트 오차드, 모스콧, 플럼까지 1차로 쇼핑 즐기기 ···▶ 3. 티니 카페에서 차 한 잔과 샌드위치로 점심 식사하기 ···▶ 4. 지도의 에디스를 시작으로 2차 쇼핑 시작! 섬 오드 루비스, 페기 파동, 믹스, 픽시 마켓, 숍, 폴리 플러스 코리나, 허니 인 더 러프, 나니아, 비 부티크, 힐러리 플라워까지 ···▶ 5. 팔라이에서 잘 구워진 연어 스테이크와 글라스 와인 한 잔 마시기

## Hey Play!

1. 카츠델리에서 파스트라미 샌드위치와 펩시로 점심 식사하기 ···▶ 2. 티니스에서 커피 마시며 사람 구경하기 ···▶ 3. 리쿼어 바에서 와인 한 잔 ···▶ 4. 소어 앞에서 사진 찍기(2층은 클럽이다!) ···▶ 5. 보카 치카에서 맛있는 저녁과 알록달록 맛있는 칵테일 마시기.

MADISON AV
ONE WAY
NO STANDING
10. Lower East
THE BRONX
Randall's Island
E 12St
E 10St
arks Place
E 6St
E 4St
E 2St
Avenue A
Avenue B
Avenue C
TOMPKINS
SQUARE
톰슨 스퀘어 파크
Alphabet
City
East
Village
HAMILTON
FLSH PATK
E Houston St
2nd Ave-Lower East side
F V
Stanton St
Suffolk St
Clinton St
Attorney St
Ridge St
Pitt St
Rivington St
F J M Z
Essex St-Delancey St
Lower East Side
Btoome St
Btoome St
Lewis St
Millstt St
Forsyth St
Eldtidge St
Allen St
Orchard St
Essex St
Nortolk St
Grand St
Chrystie St
Hester St
Ludlow St
SEWARD
PATK
Canal St
Montgomery St
Gouverne
Bowery
Elizabeth St
taly
Division St
E Broadway
Rutgers St
Henry St
Madison St
Clinton St
Cherry St
Jetferson
natown
Marker St
Pike St
Monroe St
Water St
FDR Drive
Manhattan Bri
Pell St
Doyer St
Oliver St
Catherine St
James St
John St
Plymouth
NEW YORK
Boca

## Café & Restaurant

1.YONAH SHIMMEL Knish Bakery(요나 심멜 크니시 베이커리)
2.KATZ'S Deli(카츠 델리) 3.Falai(팔라이)
4.Clinton st. baking company & restaurant(클린턴 스트리트 베이킹 컴퍼니 앤 레스토랑)
5.SAN LOCO(산 로코) 6.Boca Chica(보카 치카) 7.BEREKET kebab(베레켓 케밥)
8.TEANY café(티니 카페) 9.TINY'S(티니스)

## Park & Club

1.LIQUOR BAR(리쿼어 바) 2.COCOA BAR(코코아 바) 3.Thor(소어) & 105 Club(105 클럽)

## Shop

YONAH SHIMMEL..
...KNISH BAKERY
Original
SINCE 1910
137
FOR RENT
212
964 5578
The Original
YONAH SCHIMMEL
KNISHERY
137
OPEN
FRESH
BAGELS
Special
BAKERS DOZEN
KNISHES
KATZ'S
KATZ'S DELICATESSEN
KATZ'S DELICATESSEN
KATZ'S
DELICATESSEN
ONE WAY
LUDLOW

## 1  YONAH SHIMMEL Knish Bakery  요나 심멜 크니시 베이커리

1910년 한국을 조선이라 부르던 그때 생겨난 크니시 빵집이다. 100년의 역사가 자랑하듯 아주 허름해서 지나쳐 버리기 쉽지만 들어가면 간단하게 요기를 하려는 사람들의 줄과 각종 신문에서 맛집으로 선정된 기사들이 붙어 있다. '포테이토 크니시'가 이집의 베스트 오브 베스트로 전병과 파이를 섞어 놓은 듯 묘하게 생겼지만 속은 감자로 꽉 차 아주 알차고 실속 있는 메뉴다. 아침에 브런치로 가볍게 크니시 하나 먹고 로어 이스트로 고! 고! 고!

**Location:** 137 E Houston st.
**Call:** (212) 477-2858
**Hours:** 10:00~20:00

## 2  KATZ'S Deli  카츠 델리

〈해리가 샐리를 만났을 때〉라는 옛날 영화에서 지금은 주름이 자글자글하지만 그때는 너무 귀엽고 사랑스러웠던 맥 라이언이 가짜 오르가슴을 연기하던 장면의 배경이 된 곳이다. 단지, 영화배경이었기에 유명해졌다기보다 워낙 유명한 곳이어서 영화에까지 나왔다는 얘기가 맞다. 이곳의 인기 메뉴는 단연 파스트라미(Pastrami) 샌드위치다. 여자 혼자서 먹기에는 좀 많은 양이지만 콜라와 같이 먹으면 든든하다. 사실 처음 들어가면 왼쪽에 한 줄로 계산하며 나오는 사람들과 오른쪽에 파란색의 종이 티켓을 흑인 아저씨가 나눠 주고 입장하는, 흡사 대학교의 구내식당 같은 시스템에 당황스럽지만 티켓에 주문한 음식을 표시해 가며 음식을 받아 아무 곳에서나 앉아 자유롭게 먹으며 벽에 붙은 빌 클린턴의 사진을 보면 '아! 여기가 뉴욕이구나'를 실감할 수 있는 곳이다. 파스트라미 샌드위치(RYE, $15), 각종 소다 및 음료는 $3~5.

**Location:** 205 E Houston st.
**Call:** (212) 254-2246
**Hours:** 10:00~23:00

**TIP_** 초록색 옷을 입고 샌드위치를 만드는 사람들 모두가 주문을 받으므로 한쪽에 몰려 서 있지 말 것! 또 고기를 썰면서 서비스로 고기 한 점을 주는데 그 앞에 팁을 넣는 통이 있다. 줘도 그만 안 줘도 그만이지만 $1 정도 넣어 주면 기분 업 된다.

# ∃    **Falai**    팔라이

클린턴 스트리트에 두 군데로 나뉘어 있는 독특한 곳이다. 한 곳은 저녁에만 오픈하는 와인 바 겸 레스토랑이고 다른 한 곳은 낮에만 오픈하는 베이커리 겸 브런치 레스토랑이다. 사장님이 돈이 많은 건지 자리가 모자라 한 곳을 더 오픈한 건지는 알 수 없지만 퓨전 레스토랑으로 이미 뉴요커들에게 입소문이 자자하게 난 곳이다. 햇살 좋은 날에 브런치를 먹으면서 수다 떨기 딱 좋은 분위기로 카페의 통유리 창이 참 예쁘다. 레스토랑의 로고가 펜디와 아주 흡사해 찾기도 그리 어렵지 않다.

**Location:** 68 Clinton st. # 1
**Call:** (212) 253-1960
**Hours:** 저녁 5:30~11:30, 브런치 10:30~4:00

# ﾐ    **Clinton st. baking company & restaurant**    클린턴 스트리트 베이킹 컴퍼니 앤 레스토랑

지나가면서 "아니, 무슨 이름이 이렇게 길어? 어디 약속이나 잡겠어?" 하면서 투덜대는 내게 "저기서 브런치 먹기가 얼마나 힘든 줄 알아? 얼마 전에 먹어 봤는데 맛이 진짜 괜찮더라."라며 열심히 레스토랑을 홍보하는 친구의 말에 넘어간 나는 30분 넘게 기다린 끝에 드디어 이집의 대표 메뉴를 먹어 보게 되었다. 기다린 보람을 느끼게 해 주는 맛과 서비스에 감동까지 배불리 먹고 나오며 이름이야 어떤들 무슨 소용이랴 맛이 충만한 것을! 이라고 되뇌며 말없이 지도에 그려 두었던 곳이다.

**Location:** 4 Clinton st.
**Call:** (646) 602-6263
**Hours:** 점심 11:00~4:00, 저녁 5:30~11:30, 브런치 10:30~4:00

## 5 SAN LOCO 산 로코

멕시칸 레스토랑이라고 말하지 않아도 알 수 있는 곳이다. 매콤달콤한 양념이나 소스 덕에 한국인의 입맛에도 잘 맞아서 뉴욕에서 먹은 음식들에 김치가 심하게 당긴다는 분들에게 강추하는 음식이다. 이 레스토랑은 체인으로 지역마다 있는데 특히 로어 이스트에 있는 산 로코가 다른 지점보다 더 분위기 있고 좋다.

**Location:** 111 Stanton st.
**Call:** (212) 253-7580
**Hours:** 점심 11:00~4:00, 저녁 5:30~11:30, 브런치 10:30~4:00

## 6 Boca Chica 보카 치카

'연보라색 보카 치카가 봄바람에 휘날리더라.' 정말 휘날렸다는 표현처럼 눈에 아른거리게 예쁜 곳이다. 아기자기한 실내와 외관의 조화가 완벽한 곳으로 맛 또한 일품이다. 주말에는 브런치를 하는 사람들도 많고 저녁 또한 '굿이에요 굿! 굿! 굿' 을 웨이터에서 쏘아 줄 만큼 으뜸인 곳이다. 코코넛 새우와 로스트 비프! 사실 이곳은 다이어트의 적으로 내 수첩에 적혀 있는 곳이니 너무 배고플 때 가면 정말 위험하다. 모든 메뉴가 다 맛이 있으니 주의 요망!

**Location:** 13 1st ave.
**Call:** (212) 473-0108
**Hours:** 점심 11:00~4:00, 저녁 5:30~11:30, 브런치 10:30~4:00

## 7 BEREKET kebab 베레켓 케밥

햄버거는 워낙 친숙한 음식이어서인지 햄버거 먹을 바에는 케밥을 먹는 게 낫다고 추천하고 싶다. 담백하게 잘 구워진 빵과 고기와 양파를 비롯한 각종 채소가 조화롭게 어우러져 맛이 그럴싸하다. 이집은 카츠델리 바로 옆에 있어 찾기도 쉽고 오랜 시간 사람들의 사랑을 받아 온 것만으로도 충분히 검증된 케밥 집인 만큼 걱정 말고 한 개 뚝딱 해치워 보자.

**Location:** 187 E Houston st.
**Call:** (212) 475-7700
**Hours:** 10:00~23:00

## 8 TEANY café 티니 카페

아주 작은 카페라 자리잡기가 몹시 어렵다는 단점에도 불구하고 항상 사람들이 이곳 문을 혹시나 하는 마음으로 열어 보는 것은 그만큼 자유롭고 따뜻한 감성이 가득한 차 한 잔과 샌드위치가 있기 때문이다. 입구에서부터 구미가 당기는 에메랄드 색 문은 『오즈의 마법사』를 떠올리게 하는데 차 한 잔 하면서 쉬어 가기에 좋은 위치에 있다. 더불어 로어 이스트 멋쟁이들의 아지트 같은 곳이라 독특한 멋의 뉴요커들을 많이 만날 수 있다.

**Location:** 90 Rivington st.
**Call:** (212) 475-9190
**Hours:** 10:00~23:00

## 9 TINY'S 티니스

뉴요커들은 어두컴컴하거나 아늑한 분위기의 카페를 좋아하는데 이곳은 이 두 가지를 모두 갖춘 곳이다. 그리고 보는 그 순간 탄성이 절로 나올 정도로 한 입 베어 물기도 벅찬 샌드위치는 이집의 자랑거리다. 블랙 톤의 벽에 걸린 사진들은 너무나 스타일리시하며 큰 통유리 창으로 밖이 시원하게 보이지만 안은 어두운 아주 완벽한 조화를 이룬 곳이다. 큰 창문 밖으로 사람 구경을 하면서 잡지 한 권 쓱 보며 앉아 있는 내 모습을 누군가 화보처럼 찍어 줬으면 하고 바라게 되는 곳!

**Location:** 129 Rivington st.
**Call:** (212) 982-1690
**Hours:** 10:00~23:00

## 1 Moscot 모스콧

끌로에 세비니와 조니 뎁이 쓰는 너무 멋스러웠던 안경들을 잡지에서 보고 "이야, 예쁜데. 이거 어디 거야?"라고 생각했다면 답은 바로 여기다! 1층은 쇼룸이고 2층이 안경을 맞추고 파는 곳으로 마음껏 착용해 볼 수 있다. 독특한 안경이나 선글라스를 찾는다면 모스콧의 안경을 사라고 당당히 권할 만큼 패셔니스타 사이에서는 이미 소문이 자자한 안경 집이니 트렌드나 디자인 걱정 말고 구입해도 좋다. 가격은 $150~250선이다.

**Location:** 118 Orchard st.
**Call:** (212) 477-3796
**Hours:** 10:00~19:00

## 2 Edith Machinist 에디스 매치니스트

로어 이스트의 수많은 빈티지 숍들의 단군 할아버지격인 매장으로 오래된 만큼 이미 수많은 관광객들이 많이 모이고 또 모이는 곳이다. 재킷과 구두의 컬렉션이 괜찮은데 정말 리얼 빈티지를 경험하고 싶다면 추천한다. 그러나 워낙 물건도 많고 많이 낡은 제품들이 많기 때문에 정말 눈에 불을 켜고 찾아야 상태가 좋고 괜찮은 물건을 건질 수 있는 진정한 빈티지 숍이다. 이 옷 저 옷 다 걸쳐 보고 신어 보다 보면 어느새 빈티지의 매력에 빠져 들어 영화 속 주인공처럼 신나게 되니 들어가서 그냥 쓰윽 보고 나오지 말고 이것저것 다 신어 보고 입어 볼 것을 강추한다.

**Location:** 104 Rivington st.
**Call:** (212) 979-9992
**Hours:** 10:00~19:00

## 3 Plum 플럼

한국 서울의 청담동 일대 편집 숍에서 수십만 원대를 호가하는 읽기도 어려운 이름의 신진 디자이너 옷들을 편하게 입어 보고 싶다면 이곳으로 가야 한다. 특히 겨울이나 여름 막바지에 세일할 때는 10만~20만 원으로도 괜찮은 원피스나 블라우스를 건질 수 있다. 한국에서는 가격이 두세 배로 뛰니 안 사더라도 입어 보고 패션 센스를 한 단계 업그레이드 해 보자.

**Location:** 124 Ludlow st.
**Call:** (212) 529-1030
**Hours:** 10:00~19:00

# 4. HONEY IN THE ROUGH 허니 인 더 러프

이름처럼 달콤한 콘셉트의 디자이너 옷들이 그득하다. 츠모리 치사토의
원피스를 뉴욕에서도 입어 볼 수 있는데 높은 점수를 주고 싶다. 그 외에
도 세련되기보다는 아주아주 사랑스럽고 달콤한 금발의 아가씨들에게 잘
어울릴 만한 원피스들과 블라우스들이 많아 나는 잠깐이나마 나이를 잊고
구매욕을 높여 지름신을 영접하기에 이르러 카드를 긁고 말았지만 트렁크
안에 곱게 접힌 블라우스를 보면 절대 후회 없고 오히려 행복해진다고 장
담힐 수 있다.

**Location:** 161 Rivington st.
**Call:** (212) 228-6415
**Hours:** 10:00~19:00

# 5. NANIA 나니아

연대를 알 수 없는 상상 초월의 빈티지 세계가 이곳에서 펼쳐진다. 수많
은 빈티지 숍들이 로어 이스트에 있지만 퀴퀴하게 빈티지 숍 냄새가 나지
않고 예쁜 원피스와 빈티지 슈즈들만 잘 골라 놓은 오래된 가죽 트렁크
같은 곳이 바로 나니아다. 마음껏 입어 보고 신어 보고 빈티지의 세계에
들어갔다 나오면 정말 나니아에 다녀 온 기분이 든다. 사실 나니아에 들
어갔다 나온 것이기도 하지만 말이다.

**Location:** 161 Rivington st.
**Call:** (212) 979-0661
**Hours:** 10:00~19:00

# 6. Foley + Corina 폴리 플러스 코리나

유명한 신진 디자이너들의 옷들을 골라 파는 편집 숍처럼 이곳은 빈티지
만 골라서 파는 멋진 숍이다. 곱디고운 빈티지 원피스들도 당기지만 이곳
에서는 주얼리가 볼 만하다. 빈티지 목걸이가 어찌나 멋스럽고 예쁜지
'어머! 어머!'를 절로 연발하게 되는 곳이다. 아메리칸 어패럴의 짱짱한 면
민소매 원피스에 이곳의 목걸이를 두세 개쯤 겹쳐서 걸치면 바로 클럽으
로 진출해도 좋다.

**Location:** 114 Stanton st.
**Call:** (212) 529-2338
**Hours:** 10:00~19:00

# 7. MIKS 믹스

미국 잡지 중 〈럭키〉라는 잡지가 있다. 그 잡지에 자주 협찬하는 가게는
럭키라는 핑크 색 스티커가 붙는데 이집이 바로 그곳들 중 하나다. 독특
한 디테일이 있는 옷들을 주로 진열하는데 심플하면서도 독특한 디테일의
컬러감 있는 제품군이 모두 디자이너의 신상(품)이란 사실.

**Location:** 100 Stanton st. # 2
**Call:** (212) 505-1982
**Hours:** 10:00~19:00

# 8    Pixie market    픽시 마켓

너무도 개인적인 주관으로 얘기하면 안 되겠지만 개인적으로 이 숍의 옷들은 정말 '미안하다 사랑한다' 라고 말해 주고 싶을 만큼 멋지다. 보이시한 그레이 컬러의 보머 재킷이나 프린트가 독특한 실크 소재의 박시한 반팔 톱은 입어 보고 매장 안을 한참 동안 돌아 다니게 만들었다. 아무리 많이 입어 보고 사지 않아도 늘 "좋은 하루 보내"라고 말해 주는 주인장 덕분에 로어 이스트에 가면 고양이가 생선 가게 그냥 못 지나가듯 꼭 한 번씩 들러 패션쇼를 했던 곳이다.

**Location:** 100 Stanton st.
**Call:** (212) 253-0953
**Hours:** 10:00~19:00

# 9    Shop    숍

뉴욕에서 플럼, 오트와 더불어 소규모 편집 숍이지만 컬렉션이 좋아 뉴요커들에게 인기 있는 매장 중 하나. 이집의 매력은 로어 이스트의 분위기를 몹시 잘 이용했다는 점이다. 붉은 벽돌과 초인종을 누르고 안으로 들어가면 아늑한 실내에 주얼리부터 의류와 신발, 속옷까지 정말 없는 게 없다는 말이 딱 맞을 정도로 논스톱으로 풀 쇼핑할 수 있는 작은 미니몰 같은 느낌의 숍이다. 디스플레이하는 실력 또한 아주 뛰어나서 하나를 보면 열 개를 사고 싶게 만드는 가게다.

**Location:** 105 Stanton st.
**Call:** (212) 375-0304
**Hours:** 10:00~19:00

# 10    The reed space    리드 스페이스

스포티하면서도 독특한 개성을 지닌 남자는 이곳에 들어가면 못 나온다. 판매는 하지 않는 디스플레이된 리미티드 에디션 나이키 운동화들과 버튼을 비롯한 신진 디자이너들의 스포티한 집업 및 패딩과 밀리터리 재킷들이 깔끔하게 진열되어 있기 때문이다. 쇼핑을 사랑하는 남자라면 더불어 스노보드를 사랑하는 남자라면 꼭 한번 들어가서 여자들처럼 '꺅' 하고 소리 질러 볼 것을 권한다. 굳이 권하지 않아도 절로 '꺅' 소리가 나오겠지만. 이곳을 위해 최대한 다른 부수적인 지출을 아껴 두어야 할 것이다. 프린팅 티셔츠와 집업이 정말 예술이다.

**Location:** 151 Orchard st.
**Call:** (212) 253-0588
**Hours:** 10:00~19:00

## 11 Suite Orchard 슈트 오차드

뉴욕에는 유난히 주소의 숫자나 길 이름으로 생각 없이 지은 듯하지만 왠지 멋있어 보이는 가게나 건물이 많다. 이곳도 그냥 이름으로 따지면 오차드 거리의 옷가게 정도일 뿐이지만 가게 안의 내용물들은 전혀 평범하지 않다. 이름에 속지 말고 꼭 매장 안으로 들어가 볼 것! 예쁘고 특이한 원피스들이 많아 프랑스에서 여행 온 관광객들이 마구 불어를 쓰며 한가득 원피스를 들고 피팅 룸으로 들어가는 곳이다.

**Location:** 145 Orchard st.
**Call:** (212) 533-4115
**Hours:** 10:00~19:00

## 12 Lolli 롤리

정말 작은 외곽 귀퉁이에서 발견한 보물 같은 옷가게로 그냥 무심코 지나가다 가도 다시 돌아와 꼼꼼히 살펴보게 되는 윈도 디스플레이와 갤러리 같은 분위기의 가게다. 바잉을 목적으로 이곳저곳의 떠돌이 생활에서 주인장의 감각과 센스를 꿰뚫어 볼 수 있는 초능력자라면 가게 주인의 디스플레이 능력만 보고도 이 숍의 퀄리티를 짐작할 수 있으리라. 이것저것 입어 봐도 좋은 곳! 보이시한 스타일의 옷들이 많다.

**Location:** 85 Stanton st.
**Call:** (212) 529-2030
**Hours:** 10:00~19:00

## 13 B Boutique 비 부티크

보이시한 느낌의 매장 안에는 내 사랑 스트라이프와 블랙 컬러의 의상들이 그득그득해서 들어간 순간 정신이 아찔했던 숍이다. 깔끔하고 심플한 프린트의 티셔츠들과 컬러감이 특출난 스키니와 잘 어울릴 스트라이프 티셔츠 원피스 블라우스들이 어찌나 유혹을 하는지 결국은 귀차니즘을 물리치고 입어 보게 되는 곳이다. 가끔 주인 아저씨가 키우는 귀여운 강아지가 숍을 지키는데 '삐끼' 역할까지 톡톡히 하는 기특한 녀석이다.

**Location:** 55 Clinton st.
**Call:** (212) 673-3494
**Hours:** 10:00~19:00

## 14 Peggy Padon 페기 파동

프렌치한 이름처럼 역시나 프렌치 느낌이 가득한 빈티지 옷장 같은 가게다. 고급스러운 앤티크 블랙 컬러로 차분한 듯 보이지만 안에 들어가면 아름다운 레이스 볼레로(Bolero)부터 손뜨개한 스커트까지 정말 여성스럽고 따뜻한 느낌의 옷들이 많은 곳이다. 털실로 스웨터를 짜고 있는 예쁜 여자와 고양이가 생각나는 가게.

**Location:** 153 Ludlow st.
**Call:** (212) 529-3686
**Hours:** 10:00~19:00

## 15 **Some Odd Rubies** 섬 오드 루비즈

재밌는 이름의 이 가게 역시 빈티지 숍이다. 예쁜 러플 원피스나 스커트
가 매력적이며 체크무늬의 빈티지 제품들로 '픽 업 걸' 느낌의 블라우스
가 많다. 밝고 화사한 핑크 색상의 가게 앞에 놓인 빈티지 의자 세 개가
나란히 놓인 이곳에서 잠시 쉬어 가기에도 안성맞춤이다. 날씨 좋은 날
입구 벤치에 앉아서 사진 찍으면 핑크 색 외관으로 인해 아주 그럴싸한
사진이 나온다는 사실.

**Location:** 151 Ludlow st.
**Call:** (212) 353-1736
**Hours:** 10:00~19:00

## 16 **Hillary Flower** 힐러리 플라워

클린턴 스트리트에 위치한 힐러리 플라워라는 재미있는 이름을 지어 낸
주인의 센스만큼이나 이곳에는 깜찍하고 다양한 빈티지가 그득그득하다.
아주 컬러풀하고 일본 스타일의 빈티지 제품들이 많은데 그래서인지 일본
인들이 쇼핑하러 많이 들어온다. 귀엽게 패치워크가 붙은 스웨터나 셔츠
원피스에 레이스 프릴이 달린 정말 '가와이(귀엽다)!' 가 절로 튀어 나오
는 일본 스타일의 빈티지한 옷들이 많은 곳이다.

**Location:** 40 Clinton st.
**Call:** (212) 673-0380
**Hours:** 10:00~19:00

## 17 **Hudson st. Papers** 허드슨 스트리트 페이퍼

어릴 적부터 공부는 못 해도 노트는 꼭 예쁜 걸로, 글씨는 못 써도 펜은
귀여운 걸로 라는 신념 하나로 살아 온 내게 이집은 오랜만에 노트를 사
서 글도 써 보고 싶게 만들었던 집이다. 특히 빈티지 포스터 같은 느낌의
엽서나 카드는 '이건 꼭 소장해야 해!' 라고 내 자신을 설득시켜 사게끔
만드는 마력이 있다. 뉴욕 느낌의 카드나 엽서가 필요하다면 이곳에 꼭
가 보자!

**Location:** 149 Orchard st.
**Call:** (212) 229-1064
**Hours:** 10:00~19:00

# Bar & Club

## 1 LIQUOR BAR   리퀴어 바

로어 이스트의 빈티지한 매력에 푹 빠져 걷다 보면 살짝 지치게 된다. 그럴 때는 이 바에서 한 잔의 프렌치 마티니나 와인 또는 블러디 메리를 마셔야 한다. 온몸이 나른해지며 발가락 끝까지 혈액순환이 일어나 잘 안 되던 R 발음도 득음하게 된다. 이곳은 특히 날씨가 좋은 날에는 긴 통유리 창을 다 열어 두기 때문에 창가에 앉는 것이 좋다. 인테리어가 독특한 화장실에 갈 때는 디지털 카메라를 가져가 사진도 찍고 볼일도 보는 일석이조의 기쁨을 누려 보시길.

**Location:** 131 Rivington st.
**Call:** (212) 260-4555
**Hours:** 10:00~24:00

## 2 COCOA BAR   코코아 바

와인과 초콜릿! 카사노바가 울고 갈 여자들이 몹시 사랑하는 로맨틱한 술과 주전부리가 만났다. '어떻게 저런 궁합을 만들었을까?' 하는 생각을 한참이나 하게 될 만큼 어두운 실내와 인터넷이 가능한 창가 자리가 섹시해 보이기까지 한다. 저녁 식사 후 이곳에서 글라스로도 주문 가능한 와인을 한 잔 하고 천천히 귀가하는 밤길에선 초콜릿처럼 달콤하고 레드 와인처럼 떨떠름한 뉴욕이 느껴진다.

**Location:** 19 Clinton st.
**Call:** (212) 677-7417
**Hours:** 10:00~24:00

## 3 Thor & 105 Club   소어 앤 105 클럽

리빙턴 스트리트의 한가운데를 지나다 보면 시선이 확 모이는 곳이 있다. 바로 리빙턴 호텔로 단층 건물들이 지배적인 로어 이스트의 랜드마크라고도 볼 수 있는데 입구의 인테리어가 굉장히 독특하다. 소어라는 분위기 좋고 맛 좋은 레스토랑과 밤이 되면 105라는 이름의 클럽 때문에 이곳에서는 타임스스퀘어에서는 절대로 볼 수도 스쳐 지날 수도 없는 뉴욕 패션 피플들을 만날 수 있다. 어찌나 울트라 멋쟁이들로만 꽉꽉 차는지 조명이 없어도 될 만큼 그들에게선 빛이 난다. 날씨가 좋은 가을 낮에는 1층 통유리 창이 오픈되어 큰 소파가 놓이는데 이 자리 차지하기는 대낮에 별 찾기만큼 어렵다.

**Location:** 107 Rivington st.
**Call:** (212) 796-8040
**Hours:** 17:00~4:00

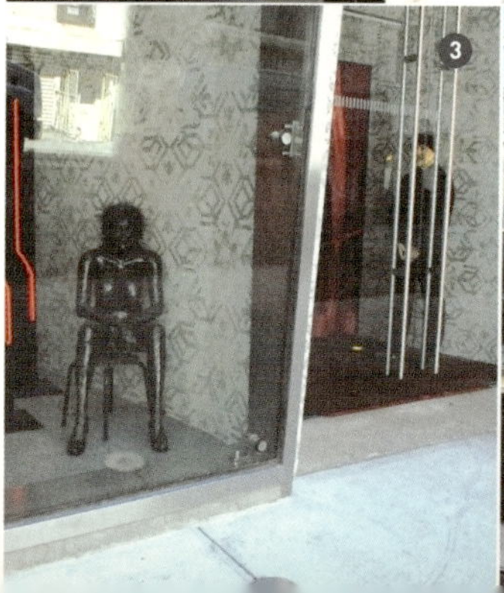

# Have to do!

### 빈티지 원피스와 벨트 사기

　빈티지 숍과 신진 디자이너의 편집 숍들이 유난히 많고 바로 옆 노리타와 달리 로어 이스트는 동네 자체가 빈티지다. 빈티지 원피스를 입거나 옷을 사기가 그렇다면 벨트 하나로 포인트를 주고 리빙턴 호텔의 바에 가서 뉴욕의 빈티지한 밤을 불사르자.

### 다채로운 그래피티의 향연 앞에서 셀프 카메라 찍기

　로어 이스트에 처음 온 여행객들이 "오! 한 빈티지 하는데!"라고 외치게 되는 데에 일등공신 역할을 한 것이 바로 그래피티다. 한국처럼 뉴욕도 리모델링하는 건물이 많아져서 오래된 뉴욕의 아파트나 건물들이 사라지고 있는 와중에도 이곳 로어 이스트는 아직 건재하다. 덕분에 다양한 종류의 화려한 그래피티들이 길 곳곳에 또는 버스 정류장 구석구석에 그려져 있다. 이 거대한 그래피티 갤러리에서 바람에 머리칼 날리며 셀프 카메라를 찍어 두면 뉴욕을 사진 속에서도 두고두고 느낄 수 있다.

# 11. China town & Little Italy

뉴욕 속에는 정말 많은 나라가 있는데 그중 작은 이태리라고 불리는 이 앙증맞게 정말 작은 지역과 타운이라고까지 불리는 중국의 거대한 지역은 서로 너무나 안 어울리지만 너무나 사랑하는 커플처럼 딱 붙어 있다. 리틀 이태리의 레스토랑들은 차이나 타운에서 호객 행위를 배워 온 덕에 손님이 그다지 많지 않고 극도로 저렴한 가격을 내세운 차이나 타운은 늘 너무나 많은 사람들 때문에 정신이 없어 손님이 줄었다고 하지만 이 두 지역에는 정열적인 이탈리아와 리얼한 중국이 있다. 카넬 스트리트에 있는 머털도사가 서빙할 것 같은 스타벅스에도 커피 한 잔 하러 가 보자.

1. 분에서 맛있고 세련된 점심 식사하기 ···▶　2. 페라라에서 아이스 크림 먹기 ···▶
3. 익스퀴짓 커스텀 빈티지에서 빈티지 쇼핑 ···▶　4. 차이나 타운에서 딸기 사 먹기 ···▶
5. 카넬 스트리트의 차이나 타운 시장 구경하기 ···▶　6. 패킹 덕 하우스에서 오리 요리로 만찬 즐기기 ···▶
7. 실크로드에서 티 한 잔!

**Hey Play!**

1. 포코레어에서 따뜻한 점심 먹기 ···▶　2. 리틀 이태리 지역을 돌면서 사진 찍기 ···▶　3. 차이나 타운 아이스 크림 팩토리에서 리치 아이스 크림 먹기 ···▶　4. 콜럼버스 공원에서 산책하기 ···▶　5. 홉키에서 게 볶음으로 저녁 식사하기 ···▶　6. 카페 나폴리에 가서 편안한 소파에 앉아 와인 한 잔

Geenwich Village
E 4St
New York
ersity NoHo
Great Jones St
Bond St
E 2St
cker St
uston St
E Hou
Nolita
Star
Jersey St
Rivin
De
Kenmare St
Mercer St
Broadway
Crosby St
Little Italy
Grand St
B D
Chrys
Forsyth St
Eldtidge St
Allen St
Orchard St
19
16
15
17 18
Baxter St
Mulberry St
Mott St
Elizabeth St
Bowery
Hester St
Howard St
21
6 J M Z
Canal St
22
25 26
24
20
Canal St
Chinatown
Division S
4
6
5
Bayard St
9
11
Pell St
Hike
Lafayette St
Cortlandt Al
Centre St
10
1
8
Mosco St
12
7 13 14
Doyer St
2
1
Marker
St
St
St
Worth St
Thomas St
Duane St
Reade St
3
Oliver St
Catherine St
Monroe St
James St
W
시청
St
Broadway
CITY HALL
M103 City Hall
Franktort St
Dover St
Park R
Beekman St
Spruce St
Gold St
StJames Pl
사우스 스트리트 시포트
Ann St
Fulton St
Cliff St
South St
Seaport
ial Distriet
Marden
William
La
Platt St
John St
Fletcher St
Pier 16
erty St
dar St
Nassau
Pearl

## Café & Restaurant

1.East Corner Wonton(이스트 코너 완탕)  2.Hongkong Station(홍콩 스테이션)
3.Dimsum Gogo(딤섬 고고)  4.KamMan Market(감만 마켓)  5.Jingfong Restaurant(징퐁 레스토랑)
6.Pho Saigon(포 사이공)  7.Peking Duck House(패킹 덕 하우스)  8.Silkroad place(실크로드 플레이스)
9.Nice Green bo(나이스 그린 보)  10.Shanghai Cuisine(상하이 퀴진)

## Park

1.Columbus park(콜럼버스 파크)

## Shop

1.Exquisite Costume Vintage(익스퀴짓 코스튬 빈티지)

# 1 East Corner Wonton 이스트 코너 완탕

김이 모락모락 나는 각종 완탕과 구릿빛으로 잘 구워진 맛깔스러운 오리 고기가 놓인 국수는 한국인의 입맛에 딱이다. 푸짐한 양과 시원한 국물이 바로 피로가 쫙 풀리도록 해 줘서 몸이 찌뿌듯하거나 비가 오는 날이면 생각나는 곳이다. 사실 차이나 타운은 비가 부슬부슬 올 때가 더 매력적이기도 하니 비 오는 날 우산 쓰고 완탕과 누들을 먹어 볼 것 아무리 먹고 팁까지 다 줘도 1인당 $10를 넘시 잃는디.

**Location:** 70 E Broadway
**Call:** (212) 343-9896
**Hours:** 9:30~22:00

# 2 Hongkong Station 홍콩 스테이션

차이나 타운에서 그나마 조금 깨끗한 집이다. 더군다나 아침 식사도 할 수 있는 시간대에 오픈한다. 이집은 아주 특이하게도 국수 면발을 고를 수 있고 그 위에 자신이 원하는 고기를 토핑처럼 얹어 먹을 수 있는 집인데 맛도 있고 가격도 저렴하고 골라 먹는 재미까지 있다. 취향에 따라 토핑할 수 있어서 '다음 번에는 저걸 먹어 봐야지 이걸 먹어 봐야지' 하면서 자꾸만 가게 되는 집이다.

**Location:** 45 Division st.
**Call:** (212) 966-9682
**Hours:** 7:30~20:30

# 3 Dimsum Gogo 딤섬 고고

차이나 타운의 얼마 안 되는 깨끗한 맛집 중 하나다. 딤섬 집인데 다른 집에 비해 인테리어 값인지 모르겠으나 가격이 조금 높은 편이지만(그래도 싸다!) 딤섬을 좋아하고 차이나 타운에서 그나마 좀 더 깨끗한 식당을 원한다면 이집을 추천한다. 딤섬은 역시 차이나 타운이 최고인 만큼 다양한 종류를 맛볼 수 있어서 신이 난다.

**Location:** 5 E Broadway
**Call:** (212) 732-0796
**Hours:** 9:30~22:00

## 5 **Jingfong Restaurant** 징퐁 레스토랑

딤섬을 정말 사랑하는 딤섬 마니아라면 이 레스토랑의 점심 메뉴인 딤섬 뷔페를 추천한다. 들어가면 우선 레스토랑의 압도적인 사이즈에 놀라게 되고 그 촌스러운 인테리어에 한 번 더 놀라고 둥근 테이블에 다른 사람들과 함께 둘러 앉아 먹어야 하는 데에 또 놀라게 된다. 또한 저녁 때에는 딤섬을 팔지 않는다. 점심 뷔페에는 카트에 각종 딤섬을 싣고 둥근 테이블 사이를 웨이터가 돌아다니는데 그때 잽싸게 딤섬을 골라내 맛있게 먹으면 된다. 이 모든 불편함을 이겨낼 만큼 맛과 가격이 좋으므로 친구들과 단체로 가 보는 것도 재미있는 추억이 될 것이다.

**Location:** 20 Elizabeth st.
**Call:** (212) 964-5256
**Hours:** 9:30~22:00

## 6 **Pho Saigon** 포 사이공

차이나 타운에서 쌀국수가 기가 막히게 맛있는 집이다. 베트남 요리 중 뜨끈한 국물 맛 때문에 해장용으로 애용되는 포(Pho)가 진국인 집으로 가격 또한 차이나 타운의 시세에 맞추어 팁과 택스를 포함해 $6면 충분하니 클럽에서 밤새 놀았다면 적극 강추하는 해장집이다. 큰 길가에 있어 찾기도 쉽다.

**Location:** 52 Bowery
**Call:** (212) 226-3751
**Hours:** 9:30~22:00

## 7 **Peking Duck House** 패킹 덕 하우스

중국 요리 중에서도 특히 유명한 것이 바로 '베이징 덕'이라 불리는 오리
요리다. 오리 껍질은 바삭하게 속은 아주 부드럽게 구워 내는 게 특징인
데 그 바삭한 껍질은 그냥 먹어도 맛이 있어서 속살과 같이 먹어야 하는
것을 잊고 자꾸 껍질 먼저 홀랑 벗겨 먹게 되곤 한다. 이미 뉴욕에서도 유
명한 맛집이라 그런지 분위기도 차이나 타운답지 않은 편이다.

**Location:** 28 Mott st.
**Call:** (212) 227-1810
**Hours:** 점심 11:00~4:00, 저녁 5:30~12:00, 브런치 10:30~4:00

## 8 **Silkroad place** 실크로드 플레이스

차이나 타운에 있는 거의 유일하다고 봐도 좋은 커피숍이다. 이름도 참
촌스러운 실크로드 커피숍은 의외로 커피가 맛있고 차들이 다양해 기름지
고 느끼한 중국 음식을 배불리 먹고 난 뒤에 한 잔 하고 가기에 좋다. 저
렴한 가격에 다양한 차를 맛볼 수 있고 다방 같은 분위기지만 나름대로
재미가 느껴지는 곳이다.

**Location:** 51 Mott st.
**Call:** (212) 766-9889
**Hours:** 10:00~24:00

## 9 **Nice Green bo** 나이스 그린 보

완탕이 $2다. 도대체 무슨 고기를 쓰기에 이런 착하고 아름다운 가격으로
장사를 하는 걸까 하는 의문이 꼬리에 꼬리를 문다. 얇고 고소한 완탕 한
그릇은 양이 많지 않아 출출한 야식이나 간식으로 적당한데 뜨끈한 육수
까지 쭉 마시고 나면 온몸에 에너지가 충전되는 것이 느껴진다. 별 것 아
닌 만두 같이 생겼지만 먹고 나면 보양식 같은 느낌을 주는 뜨끈한 완탕
을 사랑하게 되는 집이다.

**Location:** 66 Bayard st.
**Call:** (212) 625-2359
**Hours:** 9:30~22:00

## 10 **Shanghai Cuisine** 상하이 퀴진

예사롭지 않은 조명들이 달려 있어 중국 상하이로 착각하게 되는 집이다.
상하이 정통 요리를 선보이는 집으로 '소룡포'라는 육수가 든 만두를 비
롯해 각종 중국 요리를 맛볼 수 있다. 대체적으로 달달한 맛이 많이 도는
음식들이 많은데 그게 바로 상하이 식이란다.

**Location:** 89 Bayard st.
**Call:** (212) 732-8988
**Hours:** 점심 11:00~4:00, 저녁 5:30~12:00, 브런치 10:30~4:00

## 11 Chinatown ice cream factory — 차이나타운 아이스 크림 팩토리

'리치 아이스 크림'으로 유명한 가게다. 시원하고 개운한 셔벗 같은 리치 아이스 크림은 이곳에서만 팔아서인지 관광객이면 열에 열 명 모두가 이 아이스 크림을 먹는다고 한다. 차의 왕국답게 녹차 맛 아이스 크림도 맛있다.

**Location:** 65 Bayard st.
**Call:** (212) 608-4170
**Hours:** 10:00~23:00

## 12 Hopkee — 홉키

메뉴 판에도 한글이 적혀 있고 한국 사람들이 주문할 때는 "게 볶음 맛있어요!" 라고 말해 주는 센스까지 있는 레스토랑이다. 아저씨의 말처럼 이집은 게 볶음이 인기 메뉴다. 걸쭉한 팔보채 소스 같은 데에 꽃게들이 볶아져서 나오는데 게살을 싹싹 발라내 소스와 함께 밥에 쓱쓱 비벼 먹으면 그 맛에 바로 중독되고 만다. 정신없는 차이나 타운을 극도로 싫어하는 사람들도 홉키의 게 볶음($8)에 빠져 이곳에 어쩔 수 없이 올 수밖에 없게 만드니 맛있음을 인정하지 않으려야 하지 않을 수가 없다.

**Location:** 21 Mott st.  **Call:** (212) 964-8365  **Hours:** 9:30~22:00

## 13 Ping Seafood — 핑 시푸드

이름처럼 해산물이 주된 요리 재료인 집이다. 그러나 이집의 베스트 오브 베스트라고 할 수 있는 것은 $5.95짜리 점심 프리픽스 메뉴. 요리와 밥이 함께 나오는데 한 끼 식사로는 적당한 양에 저렴한 가격으로 맛있는 음식을 즐길 수 있다는 사실에 먹는 내내 마음까지 편안해지는 곳이다. 메뉴 대부분이 다 맛있는데 저녁 때도 아무리 비싸 봤자 $30 안쪽이면 바닷가재까지 먹을 수 있으니 저녁 메뉴도 도전해 볼 만하다.

**Location:** 22 Mott st.
**Call:** (212) 602-9988
**Hours:** 10:00~15:30

## 14 Ajisen Noodle — 아지센 누들

홍콩 전역에서 인기몰이를 했던 귀염둥이 소녀가 윙크하는 모습이 트레이드 마크인 라멘 집이다. 일본식 라멘과 비슷하지만 좀 더 맛이 강하고 자극적인 것이 특징인데 국물도 정말 걸쭉하다. 칼로리가 딱 봐도 높아 보이는 것만 제외하면 맛있고 저렴해서 좋은 곳인데 워낙 먹을거리가 저렴하고 풍부한 차이나 타운에서는 빛을 발산하지 못하고 있다.

**Location:** 14 Mott st.
**Call:** (212) 267-9680
**Hours:** 9:30~22:00

## 15     **Bun**     분

리틀 이태리 지역에 외롭게 자리잡은 퓨전 베트남 레스토랑이다. 트라이베카에 있는 메이하우스와 같은 레스토랑으로 좀 더 저렴하고 캐주얼한 것이 특징이다. 'Bun with' 또는 'without broth' 메뉴의 음식들은 다 맛있고 $10~12로 매우 저렴하다. 특히 분 크랩과 덕 레그는 괴롭도록 맛있다. 그저 그래 보이는 입구에 비해 실내 인테리어도 깔끔하고 세련된 곳인데 음식도 예쁘게 담겨 나온다. 쇼트 립 레몬 그라스는 음식인지 그림인지 헷갈릴 정도다. 모든 것이 최고!

**Location:** 143 Grand st.
**Call:** (212) 431-7999
**Hours:** 점심 11:30~3:00, 저녁 6:00~2:00

## 16     **Onieal's**     오니엘스

이집의 크랩 파스타($21)는 인정사정 봐 주지 않는 맛인데 알맞게 잘 삶아진 링귀니 면발과 달콤 쫄깃한 게살을 설명하는 지금도 입 안에 침이 고일 정도로 완전 강추하는 메뉴다. 그 외에 다른 인기 메뉴가 많다고 주구장창 설명하며 이것저것 시키기를 권하는 웨이터는 가뿐하게 무시할 것! 전부 시켰다가는 다 먹지도 못할뿐더러 바가지 쓰기 십상인 곳이 이곳 리틀 이태리니까 말이다.

**Location:** 174 Grand st.
**Call:** (212) 941-9119
**Hours:** 점심 11:30~3:00, 저녁 6:00~1:00

## 17     **Novella**     노벨라

관광객들에게 식당의 인테리어는 그집의 맛과 들어갈지 말지를 좌우할 만큼 중요하다. 이집은 마치 이태리에 온 것 같은 착각을 불러일으키는 인테리어와 화사한 테이블보가 야외에서 펄럭거리는 덕분에 늘 맛에 비해 사람이 많은 집이다. 파스타는 대부분 맛있지만 이집에서는 늦은 점심 때 샐러드 하나 시켜 놓고 분위기만 즐길 것을 권한다.

**Location:** 191 Grand st. # A
**Call:** (212) 966-0555
**Hours:** 점심 11:30~3:00, 저녁 6:00~1:00

## Ferrara  페라라

아이스 크림으로 유명한 나라 이태리의 원조 젤라토 맛을 즐기고 싶을 때
는 페라라가 좋다. 거대한 아이스 크림 모형 아래에 있는 이집은 찾기도
쉽지만 날씨가 조금이라도 더운 날이면 벌써 사람들로 북적거려서 아이스
크림 종류를 보기 힘들 만큼 몰려드는 곳이다. 젤라토는 전부 맛있어서
어떤 맛을 선택해도 후회하지는 않을 것이다. 우유가 많이 들어가 부드러
운 맛을 내는 게 특징이다.

**Location:** 195 Grand st.
**Call:** (212) 226-6150
**Hours:** 10:00~22:00

## 19  Grotta Azzurra  그로타 아주라

빨간색 차양과 잘 어울리는 짙은 밤색의 나무로 된 창이 인상적인 이집은
리틀 이태리에서도 꽤 오래된 맛집이다. 점심에 $9.5짜리 런치 프리픽스
메뉴가 인기인데 미트볼 스파게티가 맛있고 저녁 때에 $19 디너 프리픽스
메뉴 중에서는 카르보나라가 맛있다. 관광객들이 저렴한 가격과 분위기,
맛 모두에 높은 점수를 주는 집이다. 리틀 이태리 지역은 은근히 레스토
랑들이 맛에 비해 가격이 비싼 집들이 대부분이고 호객 행위로 잘못 끌려
들어갈 수도 있으므로 반드시 미리 맛집을 알아 보고 가야 한다. 그리고
참고로 정말 유명한 터줏대감 맛집들은 호객 행위를 하지 않는다.

**Location:** 177 Mulberry st.
**Call:** (212) 925-8775
**Hours:** 점심 11:30~3:00, 저녁 6:00~1:00

## 20  Vincent's  빈센트

링귀니에 내맘대로 토핑을 해서 먹을 수 있고 소스는 올리브 오일을 또는
토마토를 마음 내키는 대로 마음껏 바꾸어서 먹을 수 있어 좋은 집이다.
한마디로 내 입맛에 맞게 내가 좋아하는 재료만 넣어서 먹을 수 있는 것
이 이집의 장점이다. 오징어와 새우를 넣은 토마토 바질 소스 링귀니는
바다의 맛 그 자체! 해산물이 유명한 집인 만큼 치킨이나 미트볼 대신 해
산물을 넣어 만든 파스타에 도전하는 것이 좋다.

**Location:** 119 Mott st.
**Call:** (212) 226-8133
**Hours:** 점심 11:30~3:00, 저녁 6:00~1:00

# 21  **Puglia**  푸글리아

리틀 이태리의 터줏대감 같은 집이다. 이미 여러 파티 때에 소개된 곳으로 유명한데 여자들끼리의 생일 파티로 주말 저녁이면 늘 시끌벅적하다. 이집의 최고 메뉴는 '라자냐($11)'다. 크랩 라비올리도 맛있다. 단, 양은 많지 않다. 주말 저녁 시끌벅적하게 웃고 떠들며 유쾌한 저녁을 함께할 멤버가 갖춰졌다면 푸글리아로 고!

**Location:** 189 Hester st.
**Call:** (347) 741-8835
**Hours:** 점심 11:30~3:00, 저녁 6:00~1:00

# 22  **Casa bella**  카사 벨라

$14.50~22선에서 사랑하는 사람과 저녁 식사를 함께하고 싶다면 리틀 이태리에서 이곳이 적격이다. 새벽 한 시까지 오픈하기 때문에 파스타와 와인 한 병으로 기나긴 시간 동안 식을 줄 모르는 저녁 식사를 하고 집 앞까지 바래다 주는 로맨틱한(영화를 너무 많이 봤나?) 밤 산책으로 이어 주는 레스토랑이다. 그래서인지 주말 저녁 이곳에는 무슨 말을 서로 주고받는지 잘 들리지도 않게 작은 소리로 속닥거리는 선남선녀 커플들을 많이 볼 수 있다.

**Location:** 127 Mulberry st.
**Call:** (212) 431-4080
**Hours:** 월~목 12:00~24:00, 금~일 12:00~1:00

# 23  **Café Napoli**  카페 나폴리

카페로 시작한 파스타 집으로 신나게 노는 것을 사랑하는 이태리 인들의 진수를 볼 수 있는 곳이다. 카페 음식도 맛있고 다 괜찮다. 바는 분위기나 인테리어는 별로지만 편안한 내 집 같은 분위기에서 친구들과 수다 떨기에 좋아 보이나 무드에 죽고 사는 우리에게는 별로 바답지 않게 시끌시끌해서 자주 가게 되진 않는 집이다.

**Location:** 191 Hester st.
**Call:** (212) 226-8705
**Hours:** 점심 11:30~3:00, 저녁 6:00~1:00



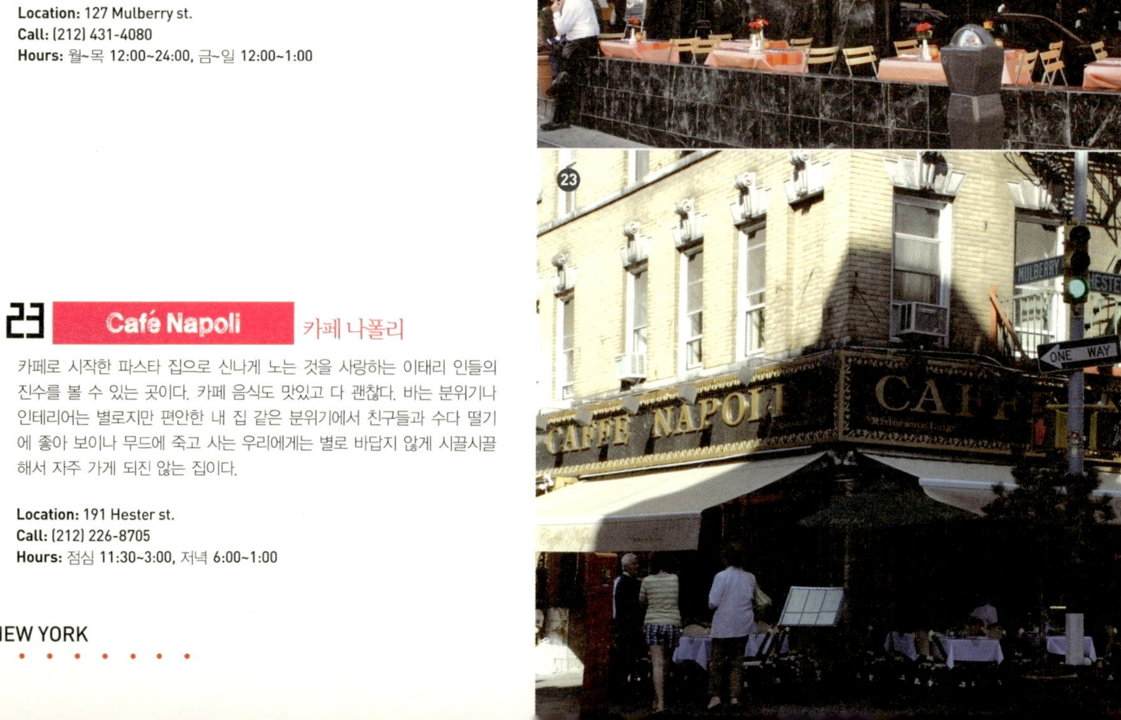

## 24   Positano   포지타노

친절하고 유쾌한 그리고 자꾸 더 먹으라고 추천하지 않는 웨이터가 마음에 쏙 드는 집이다. 파스타($9~15) 또한 맛있고 저렴하고 양도 적당하다. 특히 인테리어도 붉은 벽돌로 된 오븐 같아서 피자 화덕 속으로 내가 들어가 있는 듯해 아늑하고 편안하다. 리틀 이태리에 있는 식당 중 즐겨 갔던 곳! 리틀 이태리에서 조용히 식사하고 싶다면 이곳이 제일이다.

**Location:** 122 Mulberry st.
**Call:** (212) 334-9808
**Hours:** 점심 11:30~3:00, 저녁 6:00~1:00

## 25   Il Cortile   일 코타일

리틀 이태리에 있는 신전 안에서 식사하는 기분이 드는 우아한 분위기의 레스토랑이다. 역시 파스타가 맛있고 다른 요리들도 다 괜찮은 편이다. 어떻게 보면 촌스러울 것 같은 인테리어인데 오묘하게도 컬러를 베이지 톤으로 맞춰서인지 밝고 우아해 맞선 보기 딱 좋은 분위기다. 사진 찍으면 무슨 조각 정원에서 찍은 것처럼 예술로 나오는 곳이다.

**Location:** 125 Mulberry st.
**Call:** (212) 226-6060
**Hours:** 점심 11:30~3:00, 저녁 6:00~1:00

## 26   Focolare   포코레어

예쁜 의자와 테이블 때문에 내가 리틀 이태리에서 가장 좋아하는 집이다. 당연히 음식도 으뜸이다. 프리픽스 메뉴($12.50)를 먹고 나면 나가기가 싫어서 디저트도 시키고 커피도 시키고 자꾸 계속 시켜 먹어야 할 만큼 한번 들어오면 나가고 싶지 않은 곳이다. 고기류는 적당히 부드럽게 익혀서 내오는데 라자냐($17)와 피자도 너무 맛있다. 정말 배만 허락한다면 다 먹어 보고 싶다.

**Location:** 115 Mulberry st. # A
**Call:** (212) 993-5858
**Hours:** 점심 11:30~3:00, 저녁 6:00~1:00

# Shop

## 1 Exquisite Costume Vintage — 익스퀴짓 코스튬 빈티지

가격대가 조금 높긴 하지만 진짜 빈티지 마니아들이 좋아할 만한 리얼 빈티지 옷가게다 벨트가 특히 멋있어서 샀는데 정말 후회가 없을 만큼 여기저기 어찌나 잘 어울리는지 이루 말할 수 없이 기뻤다. 치마와 블라우스, 그리고 벨트가 괜찮은데 치마는 정말 독특하고 다 예뻐서 무엇을 질러야 할지 심각하게 고민하게 된다.

**Location:** 377 Broome st.
**Call:** (212) 966-4142
**Hours:** 10:00~19:00

# Park

## 1 Columbus park — 콜럼버스 파크

공원의 반은 운동하는 곳이고 나머지 반은 중국 스타일의 정자를 중심으로 한 고즈넉한 곳이다. 더 재미있는 사실은 운동을 하는 곳에는 흑인들이 대부분이고 공원에는 중국인들이 대부분이라는 점. 꼭 광장을 나누어 놓고 '여기까지는 우리가 쓸 테니 나머지는 너희가 쓰도록 해.'라고 협정이라도 맺은 것 같다.

# Have to do!

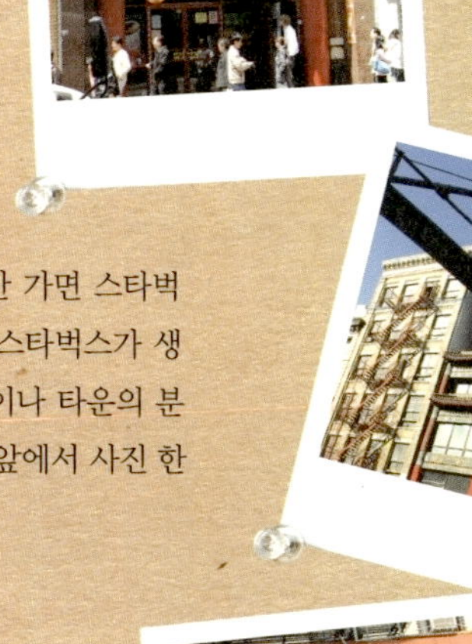

### 차이나 타운 스타벅스와 맥도날드 관광하기

머털도사와 108 요괴들이 싸울 것만 같은 중국풍의 멋진 건물이 바로 스타벅스다. 차이나 타운의 랜드마크 역할을 톡톡히 하고 있는데 내부야 별 다를 것이 없는데도 차이나 타운만 가면 스타벅스를 들르게 될 정도로 멋지다. 인사동에 있는 기와로 꾸며진 스타벅스가 생각나는 곳이다. 그리고 또 하나 뉴욕의 상징 맥도날드 역시 차이나 타운의 분위기를 그대로 담고 있어서 약속 장소로 많이 애용되고 있으니 앞에서 사진 한 장 찍어 주는 센스는 필수!

### 차이나 타운에서 장보기

저렴한 완탕 한 그릇을 뚝딱 비우고 장보기 위해 진입하기에 차이나 타운만큼 좋은 곳은 없다. "중국인들이 파는 건 도무지 믿을 수가 없어!"라고 말한다면 큰 오산이다. 과일은 시중 가격의 딱 절반으로 딸기 한 팩에 $1.5면 살 수 있고 생선도 아주 저렴하고 없는 게 없어서 요리사들도 가끔 색다른 요리 재료가 있는지 구경 나올 만큼 좋은 시장이다. 단, 가격이 저렴해 본의 아니게 너무 많이 사게 될 수 있으니 주의할 것!

## 12. Tribeca

카넬 스트리트와 브로드웨이가 만들어 낸 삼각 지역이 바로 트라이베카다. 로버트 드 니로가 이 지역을 개발해 발전시켰다고 해도 과언이 아닐 만큼 그는 필름 페스티벌과 유명한 레스토랑을 오픈해 사람들을 모두 이 멋지고 조용한 강가로 끌어 들이고 있다. 4월 말쯤 열리는 필름 페스티벌은 지원자만 700명에 이르는 대규모 행사로 뉴욕에 노부나 볼프강 같은 최고급 레스토랑들이 터를 잡고 유명 인사들을 기다리고 있으니 어찌 이곳을 그냥 지나칠 수 있겠는가.

1. 허드슨 리버 파크에서 산책하기 ···▶  2. 페칸에서 아침 식사하기 ···▶
3. 키친네트에서 디저트 먹기 ···▶  4. 모린 블루에서 빈티지 가구 구경하기 ···▶
5. 노부에서 점심 먹기 ···▶  6. 닐리 로탄, 맥키, 페티코트 레인, 얼터너티브스까지 쇼핑 릴레이 시작! ···▶
7. 근사한 트라이베카 그릴에서 저녁 식사하기 ···▶  8. 플로르 드 솔에서 와인 한 잔과 타파스!

**Hey Play!**

1. 오덴에서 즐겁고 푸짐한 점심 먹기 ···▶  2. 키바 카페에서 건강한 차 한 잔 ···▶  3. 유럽처럼 돌멩이로 된 길을 걸으며 트라이베카 지역 만끽하기 ···▶  4. 듀안 스트리트에 있는 갤러리들 구경하기 ···▶  5. 듀안 파크에서 예쁘고 로맨틱한 저녁 먹기 ···▶  6. 챔버 스트리트 와인즈에서 와인 구경과 함께 선물용 와인 한 병 구입! ···▶  7. 모카에서 마티니 한 잔 하기.

NEW YORK
THE BRONX
Central Park
SoHo
W Houston St
Prince St
Spring St
Btoome St
Grand St
Wooster St
Greene St
Mercer St
Broadway
Crosby St
Canal St
1 A C E
Canal St
N Q R W
Canal St
Howard
Lispenard St
Walder St
White St
Franklin St
Leonard St
Worth St
Thomas St
Duane St
Reade St
Cortlandt Al
Lafayette St
York St
St Johns La
Varick St
Madison
Thompson
La Guardia
Downing St
king St
Charlton St
Vandam St
Dominick St
Watts St
Renwick St
Sixth Ave
Washington St
Houston St
Canal
Desbroses St
Vastry St
Laight St
Hubert St
Beavth St
Collister St
Hudson St
N Moore St
Franklin St
Franklin St
1
Harrison St
Jay St
Greenwich St
Pier 26
West St
West Broadway
Church St
시청
A C
Chambers St
Chambers St
1 2 3
Warren St
Murray St
Park Pl
Barclay St
Vesey St
City Hall
R W
CITY HALL
Park Row
Tribeca
North End Ave
월드 파이낸셜 센터
World Financial Center
Battery Park City
Financial Distrie
Dey St
Ann St
Fulton
Maiden
Aibanu At
Rector Pl
West St
Washington St
Greenwich St
Trinity Pl
Liberty St
Cedar St
Nassau St
Pine St
Wall
W Thames St
Exchange Pl
BOWLIHG PARK
NY Stock Exchange
Morris St
Museum of the American Indian
New St
William St
Beekma
Spri
Coenties Sli
LICHENETTE
Specialitie
FISH TACOS
Lemon Chicken
Turkey Meatlons?
Flank Steak

## Café & Restaurant

1.Bubby`s(부비스)  2.Wolfgang`s(볼프강)  3.Nobu(노부)  4.Mai house(메이 하우스)
5.Zutto(주토)  6.Tribeca Grill(트라이베카 그릴)  7.Flor De Sol(플로르 드 솔)  8.Yaffa`s(야파즈)
9.Bazzini(바찌니)  10.Azafrán(아자프랑)  11.Chambers st. wines(챔버 스트리트 와인즈)

## Park & School

1.Hudson River Park(허드슨 리버 파크)  2.Newyork Law school(뉴욕 로 스쿨)

## Shop

# 1 Bubby's 부비스

유태인이 유난히 많고 사회적으로 입지가 높은 뉴욕에서는 베이글을 비롯한 유태인 음식들이 인기가 많다. 부비스도 역시 유태인 스타일 브런치로 유명해진 집인데 딱히 다른 브런치들과 특별히 다른 것은 없고 팬케이크와 직접 만든 잼이 일품이다. 특히 직접 만든 것처럼 부드럽고 자르르 윤기가 흐르는 맛 좋은 잼 때문에 이집을 찾는 사람은 나뿐만이 아니다. 주말 브런치면 꿀벌들이 꿀 찾아 몰려들 듯 사람들이 잼을 찾아 몰려들어 자리가 항상 만원이다.

**Location:** 118 Hudson st.
**Call:** (212) 219-0666
**Hours:** 점심 11:00~4:00, 저녁 5:30~11:30, 브런치 10:30~4:00

# 2 Wolfgang's 볼프강

뉴욕에서 스테이크 부분 1위를 하는 브루클린에 있는 피터 루거 스테이크 하우스의 요리사가 나와서 차린 스테이크 전문 레스토랑이다. 트라이베카에 본점이 있고 미드타운이 2호점인데 둘 다 최고의 인기를 달리고 있는 떠오르는 맛집이다. 피터 루거의 스테이크와 맛, 스타일 모두 똑같아서 굳이 멀리 갈 필요가 없다고 느껴질 정도다. 버터에 볶은 시금치나 아스파라거스와 함께 먹으면 더욱 맛있다.

**Location:** 409 Greenwich st.
**Call:** (212) 925-0350
**Hours:** 점심 11:00~4:00, 저녁 5:30~11:30, 브런치 10:30~4:00

# 3 Nobu 노부

스타 요리사 노부의 일식 레스토랑이다. 바로 옆에는 넥스트 도어 노부라고 해서 조금 더 저렴한 가격에 노부를 즐길 수 있고 테이크 아웃을 해 갈 수 있는 레스토랑이 있는데 이왕이면 점심 프리픽스 메뉴($24.07)를 이용해 먹거나 스시 런치($28)를 먹으면 저렴하게 노부를 즐길 수 있다. 미드타운에도 오픈했지만 트라이베카가 원조격이니 트라이베카를 들렀다면 그냥 지나칠 수 없다.

**Location:** 105 Hudson st.
**Call:** (212) 219-0500
**Hours:** 점심 11:00~4:00, 저녁 5:30~11:30, 브런치 10:30~4:00

# 4 Mai house 메이 하우스

분위기가 중국 영화 세트장보다 더 멋진 베트남 음식점이다. 분위기 있고 가격도 누들이나 밥 종류가 $15~18선으로 그다지 괴로운 가격은 아니어서 즐길 만한 곳이다. 은밀한 블랙 톤의 차이니즈 풍 인테리어에서 즐기는 한 끼 식사는 트로이베카를 즐기기에 충분하다. 노부와 같은 계열의 레스토랑이니 맛은 걱정 붙들어 맬 것! 점심 때는 안 하고 저녁 때만 오픈하는 집인데 이집만의 칵테일을 식사가 끝난 뒤에 즐기는 것도 좋다. 메이 칵테일들은 대부분 맛이 괜찮은 편이다.

**Location:** 186 Franklin st.
**Call:** (212) 431-0606
**Hours:** 5:45~24:00

## 5  Zutto  주토

트라이베카에서 오래된 일식 집이다. 정통 일식을 선보이며 점심 도시락 메뉴와 스시 런치가 싸고 좋아서 근처에 있는 회사원들이 즐겨 이용하는 곳이기도 하다. 너무 강하지도 약하지도 않은 데리야키 소스도 좋지만 스시 런치의 셰프 콤보는 저렴한 가격에 신선하고 두툼하니 씹히는 맛이 일품인 스시를 매일 다르게 엮어 만들어 주므로 절대 후회하지 않을 것이다. 가격 대비 양도 충분할 만큼 괜찮다.

**Location:** 77 Hudson st.
**Call:** (212) 233-3287
**Hours:** 점심 11:00~4:00, 저녁 5:30~11:30, 브런치 10:30~4:00

## 6  Tribeca Grill  트라이베카 그릴

로버트 드 니로 아저씨의 트라이베카 사랑이 요식업까지 손을 뻗친 곳이 바로 이곳 트라이베카 그릴이다. 입구는 평범하게 보이지만 내부는 앤티크 풍으로 꾸며져 있어 사진을 찍으면 분위기 있게 나온다. 음식 맛은 매우 맛있는 편은 아니지만 로버트 드 니로의 영향 때문인지 저녁 때는 늘 사람들이 많다. 어쩌면 관광객들이 트라이베카에 오면 꼭 이집에서 식사를 하기 때문인지도 모르겠다.

**Location:** 375 Greenwich st.
**Call:** (212) 941-3900
**Hours:** 점심 11:00~4:00, 저녁 5:30~11:30, 브런치 10:30~4:00

## 7 Flor De Sol  플로르 드 솔

트라이베카에서 산책하기에 좋은 햇볕 잘 드는 조용하고 예쁜 길이다. 노스 무어 길로 빠지면 바로 허드슨 리버 파크가 나오는 이 멋진 길에서 플로르 드 솔은 혼자 늦은 점심을 먹고 허드슨 리버로 산책을 가기에 딱 좋은 곳! 만약에 저녁을 먹은 후라면 와인 한 잔 하기에 이보다 좋은 곳은 없다. 스페인 식 타파스와 함께 와인 한 잔을 즐기며 트라이베카의 따뜻한 바람을 느껴 보자.

**Location:** 361 Greenwich st.
**Call:** (212) 334-8087
**Hours:** 점심 11:00~4:00, 저녁 5:30~11:30, 브런치 10:30~4:00

## 8 Yaffa's  야파즈

야생마적인 거친 느낌의 카페인데 왠지 초원의 얼룩말이 연상되는 카페다. 그래서인지 맥주와 분위기가 잘 어울려 시원한 맥주를 한 잔 마시게 되는 곳이다. 사실 커피와 티가 맛있고 유명한데 대낮부터 맥주를 마시기에 좋은 카페인 탓에 나는 이집에 오면 늘 맥주를 시키게 된다. 친절한 종업원들과의 수다와 홈 메이드라는 정성스럽고 맛있는 음식들은 은근히 이곳에 중독되게 만든다. 따뜻한 차와 디저트는 꼭 맛볼 것!

**Location:** 353 Greenwich st.
**Call:** (212) 274-9403
**Hours:** 점심 11:00~4:00, 저녁 5:30~11:30, 브런치 10:30~4:00

## 9 Bazzini  바찌니

트라이베카의 커다란 식료품 가게다. 대부분의 제품이 유기농이라 안전한 데다가 데우기만 하면 먹을 수 있는 라자냐부터 말린 과일까지 없는 게 없다. 장도 보고 커피도 마시고 간단하게 집에서 음식을 만들어 먹고 싶은 싱글들이 주로 장을 봐 가서 그런지 낮보다 밤에 장보는 사람들로 붐비는 곳이다.

**Location:** 339 Greenwich st.
**Call:** (212) 334-1280
**Hours:** 점심 11:00~4:00, 저녁 5:30~11:30, 브런치 10:30~4:00

## 10 **Azafrán**  아자프랑

타파스(Tapas) 집이다. '도대체 타파스가 뭐야?'라고 묻는다면 그 맛은 꼭 먹어 봐야 알 수 있는 오묘한 맛이라고밖에는 설명하기가 힘든데 꼬치에 여러 고기와 감자와 달달한 소스를 발라 구워 낸 안주거리라고 생각하면 된다. 그런데 이게 어찌나 기똥차게 맛있는지 아무리 떫어서 먹기 힘든 와인이라도 타파스만 있으면 모든 게 오케이로 변한다. 그만큼 인기 있는 와인 안주면서 전채 요리로 입맛을 돋우기 위해 많이 먹는 게 바로 타파스다. 무엇을 골라야 할지 잘 모를 때는 인기 있는 게 뭐냐고 물어 보고 시키는 게 최고다.

**Location:** 77 Warren st.
**Call:** (212) 894-0755
**Hours:** 저녁 5:30~11:30, 브런치 10:30~4:00

## 11 **Chambers st. wines**  챔버 스트리트 와인즈

챔버 스트리트에 있는 대형 와인 전문점이다. 미국은 술을 길이나 공원에서 마시는 게 불법이어서 술을 마시고 싶으면 술병이 안 보이도록 종이에 싸서 마셔야 한다는 사실을 내게 알려 준 친절한 주인 아저씨가 있는 집(내가 와인을 길에서 마시게 생겼나?). 다양한 와인을 갖추고 있는 데다가 가격도 저렴해서 이 동네 주민들이 수시로 들락날락거리며 사 간다. 요리용 와인부터 분위기용 와인에 마니아 용 와인까지 릴레이처럼 이어지는 와인 사랑에 나도 모르게 한 병 사게 되는 집이다. 그런데 이걸 누구랑 마시나?

**Location:** 160 Chambers st.
**Call:** (212) 227-1434
**Hours:** 10:00~20:00

## 12 **Kitchenette**  키친네트

예쁘고 맛있는 컵케이크들이 진열장에 천진난만하게 서 있어서 나도 모르게 그만 "저거랑 이거랑 주세요!"라고 말하게 되는 집이다. 트라이베카의 매그놀리아라고 해도 과언이 아닐 정도로 맛있고 사랑받는 디저트 가게다. 이집에는 테이블이 있어서 앉아 쉬면서 먹으며 더 시켜 먹을 수도 있으니 이 얼마나 좋은가. 그래서인지 친구들끼리 수다 떨고 있는 테이블이 참 많은 곳이다.

**Location:** 80 W Broadway
**Call:** (212) 267-6740
**Hours:** 점심 11:00~4:00, 저녁 5:30~11:30, 브런치 10:30~4:00

# 13 Carl's Steaks 칼스 스테이크

미드타운의 그 맛있는 칼스 스테이크 집이 여기에도 있다. 시청 근처라 그런지 넥타이 부대들과 커리어 우먼들이 저마다 한 개씩 싸 가지고 시청 앞 공원으로 달려가는 모습은 매일 볼 수 있는 흔한 일이다. 풍성한 양의 고기와 짭짤한 치즈와 양파의 그 오묘한 만남은 채식주의자들은 결코 알 수 없는 맛이다.

**Location:** 79 Chambers st.
**Call:** (212) 566-2828
**Hours:** 10:00~22:00

# 14 Mocca 모카

낮에는 에스프레소 바, 밤에는 와인을 주로 파는 라운지 바지만 노을이 질 때 모카는 영락없는 카페다. 실내의 알록달록한 소파에서 샐러드 하나 뚝딱 해치우고 진한 에스프레소를 즐기며 그 어떤 저주받은 흰둥이도 태워 버릴 듯한 뉴욕의 노을빛을 그대로 맞을 때만큼 행복하게 웃음이 나는 곳은 이곳 말고는 어디에도 없다. 친구들과 함께하는 여행에서 잡지 한 권 놓고 쉬어 가기 좋은 카페다. 밤이 되면 마티니가 잘 어울리는 예쁜 조명이 켜지고 '나 바였에!' 라고 말해 주는 트라이베카에서 유일하게 시간대별로 여러 가지 모습을 보여 주는 카멜레온 같은 곳이다.

**Location:** 78 Reade st.
**Call:** (212) 233-7570
**Hours:** 점심 11:00~4:00, 저녁 5:30~2:00, 브런치 10:30~4:00

# 15 Kiva café 키바 카페

이 카페에 있는 음식들은 무조건 유기농 아니면 홈 메이드다. 그래서 샐러드는 더없이 아삭거리고 홈 메이드 머핀은 커피 앞에서 어쩜 그렇게 스르륵 녹아 버리는지 기가 찰 노릇. 더불어 저녁에 구워 주는 피자는 담백하고 신선한(피자마저도) 마치 샐러드를 도우에 얹어 먹는 기분이다. 이 동네 아이들의 영양 간식 대부분을 책임지고 있는 카페. 근처에 있는 학교에서 수업이 끝나면 엄마와 손잡고 달려오는 아이들로 바글바글 대는 신기한 카페가 바로 이곳이다. 그릇들도 독특한데 온라인에서 판매하기도 한다.

**Location:** 139 Reade st.
**Call:** (212) 229-0898
**Hours:** 점심 11:00~4:00, 저녁 5:30~11:30, 브런치 10:30~4:00

# 16 Duane Park Café 듀안 파크 카페

여자들이 감탄을 할 만큼 예쁜 샹들리에와 벽지는 유럽 궁전에서의 식사가 연상되는 너무너무 심하게 예쁜 카페. 점심은 너무 조용하고 저녁은 비싸서 브런치를 추천한다. 브런치 메뉴 중에서는 행거 스테이크($20) 또는 립 샌드위치($14)가 든든하니 맛있는데 이 로맨틱한 분위기를 만끽하려는 많은 커플들이 웃으며 수다 떨며 유쾌하게 이곳에서 휴일 오후를 즐긴다. 참으로 현명한 사람들이다.

**Location:** 157 Duane st.
**Call:** (212) 732-5555
**Hours:** 점심 11:00~4:00, 저녁 5:30~11:30, 브런치 10:30~4:00

## 17 The Odeon 오데온

점심에는 '에덴브룩' 저녁에는 '폭찹'이라고 자신 있게 말해 줄 수 있
는 집이다. 고기야 물론 어디서나 맛있지만 이집의 스테이크가 맛있다
는 것은 이미 동네방네 소문난 상태다. 그리고 오래된 맛집이라 할머
니들의 신나는 저녁 외식 장소로도 각광받는 집이니 그 맛은 세월이
인정해 주었다고 할 수 있다. 미국식 인테리어로 캐주얼한 분위기의
레스토랑이다. 점심 프리픽스 메뉴($20)로 한 상 배부르게 먹어 보자.

**Location:** 145 W Broadway
**Call:** (212) 233-0507
**Hours:** 점심 11:00~4:00, 저녁 5:30~11:30, 브런치 10:30~4:00

## 18 Franklin Station café 프랭클린 스테이션 카페

퓨전 일식 집으로 가격이 이렇게 싸도 되는 건가 싶은 집이다. 카레 요
리부터 소바까지 메뉴가 대체로 양도 많고 맛있다. 게다가 패스트푸드
점 정도의 가격대($7.95~9.5)에 우동이나 수프를 맛볼 수 있다. 15년
넘도록 변치 않는 맛과 가격으로 승부한 듯한 이집은 정말 뉴욕에서는
보기 드문 저렴한 맛집이다. 주머니 사정이 여의치 않은 여행자들에게
는 최고의 점심을 선사할 맛과 가격인 만큼 꼭 기억해 두자! 트라이베
카에서 이런 가격에 이런 맛은 없 다!

**Location:** 222 W Broadway
**Call:** (212) 274-8525
**Hours:** 8:00~23:30

## 19 Pecan 페칸

아침에 오믈렛과 크루아상이 $4.5라는 문구에 혹해서 들어갔는데 커
피와 함께 먹는 순간 동공이 점점 커진다. '싸다고 무시하지 말라'는
문구가 '이럴 때 바로 이 순간 가장 필요한 말이구나!'를 절실히 깨달
으며 이른 아침부터 트라이베카를 돌던 나의 허기를 따뜻하게 채워 주
었다. 오트밀 레이즌 쿠키도 커피와 함께 먹으면 좋다!

**Location:** 130 Franklin st.
**Call:** (646) 613-8296
**Hours:** 8:00~23:30

## 1　Moulin Bleu　모린 블루

앤티크 상점들이 유난히 많은 트라이베카에서 발견한 속이 꽉 찬 알찬 집이다. 커다란 거울과 예쁜 샹들리에, 그리고 촛대들이 특히 괜찮은데 주인장은 콘솔이나 미니 테이블들도 인기라면서 하나하나 설명해 주었다. 양 옆에 촛대가 달린 빈티지한 거울은 정말 척추가 휘어도 이고 지고 한국에 갖고 가고 싶었다! '언젠가는 꼭 사고 말 테야!'를 외치며 돌아섰던 빈티지 가구 보물창고다.

**Location:** 176 Franklin st.
**Call:** (212) 334-1130
**Hours:** 10:00~19:00


## 2　Butterflys and Zebras and Moonbeams　버터플라이 앤 지브라 앤 문빔

이름이 이게 정말 맞나 싶을 정도로 긴 옷가게다. 왠지 독특한 옷들을 판매할 것 같은 기분이 든다면 역시 예리하다. 화려한 프린트가 가득한데 꽃과 나비 무늬나 얼룩 무늬 등 가게 이름에 들어가 있는 무늬의 옷들이 다양한 종류와 컬러로 나란히 걸려 있다. 화려한 무늬의 원피스는 레깅스와 함께 입고 선글라스까지 끼면 바로 트라이베카에서 당신은 연예인이 된다.

**Location:** 104 Reade st.
**Call:** (212) 227-2902
**Hours:** 10:00~19:00


## 3　Alternatives　얼터너티브스

파리지앤이라면 좋아할 만한 스타일의 원피스와 블라우스, 바지들이 많은 예쁜 집이다. 체크나 땡땡이 원피스와 블라우스가 특히 예쁘고 바지 라인도 예술이다. 가격도 $150~250면 예쁜 원피스 한 벌을 살 수 있다. 한국의 백화점 가격보다 훨씬 저렴하고 퀄리티도 좋고 디자인도 예쁘니 지름신을 한번 모셔올 만한 곳이다.

**Location:** 147 Reade st.
**Call:** (212) 566-3335
**Hours:** 10:00~19:00

## 4 Petticoat Lane 페티코트 레인

빈티지한 느낌의 원피스와 블라우스, 그리고 각종 소품들을 판매하는 귀여운 가게. 미국 시골 할머니의 옷장을 열어 보는 것 같은 기분이 드는 집인데 빈티지한 주얼리까지 있어서 풀 쇼핑을 한집에서 다 할 수 있다. 특히 클러치 백들이 예쁜데 여름날 반바지와 티셔츠에 가볍게 들고 다니면 예쁠 클러치 백들이, 〈섹스 앤 더 시티〉의 캐리 브래드쇼가 들 것 같은 가방들이 아주 많다.

**Location:** 149 Reade st.
**Call:** (212) 571-5115
**Hours:** 10:00~19:00

## 5 Macki 맥키

심플한 기본 면 티셔츠나 원피스가 독특한 액세서리와 매치해 놓은 것이 너무 멋져서 집주인의 믹스매치 능력에 반해 구경하러 들어간 집이다. 트라이베카의 30세 이상 주부들의 마음을 단숨에 사로잡아 버린 편안하면서도 멋스러워 매일 입어도 질리지 않는 옷들이 대부분이다. 아메리칸 어패럴과 아페세의 중간 정도의 느낌이라고 할 수 있다.

**Location:** 146 Reade st. # A
**Call:** (212) 226-2268
**Hours:** 10:00~19:00

## 6 Nili Lotan 닐리 로탄

신진 디자이너 브랜드인데 '기본에 충실하자'가 모토인 듯 걸려 있는 옷 대부분이 아주 기본적이고 심플한 디자인이다. 그러나 어깨나 소매 주머니 등에서 '아, 역시 재간둥이야' 라는 생각이 들 만큼 독특한 디테일을 선보여 주니 그냥 지나칠 수 없는 집이다. 셔츠 원피스 마니아들에게 강추하는 집이다.

**Location:** 188 Duane st.
**Call:** (212) 334-3145
**Hours:** 10:00~19:00

## 1 Hudson River Park 허드슨 리버 파크

드넓은 허드슨 리버를 한쪽에 두고 조깅을 하는 사람들과 유모차에 아기를 태우고 산책하는 젊은 부부, 그리고 강 앞에서 사랑을 속삭이는 연인과 뉴욕 경찰의 눈을 피해 살짝 잠을 청하는 노숙자까지 가지각색의 뉴요커들은 노을이 너무나 아름다운 이 공원을 사랑한다. 뉴저지 쪽에서 바라보는 허드슨 리버 파크의 야경 또한 엽서에 자주 등장하는 뉴욕의 모습이니 꼭 눈에, 사진에 담아 두자.

## 2 Newyork Law school 뉴욕 로 스쿨

법대라는 것이 따로 없고 전공에 상관없이 로 스쿨을 졸업한 사람들은 대부분 사법고시를 치를 수 있고 법조계에서 일할 수 있는 곳이 뉴욕이다. 한국도 최근 이 로 스쿨을 시행한다고 해서 한바탕 난리가 났던 적이 있는데 그 유명한 뉴욕의 로 스쿨이 바로 트라이베카에 있다는 사실. 미래의 변호사들이 이 안에 다 있다.

**Location:** 57 Worth st.
**Call:** (212) 431-2100

# Have to do!

### 트라이베카 영화제 즐기기

매년 봄 날씨로는 최고로 더운 4월 말과 5월 초쯤에 열리는 영화 축제로 로
버트 드 니로가 주축이 되어 시작된 작은 영화제가 이제는 영화제의 시작을
알리는 현수막이 뉴욕 전 지역의 가로등에 걸릴 만큼 큰 행사가 되었
다. 유명한 배우들이 이 시기가 되면 뉴욕 여기저기에 모습을 드러내
어 파파라치들에게 포착되는데 파파라치가 아니더라도 노리타나 트
라이베카에서 심심치 않게 볼 수 있으니 이때에는 눈 부릅뜨고 다녀야
한다.

뉴욕 증권 거래소와 월 스트리트의 고층 빌딩,
파이낸셜 디스트릭트

# 13. Financial District

영화를 보면 멋진 남자 주인공이 높은 빌딩의 통유리 창으로 된 사무실에서 바쁘게 일하는 장면을 보며 '저기는 어디일까?' 궁금했던 적이 참 많았다. 이렇게 영화와 심지어 뉴스에도 나오는 바로 그곳! 뉴욕 증권 거래소와 월 스트리트의 고층 빌딩들은 취업 준비생들에게는 어쩌면 아메리칸 드림의 본부일 수도 있는 곳이다. 증권 거래소와 도이치 은행, 시청 및 코를 만지면 돈복이 굴러 들어온다는 황소 동상까지 온통 사무적인 동네가 바로 이곳 파이낸셜 디스트릭트다. 이곳에서 나는 뉴욕에 온 이후 가장 많은 정장을 입은 아저씨 무리들을 볼 수 있었다. 놀라운 사실은 그들이 관광객들보다 더 많다는 사실에 '이곳에서 일하는 사람들이 정말 많긴 많구나!'를 실감했었다. 그리고 워커홀릭인 그들을 위해 무료 배달 식당과 비즈니스 미팅을 하기에 좋은 고급 레스토랑들이 극과 극으로 배치된 지역이기도 하다.

1. 니코니코에서 점심으로 롤 먹기 ···▶ 2. 제이앤알에서 전자제품 싸게 사기 ···▶ 3. 시티 홀 파크에서 스타벅스 커피를 마시며 휴식 취하기 ···▶ 4. 센추리 21에서 발렌시아가와 비비안 웨스트우드 원피스를 20만 원에 구입!

## Hey Play!

1. 사우스 시포트 구경하기 ···▶ 2. 패리스 카페에서 $19.95로 런치 프리픽스 메뉴 즐기기 ···▶ 3. 배터리 파크(자유의 여신상) 산책하기 ···▶ 4. 월드 파이낸셜 빌딩(윈터 가든) 구경하기 ···▶ 5. 월 스트리트의 치프리아니에서 저녁 먹기.

Spring St
Wooster St
Broome St
Grand St
York St
St Johns La
Leonard St
West Broadway
Church St
Worth St
Thomas St
Duane St
Reade St
Chambers St
Warren St
Murray St
Park Pl
Barclay
Vesey St
Broadway
Dey St
Financial District
Cortlandt St
Liberty St
Cedar St
Trinity Pl
Greenwich St
Washington St
Exchange Pl
BOWLING PARK
Morris St
Museum
American Indian
Battery Pl
BATTERY PARK
배터리 파크
NY Harbor Cruise
Statue of Liberty
Ellis Island
여신상 배타는 곳
스 섬
The Paris
Italy
Bowery
Hester
Canal St
Town
Pell St
Doyer St
Mosco St
Oliver St
James St
Catherine St
Forsyth St
Eldtidge St
Allen St
Chrystie St
Divi
Franktort St
Spruce St
Beekman St
Gold St
Ann St
Fulton St
Fulton St
Platt St
Maiden La
William St
Nassau St
Pine St
Wall St
Wall St
Broad St
New St
Stone St
Bridge St
Whitehall St
Cliff St
John St
Fletcher St
Water St
Front St
Pearl St
South St
St James Pl
Dover St
사우스 스트리트 시포트
South St
Seaport
Pier 16
Pier 11
Gouverneur Lane
Old Slip
Coenties Slip
Pier 6
Whitehall St-South Ferry
South Ferry
Staten Island Ferry
스테이튼 아일랜드 행 페리
Brooklyn-Battery Tunnel
Brooklyn-Battery
Bro
Chambers St
시청
Chambers St
CITY HALL
City Hall
Park Pl
Brooklyn Bridge- City Hall
Park Row
Fulton St
Fulton St
NY Stock
Exchange
뉴욕 증권 거래소
Rector St
Bowling Green
무료콜리
A C E
J M Z
R W
4 5 6
2 3
4 5
J M Z
2 3
R W
4 5
1 R W
M Z
J
2 3
3
4 5
1
NEW YORK
THE BRONX
Randall's Island
Central Park
NEW YORK

## Café & Restaurant

1.Cipriani(치프리아니)  2.Ise(이세)  3.NikoNiko(니코니코)  4.The Paris café(패리스 카페)

## Park & Tower

1.Battery Park(배터리 파크)  2.Robert F Wagner Jr. Park(로버트 에프 와그너 주니어 파크)
3.City Hall Park(시티 홀 파크)  4.Trinity Church(크리니티 처치)  5.World Financial center(월드 파이낸셜 센터)
6.South st. Seaport(사우스 스트리트 시포트)  7.Newyork Stock exchange(뉴욕 스톡 익스체인지)
8.Federal Hall National Memorial(페드럴 홀 내셔널 메모리얼)  9.The bull statue(불 스태츄)
10.Staten Island Ferry(스테이튼 아일랜드 페리)

# Shop

1.J&R(제이앤알)  2.Barnes & Noble(반스 앤 노블)  3.Century 21(센추리 21)

# 1 Cipriani 치프리아니

소호에도 있는 레스토랑인데 이곳이 본점이다. 2층 테라스는 꽃들로 장식되어 있는데 높은 빌딩이 둘러싸고 있어 햇빛도 잘 안 들어오는 이 황량한 월 스트리트 빌딩 숲에서 단연 돋보이는 레스토랑이다. 이탈리언 레스토랑으로 저녁에는 멋진 고급 정장을 입은 아저씨들이 테이블을 거의 점령하다시피 하는 곳이다.

**Location:** 55 Wall st. # 2
**Call:** (212) 699-4096
**Hours:** 점심 11:00~4:00, 저녁 5:30~11:30, 브런치 10:30~4:00

# 2 Ise 이세

비즈니스 미팅을 마친 넥타이 맨들이 고객과 함께 갈 만한 정통 일식 레스토랑이다. 이름과 분위기에서 포스마저 느껴지는 이곳은 사실 그 엄청난 맛과 가격대 때문에 저녁에 갔다가는 1인당 $70~80를 우습게 넘기며 먹게 되는 곳이다. 양도 많지 않아서 더욱 가슴 아픈 곳이니 점심 프리픽스 메뉴를 이용해 분위기와 맛을 먼저 보도록 하자.

**Location:** 56 Pine st.
**Call:** (212) 785-1600
**Hours:** 점심 11:00~4:00, 저녁 5:30~11:30, 브런치 10:30~4:00

## ∃ **NikoNiko** 니코니코

스시 롤을 캐주얼한 느낌으로 선보이는 퓨전 일식 집이다. 캘리포니아 롤의 종류가 엄청나게 많은데 아보카도가 들어가거나 크랩이 들어간 롤들은 전부 맛있어서 인기 있다. 깔끔하고 혼자 먹기에도 전혀 부담이 없는 반지하 스타일이어서 더욱 좋은 집.

**Location:** 80 Wall st.
**Call:** (212) 232-0152
**Hours:** 점심 11:00~4:00, 저녁 5:30~11:30, 브런치 10:30~4:00

## Ⴤ **The Paris café** 패리스 카페

저녁은 조금 비싼 편이지만 점심 프리픽스 메뉴($19.95)는 이집의 요리를 즐기는데 최고. 토마토 소스가 뿌려진 치킨이나 크랩 케이크 샌드위치는 그 독특하고도 잊을 수 없는 맛에 감동하게 된다. 뉴욕에서 아주 오랫동안 사우스 시포트에 진짜 배들이 정박할 때부터 지금까지 사랑을 받아 온 만큼 100년이 넘은 맛집이니 꼭 한번 들러 문화재급 맛의 향연을 경험해 보길 바란다.

**Location:** 119 South st.
**Call:** (212) 240-9797
**Hours:** 점심 11:00~4:00, 저녁 5:30~11:30, 브런치 10:30~4:00

# Shop

## 2  Barnes & Noble  반스 앤 노블

어느 지역이든 반스 앤 노블은 꼭 한 개씩 있는 것을 보면 뉴욕 사람들의 책 사랑을 가늠할 수 있다. 그만큼 큰 체인형 대형 서점인데 내가 반스 앤 노블을 좋아하는 것은 뉴욕의 지역별 분위기에 맞춘 인테리어 때문이다. 회색빛의 빌딩들 속에 보일락 말락 조용히 자리잡은 같은 회색 컬러의 이 귀여운 서점을 어떻게 그냥 지나칠 수 있을까.

**Location:** 228 Broadway
**Call:** (212) 362-8835
**Hours:** 10:00~19:00

## 1  J&R  제이앤알

한국에 용산 전자랜드가 있다면 뉴욕에는 제이앤알이 있다. 구레나룻을 개성 있게 파마해 양 볼에 대롱대롱 매달고 다니는 유태인들이 운영하는 '비앤에이치' 와 함께 뉴욕의 전자제품 할인 업계를 평정하고 있는 대형 쇼핑몰이다. 워낙 넓고 큰 데다가 디지털 카메라 소모품부터 노트북과 가전제품까지 없는 게 없어서 늘 사람들로 북적대는 곳이다. 한국산 전자제품들도 판매되고 있다.

**Location:** 23 Park Row # 4
**Call:** (212) 513-1858
**Hours:** 10:00~19:00

## 3  Century 21  센추리 21

한 번 들어가면 밥이고 뭐고 다 잊게 되는 게 센추리 21의 마력이다. 1층은 화장품 코너고 2층부터 여성 의류인데 마크 제이콥스부터 시작해 발렌시아가까지 없는 브랜드가 없다. 유럽 디자이너들의 옷은 3층에 많이 있는데 명품들이 동대문 시장처럼 널브러져 아무렇게나 걸려 있어 찢어지거나 단추가 없는 것들도 많으니 잘 보고 골라야 한다. 잘만 건지면 $300에 발렌시아가 가죽재킷을 입을 수 있다.

**Location:** 22 Cortlandt st. # A
**Call:** (212) 227-9092
**Hours:** 10:00~19:00

# 1 Battery Park 배터리 파크

자유의 여신상을 보기 위해 페리를 타는 곳이 이 거대한 공원 안에 있다. 일반 공원보다 규모가 큰 만큼 여러 조각물들과 전쟁 참사를 위한 기념비들이 곳곳에 있어서 어찌 보면 전쟁 기념관 같은 느낌이 들기도 한다. 별로 아름답지는 않은 공원에 속하지만 늘 입구는 자유의 여신상을 보러 가려는 이들의 긴 줄로 북적거린다.

## 2 Robert F Wagner Jr. Park 로버트 에프 와그너 주니어 파크

허드슨 강을 따라가며 조깅을 했다면 '아, 여기가 맨해튼의 끝인가 보다!' 라는 생각을 하게 되는 묘한 분위기의 공원을 어렵지 않게 발견할 수 있다. 파이낸셜 센터부터 연결된 공원의 연장이 마지막 이곳에 와서 마무리된다. 허드슨 강이 바로 보이는 이곳은 로어 맨해튼에 사는 사람들에게는 태닝 장소로 각광받고 있다.

## 3 City Hall Park 시티 홀 파크

한국처럼 시청 앞에 있는 작은 공원인데 분수도 있고 아주 예쁘고 아기자기하게 꾸며져 있어 워커홀릭들의 쉼터가 되어 주는 곳이다. 그래서인지 점심시간이면 근처에서 산 샌드위치와 커피를 들고 이곳에 와서 먹는 직장인들의 모습을 심심치 않게 볼 수 있다. 가십거리가 가득한 잡지를 하나 사서 읽으면서 샌드위치를 먹기에도 즐거운 곳이다.

## 4 Trinity Church 트리니티 처치

월 스트리트에서 브로드웨이로 나가는 길에 정면으로 빌딩 숲 사이에 보이는 멋진 교회가 바로 트리니티 처치다. 뾰족한 첨탑 양식이 월 스트리트와 잘 어울리면서도 묘한 이질감을 불러일으키는데 그래서 눈에 잘 띄기도 한다.

**Location:** 89 Broadway
**Call:** (212) 602-0700

# 5 World Financial center   월드 파이낸셜 센터

금융 센터라는 이름 때문에 '저기 뭐 갈 일 있겠어?'라고 생각하면 오산이다. 건물 안쪽에 위치한 대형 야자수 나무가 이색적인 윈터 가든은 예쁜 통유리 창으로 들어오는 햇살과 맞물려 묘한 매력을 뿜어내고 있다. 가는 길에 간단히 요깃거리로 배를 채우거나 허드슨 강이 보이는 공원에서 여행의 긴장을 풀고 잠시 휴식을 취하기에 좋은 곳이다.

**Location:** 200 Vesey st.
**Call:** (212) 945-2600

## 6  South st. Seaport 사우스 스트리트 시포트

초창기 뉴욕 시절에는 이곳으로 배가 들어 왔었다고 한다. 가라앉아서 더 유명해진 타이타닉 호도 이 사우스 시포트를 통해 뉴욕으로 들어올 예정이었던 것만 봐도 어마어마한 사람들이 기회의 땅 뉴욕으로 온 것을 알 수 있다. 지금은 공원으로 조성되어 있고 커다란 배를 전시용으로 두고 맨해튼을 둘러보는 페리나 여객선들이 주로 운항되고 있다.

## 7  Newyork Stock exchange 뉴욕 스톡 익스체인지

종이 울리면 사람들이 뛰어다니고 소리지르고 종이가 날리고 울고 웃고 난리가 나는 곳이 바로 유명한 뉴욕 증권 거래소다. 전 세계의 증권 시장이 나스닥의 영향을 무시 못할 만큼 경제적으로 중요한 위치에 있기 때문에 다들 오두방정에 호들갑을 떨며 바삐 일하고 소리치는 것이다. 비록 들어가 볼 수는 없지만 아쉬운 대로 대형 미국 국기가 걸린 앞에서 사진이라도 남겨야 하는 건 당연한 일이다.

**Location:** 11 Wall st.
**Call:** (212) 656-3000

## 8 Federal Hall National Memorial  페더럴 홀 내셔널 메모리얼

멋진 포즈로 서 있는 조지 워싱턴의 동상 때문에 '뭐하는 곳이지?'라는 생각으로 그냥 지나치기 힘든 곳이다. 지금은 박물관으로 식민 시대부터 연방 시기까지의 짧은 미국 역사를 증명하는 유품들이 전시되고 있다. 짧은 역사 탓에 볼 것이 그리 많지는 않다.

**Location:** 26 Wall st.
**Call:** (212) 825-6888
**Hours:** 9:00~17:00, 토 휴관

## 9 The bull statue  불 스태츄

커다란 황소 동상은 무언가를 받아 칠 기세로 돌진하는 듯한 느낌을 주는 멋진 작품이다. 돈을 상징하는 황소 동상이 이 금융가에 놓여 있으니 사람들이 그 동상을 가만히 놔뒀을 리가 없다. 코와 뿔은 하도 만져대서 반질반질하게 변해 있고 만지면 돈이 들어온다는 속설까지 있으니 나 역시 동상 앞에서 사진 한방 찍는 것은 당연한 일이다.

❿

## 10 Staten Island Ferry 스테이튼 아일랜드 페리

허드슨 강을 건너면서 자유의 여신상을 공짜로 보고 싶다면 스테이튼 아일랜드 페리를 타면 된다. 자유의 여신상이 있는 리버티 아일랜드 옆의 스테이튼 아일랜드로 가는 공짜 페리인데 자유의 여신상을 스쳐 지나가게 되기 때문에 굳이 돈 내고 줄 서서 자유의 여신과 사진을 찍지 않아도 된다.

# Have to do!

### 자유의 여신상 부킹!

서울 관광에 63빌딩이 있듯 뉴욕에는 자유의 여신상이 있다. 자유의 여신상은 프랑스가 미국에 선물한 것으로 기회의 땅 뉴욕의 등대 역할을 해온 거대한 동상이다. 그러나 뉴욕 맨해튼에 있는 것이 아니라 맨해튼 아래쪽에 조그맣게 떨어져 있는 섬, 리버티 아일랜드 안에 있다. 이 섬에 들어가려면 맨해튼의 배터리 파크 안의 사우스 페리에서 리버티 아일랜드로 가는 배를 타고 들어 가야 한다. 그러나 난 공짜로 보고 싶다 혹은 자유의 여신상 앞이 아닌 그 안에까지 들어가 보고 싶다 하는 분들을 위한 팁 두 가지!

첫째 스테이튼 아일랜드라는 리버티 아일랜드 아래쪽의 큰 섬으로 가는 공짜 페리를 타고 배 위에서 자유의 여신상을 감상하는 방법이 있다. 배 위에서 찍는 거라 자유의 여신상이 적당한 크기로 사진 속에 잘 들어오고 셀프 카메라를 찍기에도 아주 좋다. 막상 자유의 여신상 앞에 가면 너무 커서 카메라 한 컷 속에 다 넣기 힘들기 때문이다.

둘째 자유의 여신상까지 가고 싶다면 자유의 여신상 머리쪽 왕관 전망대는 9 · 11 테러 이후 지금껏 출입이 금지된 상태지만 발쪽의 전망대는 갈 수 있다는 사실에 주목! http://www.statuecruises.com/ 이 사이트에 들어가 'Tickets and Reservations'에서 티켓을 예약할 때 Reserve 'Ticket with Monument Pass'를 사면 발쪽 전망대로 들어갈 수 있다. 'Monument pass'를 예약하지 않고는 자유의 여신상 안으로 들어갈 수 없고 가격은 추가 비용 없이 섬으로 가는 페리 티켓 $12와 동일하니 섬까지 갈 거라면 'With Monument pass' 옵션을 꼭 기억할 것! 배터리 파크에 있는 페리 티켓 판매소에서는 페리 티켓만 판매하니 예약만이 갈 길이다.

가스펠과 솔 푸드가 궁금하다면, 할렘 앤 모닝사이드 하이츠

# 14. Harlem & Morningside Heights

'할렘은 이제 예전만큼 위험하지 않다.' 라고 말한다면 그건 뉴욕 경찰이 하는 소리다. 당연히 예전만큼은 아니지만 할렘은 여전히 위험한 곳이며 여행지로 생각해서는 안 되는 지역이라고 여겨야 한다. 할렘에 발을 들여 놓는 순간 초특급 버라이어티 복불복이 시작된다고 보면 딱 맞다. 이런 위험을 무릅쓰고 소름 끼치도록 웅장하고 멋있는 할렘의 원조 '가스펠'이 궁금하거나 흑인들의 가정식이라는 '솔 푸드'의 원조를 맛보고 싶다거나 갑자기 정말 평생 잊지 못할 맛있는 프라이드 치킨에 맥주가 생각난다면 주말 오전과 오후 시간대를 이용해 딱 한 번만 방문해 볼 것을 권한다. 위험 요소가 많이 줄어드는 주말에는 브런치를 먹으러 할렘에 들어가는 관광객이나 뉴요커들이 많으니 이 기회를 잘 이용하는 것이 감동의 할렘 여행을 위한 키 포인트다.

1. 실비아즈에서 점심 먹기 •••▶  2. 125th st.를 따라 걸으며 쇼핑하기 •••▶
3. 아폴로 시그너처에서 사진 찍기 •••▶  4. 125th st.에서 드래드 땋기($40) •••▶
5. 다이노소어 바비큐로 저녁 먹기 •••▶  6. 스모크에서 감미로운 재즈 감상!

## Hey Play!

1. 모닝사이드 하이츠 산책하기 •••▶  2. 에이미 러스에서 치킨 와플로 점심 먹기
•••▶ 3. 세인트 존 대성당 구경하기 •••▶  4. 헝가리언 패스트리에서 커피 한 잔 하기
•••▶ 5. 컬럼비아 대학교 구경하기 •••▶  6. 실비아즈의 솔 푸드로 저녁 식사 •••▶
7. 아폴로 시어터에서 〈아마추어 나잇〉 관람하기($25) •••▶  8. 세인트 닉스 펍에서
신나고 걸쭉한 재즈 감상하기!

14. Harlem & Morningside Heights
W 151 St
W 149 St
W 147 St
Hamilton Grange Historic Monument
JACKIE ROBINSON PARK
W 152St
W 149St
148th St-Lenox Term
W 147St
W 145 St
A B C D
145th St
Harlem School of The Arts
Broadway
Amsterdam Ave
Hamilton Ter
Edgecomb Ave
Bladhurst Ave
Frederick Douglass Blvd
Adam Clayton Powell Jr. Blvd
W 145 St
W 142 St
W 140 St
W 138 St
137th St-City College
W 135 St
W 133 St
City College
St Nicholas Ave
St Nicholas Ter
ST NICHOLAS PARK
135th St
B C
W 129 St
Convent Av
Harlem
W 125 St(Martin Luther King Blvd)
125th St
W 123 St
Columbia University
콜롬비아 대학교
St-Columbia University
W 116 St
orningside Heights
W 113 St
Cathedral of St John The Divine
W 110 St
W 108 St
W 106 St
W 104 St
103rd St
W 102 St
West End Ave
W 100 St
Claremont Ave
Amsterdam Ave
Morningside Ave
MORNINGSIDE PARK
columbus Ave
Manhatian Ave
Frederick Douglaaa Blvd
A B C D
125th St
W 124 St
W 122 St
W 120 St
W 118 St
116th St
B C
W 114 St
Fredrick Douglass Circle
110th St
B C
Cent
103rd St
B C
아폴로 시어터
Apollo Theater
W 127 St
Studio Museum of Harlem
Abyssinian Baptist Church
Adam Clayton Powell Jr. Blvd
W 131 St
W 129 St
Schon Cente Blac Cultu
2 3 13
W 140 St
W 142 St
W 145 St
NEW YORK
148th St-Lenox Term
Malclm X Blvd(Lenox Ave)
125th St
2 3
116th St
2 3
2 3
St Nicholas Vve
Central Pa
110th St-Central Park North
Block House
Conservatory Garden
The Loch
The Pool
North Meadow
Harlem Meer
Conservatory Garden
NO STANDING ANYTIME EXCEPT VEHICLES WITH LICENSE PLATES
NYp
NO PARKING ANYTIME
Duke Ellington Monument
E 1
Museo Museum
육 시티
307

Café  & Restaurant

1. Amy Ruth's(에이미 러스)  2. Charle's Southern Style Kitchen(찰스 서던 스타일 키친)
3. Dinosaur Bar B Que(다이노소어 바비큐)  4. Sylvia's(실비아즈)
5. Spoon bread(스푼 브레드)  6. Hungarian pastry shop(헝가리언 패스트리 숍)
7. Silvermoon(실버문)  8. Metro diner(메트로 다이너)  9. Rack & Soul(랙 앤 솔)
10. Make my cake(메이크 마이 케이크)



Park & Cathedral

1.Morningside Park(모닝사이드 파크)  2.st. Nicholas Park(세인트 니콜라스 파크)
3.Riverside Park(리버사이드 파크)  4.st. John Cathedral(세인트 존 대성당)  5.Riverside Church(리버사이드 교회)



Bar & Club

1. Apollo Theater(아폴로 시어터)  2.st. Nick's Pub(세인트 닉스 펍)  3.Lenox Lounge(레녹스 라운지)
4. Smoke(스모크)  5.Billie's Black Bar(빌리즈 블랙 바)  6.Cotton Club(코튼 클럽)

ONE WAY
ONE WAY
FIGARO
FIGARO

THE LIBRARY OF COLUMBIA UNIVERSITY

MANNA'S
SOUL FOOD & SALAD BAR
MANNA'S
SOUL FOOD & SALAD BAR
MANNA'S
CATERING · LUNCH · DINI
POLICE

## 1   Amy Ruth's   에이미 러스

비 오는 어느 날 저녁, 텔레비전을 켜자마자 나온 할렘 홍보를 위한 특집 드라마에서 본 듯한 이 유명한 집은 빌 클린턴을 비롯해 유명한 사람들이 꼭 한 번은 들러서 맛본다는 와플 집이었다. '아, 그렇구나!' 하면서 아무 생각 없이 보고 있던 내 눈에 딱 들어온 그 특이한 모양새가 바로 이집의 베스트 메뉴인 '와플 앤 프라이드 치킨'이다. 두툼한 와플에 메이플 시럽을 쭉쭉 뿌린 뒤 그 위에 언밸런스하게 놓여 있던 치킨을 같이 먹는 모습을 보고 '우와, 엽기다!' 하던 나는 끝내 그 맛을 보지 않으면 못 배길 정도가 되었다. 그리고 맛을 보며 참회의 눈물과 깨우침을 얻었다. 와플과 치킨은 절대 헤어질 수 없는 영원한 짝꿍이라는 사실을! 와플과 치킨에 맥주 한 잔 또는 선라이즈를 주문해 먹어 볼 것!

**Location:** 113 W 116th st.  **Call:** (212) 280-8779  **Hours:** 10:00~23:00

## 2   Charle's Southern Style Kitchen   찰스 서던 스타일 키친

맨해튼에서 프라이드 치킨의 절대 지존이라 불리는 곳이다. 뷔페 식 레스토랑과 테이크아웃 전용 매장, 그리고 시푸드를 판매하는 매장 등 세 개의 매장이 나란히 있다. '안 가 볼 수 없지!' 하는 마음으로 갔다가 그 허름한 외관에 급실망하게 되지만 반신반의하며 테이크아웃한 치킨 한 마리와 함께 마시는 콜라는 모든 시름을 잊게 해 준다. 정말 중독성이 강해서 맥주나 콜라만 보면 생각나는 맛이다.

**Location:** 2837 8th ave.  **Call:** (212) 926-4313  **Hours:** 10:00~23:00

## 3   Dinosaur Bar B Que   다이노소어 바비큐

갈비뼈가 고스란히 드러나는 립을 들고 입 주변에 양념 묻는 것은 아랑곳하지 않고 열심히 뜯어 보리라고 결심했다면 다이노소어 바비큐가 다 해결해 준다. 아이러니하게도 뉴욕에서는 바비큐 집에서 이렇게 거대한 립이 드러나는 맛깔스러워 보이는 바비큐가 흔치 않다. 이집은 리버사이드 파크와 가까워 배불리 먹고 슬슬 걸어 내려가면서 놀기도 정말 좋다.

**Location:** 646 W 131st st.  **Call:** (212) 694-1777  **Hours:** 10:00~24:00

## 4   Sylvia's   실비아즈

할렘에서 실비아즈의 입지는 솔 푸드(Soul Food) 레스토랑의 원조 중의 원조라고 보면 된다. 가격 저렴하고 맛있고 특히 일요일의 가스펠 브런치는 맛에 놀라고 가스펠에 소름 돋게 된다. 전구로 만든 전광판이 너무 예쁘고 큰 길가에 있어서 금세 찾을 수 있는 곳이다. 워낙 관광객이 많이 가는 곳이므로 서비스도 할렘의 다른 음식점에 비해 좋은 편이다.

**Location:** 328 Lenox ave.  **Call:** (212) 996-0660
**Hours:** 점심 11:00~4:00, 저녁 5:30~11:30, 브런치 10:30~4:00

## 5 Spoon bread   스푼 브레드

실비아즈와 같은 오래된 전통이 있는 솔 푸드 레스토랑이다. 흑인들이 주로 많고 가게도 역시 그리 크지도 않고 허름하지만 세인트 존 성당에서 미사가 끝나면 사람들이 우르르 몰려 가는 곳이기도 하다. 두 할머니 자매가 각각 자신의 이름을 걸고 스푼 브레드 매장을 한 개씩 운영하는데 따끈한 콘 브레드가 보슬보슬 입 안에서 퍼지는 게 아주 일품이다.

**Location:** 366 W 110th st.
**Call:** (212) 865-6744
**Hours:** 10:00~23:00

## 6 Hungarian pastry shop   헝가리언 패스트리 숍

모닝사이드 하이츠에 있고 컬럼비아 대학교와 아주 가까워서 그런지 학생들이 많이 보이는 빵집이다. 그러나 그냥 빵집이 아니라는 사실! 케이크 종류는 다 맛있고 커피가 또 일품이다. 학생들의 쉼터가 될 만큼 가격도 저렴하면서 분위기도 좋고 날씨 좋은 날은 야외 테라스에 앉아서 책 읽으며 슈 하나를 뚝딱 해치우기에 정말 굿 플레이스다. 뉴욕에서 제일 맛있는 슈!

**Location:** 1030 Amsterdam ave.
**Call:** (212) 866-4230
**Hours:** 10:00~23:00

## 7 Silvermoon   실버문

모닝사이드 하이츠의 아침을 여는 빵집이다. 아무리 빵을 싫어하는 사람이라도 고소한 이집의 빵 냄새는 정말 위와 장을 포효하게 만든다. 아침에 샌드위치나 패스트리를 싸서 직장으로 가는 사람들이 많아서인지 이른 아침에 가도 줄을 서야 하고 오후 늦게 가면 빵이 다 떨어져 빵 사 먹기가 참 힘든 곳이기도 하니 부지런해야 따끈하고 맛있는 빵과 함께 테라스에서 커피 한 잔으로 부티 나게 아침을 시작할 수 있다.

**Location:** 2740 Broadway
**Call:** (212) 866-4717
**Hours:** 10:00~20:00

## 8 Metro diner   메트로 다이너

엠파이어 다이너와 함께 맨해튼에서 유명한 다이너로 손꼽히는 메트로 다이너는 24시간 영업이라 더욱 매력적이다. 근처 재즈 바에서 늦게까지 즐겁게 놀다가 가볍게 야식을 하기에 딱 좋은 위치면서노 인진한 모닝사이드 하이츠에 있어 부담과 근심을 내려 놓고 놀기에 참으로 안성맞춤인 곳이다.

**Location:** 2641 Broadway # 1
**Call:** (212) 866-0800
**Hours:** 24시간

## 9 Rack & Soul   랙 앤 솔

체인점처럼 생긴 깨끗하고 널찍한 솔 푸드 레스토랑이다. 최근 들어 할렘도 관광객들을 유치하기 위해 많은 노력을 기울인 결과 치안도 많이 나아졌고 깨끗한 음식점들이 생기는 추세다. 그중 이집은 맥도날드나 다른 패스트푸드 점처럼 솔 푸드를 판매하고 있어서인지 컬럼비아 대학교 학생들과 중·고등학교 학생들이 즐겨 가는 곳이다.

**Location:** 2818 Broadway
**Call:** (212) 222-4800
**Hours:** 10:00~23:00

## 10 Make my cake   메이크 마이 케이크

할렘에 사는 사람들이 일과를 마치고 집으로 돌아갈 때 디저트 케이크를 사기 위해 들르는 곳이다. 다들 테이크아웃해 가져가는데 간판이 너무 정감 어리고 귀엽다. 할렘의 컬러인 회갈색의 건물들 속에 베이비 핑크 간판이 눈에 쏙 들어오는데 맛도 뇌리에 쏙 들어온다. 할렘의 밤은 위험하니 대부분 테이크아웃을 선택하는 것이겠지만 케이크를 한 조각 사서 버스 타고 다운타운으로 내려오며 맛보는 것도 즐겁다.

**Location:** 121 Saint Nicholas ave.
**Call:** (212) 932-0833
**Hours:** 10:00~22:00

# 1 H&M 에이치앤엠

사실 에이치앤엠 매장은 맨해튼 곳곳에 포진해 있다. 그러나 "할렘에서까지 여기를 가야 하나."라고 말한다면 꼭 가 봐야 한다. 3층 규모의 거대한 매장 벽면에 있는 할렘 그래피티와 프린팅은 'H&M'이라는 브랜드와 어우러져 묘한 느낌이 나는 데다가 다른 매장에 비해 관광객이 적어서 물건이 많기 때문이다. 관광객들이 쇼핑한 뒤에는 선글라스를 끼고 벽에서 꼭 한 번 사진을 찍고 가는 곳이다.

**Location:** 125 W 125th st.
**Call:** (212) 665-8300
**Hours:** 10:00~19:00

# 2 Apollo Signature 아폴로 시그너처

할렘에 이런 곳이 있다는 게 경이로울 따름인 명품 중고 숍이다. 워낙 희귀하고 구하기 힘든 구제품들이 많아서 유명 스타들과 대통령까지 찾아와 쇼핑할 정도도. 특히 구찌 제품들이 많은데 운동화나 구두는 정말 사이즈가 없어 눈물나게 하는 곳이다. 가격은 구제여도 비싼 편인데 비싼 값을 하는 정말 보기 드문 물건들만 취급하므로 '난 달래!' 하는 사람들은 꼭 한 번 들러보길 완전 강추한다.

**Location:** 249 W 125th st.
**Call:** (212) 961-1500
**Hours:** 10:00~19:00

# Park & Cathedral

## 1 Morningside Park 모닝사이드 파크

할렘과 모닝사이드 하이츠 이 두 동네를 나누는 선과 같은 공원이다. 운동하는 컬럼비아 대학교 학생들의 모습도 유모차를 끌고 아기와 함께 산책을 나온 아기 엄마들의 수다와 잘 꾸며진 미니 정원 같은 연못과 인공폭포는 깔끔함 그 자체다. 할렘의 작은 센트럴 파크라고 생각하면 딱 알맞지만 밤이 되면 역시 위험해지니 밤 산책은 피할 것!

## 2 st. Nicholas Park 세인트 니콜라스 파크

언덕이 구비진 세인트 니콜라스 파크는 한국의 뒷동산 같은 느낌의 공원이라고 보면 된다. 산이 거의 없는 지형인 맨해튼에 언덕진 이곳은 할렘이라 확실히 조금 무서운 10대 흑인 아이들의 놀이동산이다.

## 3 Riverside Park 리버사이드 파크

할렘과 모닝사이드 하이츠에 있는 공원 중 가장 아름다운 자연 공원이다. 허드슨 강이 바로 보이는 전망 때문에 로맨틱하기가 그지 없고 곳곳에서 흐르는 재즈 선율이 절로 이곳과 사랑에 빠지게 만드는 아름다운 공원이다. 날씨가 좋은 주말 노을이 질 무렵에 재즈를 들으며 허드슨 강을 바라보고 앉아 있다 보면 아무런 생각도 나지 않고 아름답고 따뜻한 느낌만 든다. 이 공원에 갈 때만큼은 MP3를 두고 가길 바란다.

## 4  st. John Cathedral 세인트 존 대성당

우피 골드버그를 할리우드 스타로 만든 영화 〈시스터 액트〉의 감동은 뭐니뭐니해도 그들이 만드는 멋진 화음의 가스펠이다. 그 감동을 직접 경험하길 원한다면 바로 이곳으로 가야 한다. 할렘에서 가장 큰 규모의 대성당으로 성당 옆 작은 공원에는 멋진 조각들과 새들이 있다. 안으로 들어가면 유럽의 대성당 못지않은 화려함이 곳곳에 펼쳐진다. 역시 성가대 자리가 가장 화려하고 멋진데 이곳에 갈 때는 필히 깨끗한 옷으로 단정하게 차려입고 가야 한다. 단정히 하고 들어가는 것이 멋진 가스펠을 듣기 위한 작은 예의다.

**Location:** 1047 Amsterdam ave.
**Call:** (212) 316-7540

## 5  Riverside Church 리버사이드 교회

허드슨 강과 아주 가까이에 있는 교회로 21층 높이의 꽤 큰 규모다. 엄청난 개수(2만2000개라고 한다) 파이프의 오르간 연주가 특히 유명한 덕분에 세인트 존 대성당과 더불어 관광객들이 많이 찾아가는 주일에는 파이프 오르간 연주를 들으러 가는 데에 뻘쯤해하지 않아도 된다. 일요일 교회 안에서 만큼은 그 어떤 흑인들도 두려워할 필요가 없으니 긴장하지 말고 말을 걸어 도란도란 이야기를 나누며 즐거운 시간을 보내도 좋다.

**Location:** 490 Riverside Dr
**Call:** (212) 870-6700

**5**

# Bar & Club

## 1 Apollo Theater 아폴로 시어터

매주 수요일 7시 30분 아폴로 시어터의 아마추어 나이트는 실로폰 하나로 전국을 누비는 전국노래자랑의 뉴욕 버전이라고 보면 된다. 가수가 되고 싶어서 미국 각지에서 온 뮤지션과 개그맨들이 실력을 한껏 뽐내고 관중들의 박수와 야유로 1위부터 4위까지 가려진다. 실제로 시작하기 전에 관객들 중 일부를 끌어내 음악에 맞춰 막춤(?)을 선보이고 그 역시 박수로 1위를 가려내 아폴로 티셔츠를 증정하는데 이 시간이 정말 즐겁다. 춤이 좀 된다 하는 사람들은 앞좌석으로 예약해 앉아 있다가 무대로 나와서 한바탕 놀아도 좋다. 무대 왼쪽에 쪼개진 나무토막이 하나 있는데 만지면 행운이 온다는 전설의 나무라 하니 스테이지로 올라가는 기회가 온다면 꼭 놓치지 말고 한번 만지고 내려올 것 주말에는 유명한 뮤지션들의 공연장으로 이용되니 사이트에서 일정표로 보고 싶은 뮤지션의 공연이 있다면 주저하지 말고 달려가야 한다. 관객 대부분이 흑인들이어서 정말 즐겁고 유쾌하게 공연을 즐길 수 있다.

**Location:** 253 W 125th st.
**Call:** (212) 531-5300
**Hours:** 19:00~22:00

## 2 st. Nick's Pub 세인트 닉스 펍

할렘에 있는 흑인들도 인정한 재즈 클럽이다. 사실 허름하고 반지하에 그저 그런 외관이지만 가창력이 끝내 줘서 소름이 돋거나 그루브하면서도 신나는 리듬에 맞춰 어깨춤이 절로 춰지는 이곳은 할렘에선 전설이다. 가는 실을 물어 보려고 스트리트 이름만 말해 줘도 이곳을 가는지 다 알 정도! 그러나 이곳의 진짜 즐거운 재즈의 밤은 열 시부터 무르익는데 밤길이 조금 무서울 수 있으니 혼자 가기보다는 친구들과 함께 가기를 권한다. 아무리 좋아도 할렘이니까. 아마추어 나잇의 가격은 $25.

**Location:** 773 Saint Nicholas ave.
**Call:** (212) 283-9728
**Hours:** 19:00~2:00

### ∃ **Lenox Lounge**  레녹스 라운지

솔 푸드 원조인 실비아즈가 지척에 있고 아폴로 극장과도 가까운 할렘의 번화가에 있는 레녹스 라운지는 레녹스 대로에 있어 그나마 할렘에서 아주 안전한 재즈 펍에 속한다. 역시 가수들의 실력도 수준급. 도대체 저런 목소리가 어떻게 나오는 걸까 신기하기만 하다. 이곳에 앉아 조용히 마티니 한 잔을 마시며 재즈를 듣다 보면 마치 영화 속 주인공이라도 된 듯한 묘한 기분에 사로잡히게 된다.

**Location:** 288 Lenox ave.
**Call:** (212) 427-0253
**Hours:** 18:00~2:00

### ㄐ **Smoke**  스모크

사실 공연을 보면서 음식을 먹으면 왠지 모를 미사리 기분이 나서 그다지 좋아하지 않았던 나의 고정관념은 스모크에서 비로소 깨지게 되었다. 아주 강력한 솔이 느껴지는 음악을 들으며 간단하게 요기를 하고 술을 마시는 것이 어찌나 사람을 솔직하게 만드는지 모른다. 뉴욕 여행의 마지막 날 밤이 이곳만큼 좋은 곳은 없다. 그동안의 여행을 돌아보며 마지막 밤을 근사하게 보내기에 더없이 좋은 장소다.

**Location:** 2751 Broadway
**Call:** (212) 864-6662
**Hours:** 18:00~2:00

## 5 Billie's Black Bar 빌리즈 블랙 바

모닝사이드 하이츠의 빌라들 사이에 숨어 있듯 안쪽에 있는 빌리즈 블랙
바는 말 그대로 바 형식으로 된 술집이다. 그러므로 혼자 가서 술 한 잔
하며 노래 듣기에 최적의 플레이스라는 말이다. 혼자 여행을 갔거나 혼자
할렘에서 저녁을 먹었다면 조명이 은은하고 블랙 컬러의 인테리어가 돋보
이는 바에서 한 잔 꺾고 귀가하도록.

**Location:** 271 W 119th st.
**Call:** (212) 280-2248
**Hours:** 18:00~2:00

## 6 Cotton Club 코튼 클럽

할렘의 재즈 바나 클럽 중에 가장 오래되었고 그만큼 영화에서 주 무대로
등장했던 코튼 클럽이 바로 여기다. 허드슨 강변이 보이는 길에 있어 할렘
과 너무나 대조적으로 화이트 컬러의 벽이 도드라져 보이는 이곳은 시원
한 청량감이 감돌아 마치 해변 어딘가에 온 듯한 인상을 심어 준다. 지금
도 할렘에서는 최고의 무대로 손꼽히고 있다. 이 무대에 서는 것만으로도
영광이라 생각한다니 꼭 한 번은 가 봐야 하는 곳임이 분명하다.

**Location:** 656 W 125th st.
**Call:** (212) 663-7980
**Hours:** 18:00~24:00

# Have to do!

### 레게 또는 드래드 땋기

머리카락이 자라면서 끝부분이 다시 머리 속으로 박히기 때문에 흑인들은 머리를 기르기가 힘들다. 그래서 머리가 조금 자라면 가발이나 털실로 머리가 다시 박히지 않게 땋아 주는데 그게 바로 지금 흑인들의 멋진 드래드와 레게 파마의 시작이다. 한국에서는 몇 십만 원을 호가하지만 할렘에서는 단돈 $40면 머리를 할 수 있다. 정말 드래드를 길게 해서 자기 머리처럼 하나로 묶은 남자들이 어찌나 섹시해 보였는지 모른다. 한인 타운에서 하는 커트 가격에 드래드를 한번 해 보는 것도 멋진 경험이 될 것이다.

### 세인트 존스 대성당의 가스펠 듣기

일요일 아침 성당에 간다는 생각으로 옷은 단정하고 깨끗하게 차려입어야 한다. 정말 거짓말을 한 개도 안 보태고 〈시스터 액트〉라는 영화보다 백 배 감동이며 소름 돋음은 필수다. 이 정도의 가스펠을, 남은 여행의 무사함을 위해 헌금하는 돈 정도로 들을 수 있다는 사실에 감사하게 된다. 그리고 집으로 들어오는 길 내내 여운이 남아 멍한 상태가 되어 버리는 그 강한 흡인력은 가히 최고 중에 최고다.

# 15. Central Park

맨해튼의 초록색 심장 같이 딱 한가운데에 있어 바쁜 뉴요커들에게 잠시 쉬라고 말해 주는 곳이다. 그러나 이곳을 하루에 다 관광하려는 사람이 있다면 들어가기에 앞서 휠체어를 선물해 주고 싶을 정도로 드넓은 곳이니 절대 하루만에 해치우려는 생각은 버려라! 가장 추천하고 싶은 것은 날씨가 좋은 날, 어퍼 이스트나 어퍼 웨스트 또는 미드타운을 들렀다면 근처에서 맛있는 커피나 사과를 사 가지고 센트럴 파크로 가서 앉아 쉬거나 MP3를 들어 보라고 권하고 싶다. 필 받으면 노래를 불러도 무관할 만큼 기분이 상쾌해지고 여유로워진 자신을 느낄 수 있는데 바로 이때 센트럴 파크의 매력을 약간은 알 수 있게 된다. '아! 이래서 뉴요커들이 이 땅을 사랑하는 거구나!' 라고 말이다.

MOPNINGSIDE PARK
Fredrick Douglass Circle
Central Park north
15. Central Park
Duke Ellington Monume
Block House
Harlem Meer
Conservatory Garden
The Loch
Conservatory Garden
The Pool
North Meadow Ballfields
South Meadow Tennis Courts
The Reservoir
Central Park
센트럴 파크
Fifth Ave(Museum Mile)
Jogging Rrack
Jewi
Coop
Gugg
Mu
Mu
뉴
MADISON AV
ONE WAY
NO STANDING
columt Ave
Central park west
The Great Lawn
metropolitan Museum of Art
메트로 폴리탄 박물관
Delacorte Theater
er Wast Side
U
de
American Museum of Natural History/ Rose Center for Earth & Space
자연사박물관
Central P
Loeb Boathouse
Conservatory Water
The Lake
Whitney Museum
휘트
E 73 St
E 8
E 8
E 74 St
Lexington Ave
Third Ave
Strawberry Fields
Bethesda Fountain
Fifth Ave
Madison Ave
E 68 St
Sheep Meadow
olk Arts
Lincoln Center
링컨센타
ROSCH ARK
콜롬버스 써클 &
타임워너 빌딩
Columbus Circle
Carousel
E 65 St
Zoo
E 63 St
Wollman Skating Rink
The pond
Central park South
NEW YORK
E 59 St

# Hey Play!

1. 운동이 조금 필요하다 싶을 때는 웨스트 110th st.까지 버스를 타고 올라가서 틀리프를 지나 할렘 미어의 아기자기함을 둘러보고 컨설 베이토리 가든에서 휴식을 취하자. 단, 가든의 꽃은 꺾으면 안 된다. 벌금이 있다는 사실을 명심할 것! •••▶

2. 이스트 빌리지의 97th st.에서 센트럴 파크의 눈이라고 할 수 있는 거대한 호수 리저버를 만날 수 있다. 어마어마하게 커서 한 바퀴만 돌아도 운동 효과 만점이다. 그러나 천천히 걸어서 둘러보고 테니스 코트로 가서 구경하자. 테니스 코트는 뉴욕 시민들만 이용할 수 있다고 한다. •••▶ 3. 웨스트 81st st.에서 들어가 벨베데레 성으로 올라간다. 동화 속에 나오는 작고 예쁜 성 같은 이곳에 오르면 센트럴 파크에서 가장 큰 그레이트 론이 발 아래에 펼쳐진다. 여기서 그레이트 론으로 내려가 이 세상 그 무엇도 태운다는 뉴욕의 햇볕에 온몸을 구릿빛으로 태닝하자. •••▶ 4. 더 레이크에서는 보트를 타는 커플들을 쉽게 볼 수 있다. 그러나 몹시 덥고 힘들기 때문에 보트 타기를 추천하지는 않겠다. 호수를 따라 센트럴 파크의 중심부로 가면 베네스타라는 대형 분수대가 그 멋진 위용을 드러낸다. 때마침 센스 있게 아이스 크림을 파는 아저씨와 만나면 아이스 크림을 먹으며 뉴

욕의 휴일을 카메라에 담자. 분수에서 계단으로 올라
오면 더 몰이라는 프랑스 식 정원이 펼쳐진다. 이곳은
나무로 울창하게 덮여 있어 시원하고 재즈 연주를 하
는 사람들이 곳곳에 있어 야외 재즈 음악회를 공짜로
즐길 수 있다. •••▶ 5 . 이스트 65th st.에서 센트
럴 파크로 들어가면 동물원이 나온다. 동물원을 구
경하고 영화 〈세렌디피티〉에 나왔던 그 공원의 나
무들과 빌딩들에 둘러싸인 예쁜 아이스 링크인 울

먼 링크를 지나면 캐러셀 라이드라는 회전목마가 나온
다. 동심으로 돌아가 친구들과 한번 신나게 타고 놀아 보
자. 바로 옆에는 핵처 운동장이 있는데 야구공보다 훨씬
큰 소프트 볼 경기를 하는 팀을 구경하면서 버거 조인트
햄버거를 테이크아웃해 먹어 보길 권한다.

# 16. Brooklyn & Williamsburg

맨해튼에서는 볼 수 없는 선남선녀들이 너무 많아서 내 모습을 셀프 카메라로 담아야 할지 그림 같은 그들을 내 카메라에 담아야 할지 망설이게 되는 곳이다. 그래서 날씨 좋은 주말 브런치 타임에 맞춰서 가면 진정 멋있는 뉴요커들이 삼삼오오 짝을 지어 아기자기한 카페 앞에 줄 서 있으니 은근슬쩍 이 멋진 모습들을 배경으로 사진 찍으면 바로 잡지 화보가 되는 동네가 바로 여기 브루클린과 윌리엄스버그, 덤보(브루클린 브리지와 맞붙은 지역) 이 세 곳이다. 이 세 지역은 다른 관광 지역과 달리 큰 길(베드포드 애버뉴나 스미스 스트리트 같은)을 가운데에 두고 양쪽으로 펼쳐진 아주 바람직한 모양새를 한 덕에 많이 걷지도 않고 모든 것을 큰 길가에서 다 즐길 수 있는 완벽한 곳이다. 게다가 별표를 마구마구 그리고 싶은 레스토랑까지 즐비하다는 사실과 거대한 빈티지 쇼핑 천국이란 사실에 길 한가운데에 뿌리를 내려 나무가 되어 버리고 싶은 곳이다.

## 1 덤보 DUMBO(Down Under the Manhattan Bridge Overpass)

## Oh! Buy

1. 그리말디 피자로 든든하게 점심 먹기 ···▶ 2. 리버 카페에 앉아 커피 한 잔을 하면서 맨해튼 바라보기 ···▶ 3. 브루클린 아이스 크림 팩토리의 아이스 크림을 먹으며 쇼핑 시작 ···▶ 4. 인디고 핸드룸 구경하기 ···▶ 5. 블루베리에서 원피스 한 벌 장만 ···▶ 6. 스프링 둘러보기 ···▶ 7. 리버 카페에서 저녁 식사 및 야경 감상하기

## Hey Play!

1. 그리말디에서 피자로 신나는 점심 먹기 ···▶ 2. 브루클린 아이스 크림 팩토리에서 아이스 크림 먹기 ···▶ 3. 브루클린 브리지를 배경으로 사진 찍기 ···▶ 4. 헬사이언에서 음반 골라 보기 ···▶ 5. 슈퍼파인에서 저녁 식사하기 ···▶ 6. 리트릿 바에서 칵테일 한 잔 ···▶ 7. 맨해튼 야경을 바라보며 브루클린 브리지 건너기.

16. Brooklyn & Williamsburg
_DUMBO
ST RIVER
Fulton Ferry Landing
Brooklyn Bridge Park
D.U.M.B.O
Water St
BROOKLYN BRIDGE
MANHATTAN BRIDGE
Everit St
Front St
Main St
Washington St
Pearl St
Plym
Water St
Furman St
Vine St
Doughty St
Old Fulton St
York St
Jay St
Front St
BROOKLYN/QUEENS EXPRESSWAY
Middagh St
MENADE
Cranberrst
Orange St
Pineapple St
Clark St
A C
High St
F
York St
York St
2 3
Clark St
CADMAN PLAZA W
Cadman Plaza E
Love Ln
Henry St
SParkes
Canman Plaza
FLATBUSH AVE
Pierrepo
M103
City Hall
Montague St
TILLARY ST
Downtown
Brooklyn
Remsent St
ADAMS ST
JAY ST
Livingston St
2 3 4 5 M R
Borough Hall
armerhorn St
FULT
A C F
blueberi
NEW YORK
324 | 325
THE BRONX
Central Park
NEW YORK

## Café  & Restaurant

1.Brooklyn ice cream factory(브루클린 아이스 크림 팩토리)  2.The River Café(리버 카페)
3.Grimaldi's Pizzeria(그리말디 피자리아)  4.Superfine(슈퍼파인)  5.Retreat bar(리트릿 바)

## Park

1.Brooklyn Bridge Park(브루클린 브리지 파크)

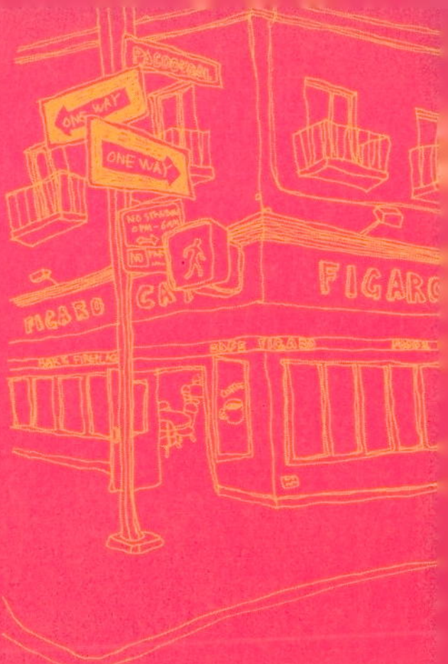


## Shop

1.Indigo Handloom(인디고 핸드룸) 2.Spring(스프링) 3.Blueberi(블루베리) 4.Halcyon(핼사이언)

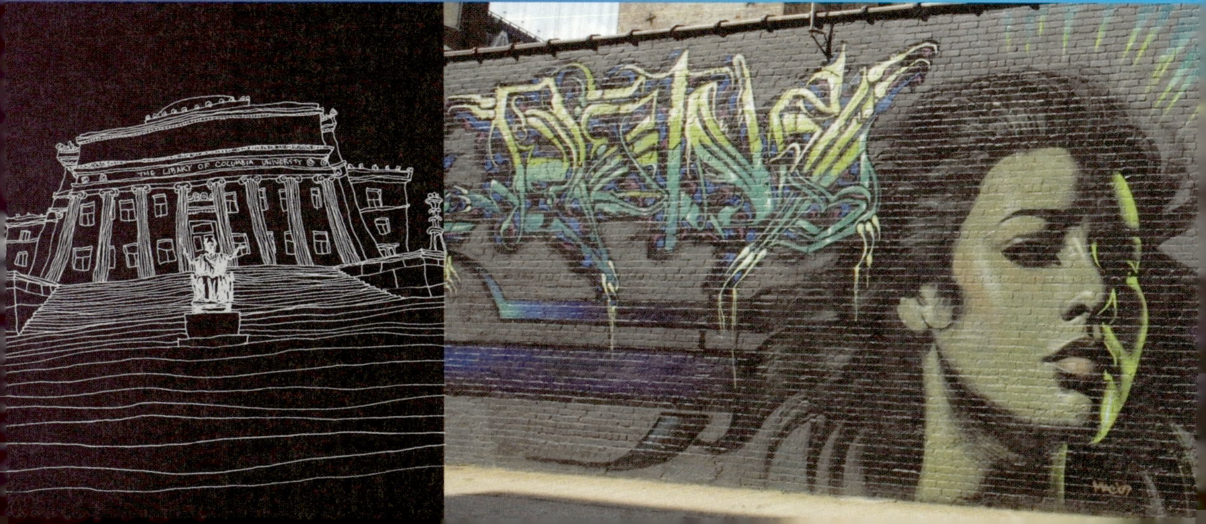

# Café & Restaurant

## 1 Brooklyn ice cream factory 브루클린 아이스 크림 팩토리

맨해튼의 화려한 야경과 브루클린 브리지의 수려한 조명과 그 아래로 펼쳐진 허드슨 강, 그리고 달달하고 부드러운 아이스 크림! 이 환상의 조화로움은 『한여름밤의 꿈』이라는 셰익스피어 소설의 현대판을 찍기에 전혀 부족함이 없다. 그다지 특별한 아이스 크림은 분명 아닌데 이런 외부적인 요소 때문인지 한없이 달콤하고 부드럽게 느껴지는 브루클린 공장의 아이스 크림은 안 먹고 그냥 지나칠 수가 없다. 피치 크림($3.5)과 버터 피칸($3.5)이 느끼하지도 않고 맛있다.

**Location:** 2 Cadman Place West
**Call:** (718) 246-3963
**Hours:** 10:00~23:00

## 2 The River Café 리버 카페

뉴요커들의 프러포즈 장소로 유명한 레스토랑과 카페가 이곳에 몇 군데 있는데 그런 장소를 가게 되면 어김없이 반지를 전달하고 키스를 하는 사랑이 충만한 커플들을 쉽게 볼 수 있다. 바로 이 리버 카페도 그중 하나다. 잘 알려진 프러포즈 장소여서 그런지 아니면 멋진 전망과 맛있는 음식으로 붐비는 관광객들 때문인지 늘 저녁에는 자리잡기가 여간 어려운 게 아니다. 사랑하는 사람과의 로맨틱한 분위기에서 미래에 대해 서로 이야기하기에 이곳보다 더 좋은 곳은 없다.

**Location:** 1 Water st.
**Call:** (718) 522-5200
**Hours:** 점심 11:00~4:00, 저녁 5:30~11:30, 브런치 10:30~4:00

### 3 Grimaldi's Pizzeria 그리말디 피자리아

뉴욕의 3대 피자 중 하나인 그리말디 피자리아. 오븐에서 구운 피자임을 커다란 글씨로 광고하고 있는 집이다. 그만큼 기름기가 거의 없이 아주 담백한 맛이 나서 질리지 않는다. 황량해 보이는 브루클린 브리지 밑에 있는데도 점심에는 관광객으로 발 디딜 틈이 없고 저녁에는 데이트를 나온 사람들로 정신 없는 곳이다. 토핑을 거의 하지 않은 채로 그냥 먹는 것이 가장 맛이 있고 담백하게 그리말디를 즐기는 요령.

**Location:** 19 Old Fulton st.
**Call:** (718) 858-4300
**Hours:** 점심 11:00~4:00, 저녁 5:30~11:30, 브런치 10:30~4:00

### 4 Superfine 슈퍼파인

브루클린 브리지 덕분에 이 덤보 지역이 뜨기 시작하는 중심에는 슈퍼파인이 있다. 현란한 그래피티를 양쪽으로 두고 커다란 격자무늬의 유리창 입구와 붉은 벽돌의 조화가 시선을 확 잡아끄는 곳이다. 물론 유기농 고기와 재료를 사용하는 이집의 샌드위치와 커피는 신선하고 맛있다. 덤보 브런치로는 이곳이 인기가 높은 만큼 멋진 아티스트들도 자주 볼 수 있다.

**Location:** 126 Front st.
**Call:** (718) 243-9005
**Hours:** 점심 11:00~4:00, 저녁 5:30~11:30, 브런치 10:30~4:00

### 5 Retreat bar 리트릿 바

어두컴컴한 실내는 술집 느낌을 물씬 풍기지만 낮에는 커피 집으로 유명한 곳이다. 실내가 매우 어둡고 술집 같은 인테리어 덕분에 커피를 마시기가 좀 꺼려지는 곳이지만 커피 맛 하나는 일품이다. 특히 라테의 부드러운 우유 거품은 최고! 이곳에서 커피를 한 잔 테이크아웃해 공원에 가서 햇볕을 쬐면서 음악을 들으며 마시고 있다 보면 그 정신 없던 뉴욕의 모습이 차츰차츰 눈에 들어오게 된다.

**Location:** 147 Front st.
**Call:** (718) 797-2322
**Hours:** 10:00~2:00

## 1 Indigo Handloom 인디고 핸드룸

유기농 실로 짠 니트 의류와 캐시미어들은 주인장의 자랑거리다. 들어가서 이것저것 보고 있으면 주인장이 다가와 찬찬히 설명해 주는데 직접 손으로 옷을 만져 보면 주인의 말대로 가공되지 않은 부드러움이 손끝으로 전해지는 곳이다. 해바라기가 주르륵 박혀 있던 입구도 너무 예쁜데 실내 인테리어는 동양적이면서 자연친화적으로 꾸며 놓았다.

**Location:** 68 Jay st. # 212
**Call:** (917) 779-8420
**Hours:** 10:00~19:00

## 2 Spring 스프링

갤러리지만 갤러리라기보다는 아티스트들의 다양한 제품을 파는 가게라고 하는 편이 딱 맞을 듯하다. 디자이너들의 정성이 담긴 독특하고 개성 넘치는 아이디어 상품들과 크고 화려한 주얼리들이 동양화처럼 여백의 미를 알려주듯 널찍하게 디스플레이되어 있다.

**Location:** 126 Front st.
**Call:** (718) 222-1054
**Hours:** 10:00~19:00

## 3 Blueberi 블루베리

여성스럽고 고급스러운 느낌이 나는 옷들이 많다. 새틴 소재의 의상들이 많아서 그런 느낌이 들었는데 이 숍은 신진 디자이너들의 제품을 다양하게 구비해 놓고 브루클린의 멋쟁이들을 들뜨게 만드는 곳이다. 단골들이 하나둘씩 들어오는 것을 보고 있으면 마치 잡지 속의 뉴욕 스트리트 패션에서 튀어 나온 것만 같은 기분을 느낄 수 있다. 진열된 옷의 사이즈가 하나뿐이라는 사실은 비통하지만 보는 것만으로도 행복해지는 곳이다.

**Location:** 145 Front st.
**Call:** (718) 237-4002
**Hours:** 10:00~19:00

## 4 Halcyon 핼사이언

레코드 숍인데 그냥 레코드 숍이라고 하기엔 갤러리 같고 갤러리라고 하기엔 레코드 숍 같은 이상야릇한 곳이다. 입구의 간판부터 예사롭지 않은데 그림 작품이 걸리듯 나란히나란히 진열된 LP판들로부터 다양한 음반들까지 있어 많은 디제이들이 즐겨 찾는 곳이라고 한다. 펑키한 스타일의 패셔너블한 디제이들이 여기서 음반을 보고 주인과 함께 음악에 대해 얘기를 나누다 보면 이곳이 도서관 같기도 한 숍이다.

**Location:** 57 Pearl st.
**Call:** (718) 260-9299
**Hours:** 10:00~19:00

## 1 Brooklyn Bridge Park 브루클린 브리지 파크

맨해튼의 야경을 감상하기에 이곳만큼 행복함이 샘솟는 곳은 없다고 단연코 외칠 수 있다. 특히 그 어느 각도에 서서 찍어도 브루클린 브리지나 맨해튼 브리지를 낀 맨해튼의 전경을 사진에 담을 수 있으니 이보다 더 좋은 사진 배경이 있을까 싶다. 날씨가 좋은 날 노을이 질 때나 밤이 깊어 맨해튼이 반짝이기 시작하면 이 멋진 야경을 카메라에 담기 위해 사진가들이 몰려들기도 한다. 아이스 크림 팩토리 앞에서도 많이 찍지만 푸릇하고 예쁜 나무들이 있는 개인 정원 같은 느낌의 이 공원 안에서 찍는 것이 훨씬 더 아름답게 나온다.

The
River
Café

# 16. Brooklyn & Williamsburg

**2** 베드포드 애버뉴 Bedford avenue

1. 비콘스 클로짓에서 빈티지 의류 쇼핑 시작 ···▶ 2. 시에서 점심 식사하기 ···▶
3. 파이브 인 원을 시작으로 노이제트, 핑크 오토, 주멜르, 레드 펄, 옐리에서 차곡차곡 쇼핑하기 ···▶ 4. 헬로 뷰티풀에서 예쁘게 염색하기 ···▶ 5. 듀몽 버거에서 저녁 식사하기 ···▶ 6. 러브 브리게이드 쿱과 리사 레빈을 마지막으로 화려한 브루클린의 쇼핑을 마이 문에서 마무리하기.

## Hey Play!

1. 에그에서 비스킷 브런치 ···▶ 2. 사이드쇼 갤러리와 치 갤러리를 구경 ···▶
3. 나마스테 요가에서 커피 한 잔 ···▶ 4. 래빗에서 멋진 클럽 의상을 구입한다 ···▶
5. 레드 펄에서 스타킹 구입 ···▶ 6. 피터 루거에서 이른 저녁 식사 ···▶ 7. 오토맨에서 와인 한 잔 ···▶ 8. 로열 오크에서 긴장을 풀고 잠시 신나게 연속적인 웨이브를 타며 놀기.

Williamsburg
N. 12th St
N. 11th St
N. 10th St
N. 8th St
N. 7th St
BEDFORD AVENUE
Bedford Ave
Union Ave
Bayard St
Richardson St
Frost St
Withers St
Withcis St
Jaskson St
Sklliman Ave
Conselyea St
Leonard St
GRAHAM AVENUE
BROOKLYN/QUEENS EXPWY
Grah
N. 10th St
N. 9th St
N. 8th St
N. 7th St
N. 6th St
N. 5th St
Driggs Ave
Roebling St
METROPOLITAN AVENUE
Fillmore Pl
Hope St
Marcy Ave
Lorimer St
Metropolitan Ave
Lorimer St
M   OPOLITAN AVENUE
Ocvoe St
Union Ave
Ainslie St
Powers St
Manhattan Ave
HUMBOLT
GRAND STREET
S. 1 St
S. 2nd St
S. 3rd St
Havemeyer St
Hope St
GRAND STREET
Maujer St
Tea Eyck St
Stagg St
Scholes St
RINQUEN PLACE
Keap St
Hooper St
Hewes St
JMZ
Marcy Ave
frozen yogurt
BROOKLYN/QU
Marcy Ave
S.5th St
JM
Hewes St
NEW YORK
G
Broadway
Boerum St
Johnson Ave
Monltose Ave
NEW YORK
THE BRONX
Central Park
FOR RENT
718 486 9400
917 365 0195

## Café & Restaurant

1.Silent H(사일런트 에이치)  2.X Frozen Yogurt(엑스 프로즌 요거트)
3.Lodge(로지)  4.Namaste Yoga(나마스테 요가)  5.Cheeks bakery(칙스 베이커리)
6.Sweet Farm(스위트 팜)  7.SEA(시)  8.Egg(에그)  9.Juliette(줄리엣)
10.Verb Café(벌브 카페)  11.Bedford Cheese shop(베드포드 치즈 숍)

## Park & Museum

1.Black & White Gallery(블랙 앤 화이트 갤러리)  2.Ch'I Gallery(치 갤러리)  3.SideShow(사이드쇼)
4.Brookyln Museum(브루클린 뮤지엄) 5.Botanical Garden(보태니컬 가든)

## Bar & Club

1.Royal Oak(로열 오크) 2.Metropolitan(메트로폴리탄)  3.My Moon(마이 문) 4.Ottoman(오토맨) 5.Soft Spot Bar(소프트 스폿 바)

12.The Bagel store(베이글 스토어)  13.Fabiane's(파비안느)
14.Supercore(슈퍼코어)  15.Dumont Burger(듀몽 버거)
16.Papa lima Sandwich(파파 리마 샌드위치)  17.Peter Luger(피터 루거)

**Shop**

1.Beacon's Closet(비콘스 클로짓)  2.KCDC(케이시디시)  3.YLLI (일리)  4.Houndstooth(하운드투스)
5.Triple Five Soul(트리플 파이브 솔)  6.Jumelle(주멜르)  7.Pinky Otto(핑키 오토)
8.Hello Beautiful(헬로 뷰티풀)  9.Otte(오트)  10.Catbird(캣버드)  11.Pema(페마)  12.Amarcord(아마코드)
13.Red Pearl(레드 펄)  14.Lisa Levine(리사 레빈)  15.Love brigade Coop(러브 브리게이드 쿱)
16.Fille de Joie(필레 드 조이에)  17.Rabbits(래빗)  18.Vice Versa(바이스 벌사)  19.The Future perfect(퓨처 퍼펙트)
20.5 in 1(파이브 인 원)  21.Noisette(노이제트)  22.Academy Records(아카데미 레코드)

# 1 Silent H   사일런트 에이치

일단 베드포드에 위치한 관계로 물이 진짜 좋은 몇몇 레스토랑 중 하나다. 베트남 음식점인데 쌀국수를 사랑하는 사람들에게 권해 줄 만한 집이다. 사실 진한 국물이나 시원한 원가를 기대하기에는 약간 퓨전이 가미되어 있어서 밋밋한 맛으로 기억되기 쉽지만 편안하게 뉴요커들 속에서 한 끼 식사를 하기에는 그 어떤 베트남 음식점에도 뒤지지 않는다.

**Location:** 79 Berry st. Brooklyn
**Call:** (718) 218-7063
**Hours:** 점심 11:00~4:00, 저녁 5:30~11:30, 브런치 10:30~4:00

# 2 X Frozen Yogurt   엑스 프로즌 요거트

한국인이 운영하는 요거트 아이스 크림 집이다. 그런 사실을 전혀 알지 못하고 요거트 아이스 크림을 들고 돌아다니는 아이들을 보고는 어디서 샀는지 물어물어 찾아간 집이었기에 더욱 신기하고 기분도 묘했다. 다른 레드 망고나 핑크 베리보다 단맛을 줄이고 요거트 아이스 크림 본연의 맛에 충실하게 만든 덕에 브루클린의 패션 리더들에게 사랑받는 플레이스가 되고 있다.

**Location:** 500 Driggs ave. Brooklyn
**Call:** (718) 599-1706
**Hours:** 10:00~23:00

# 3 Lodge   로지

절반은 술집, 나머지 절반은 식사를 할 수 있게 되어 있는 레스토랑이다. 머슬(홍합) 요리가 인기 있는 메뉴인데 맥주와 머슬을 시켜 놓고 친구들과 나눠 먹으며 즐겁게 수다 떠는 모습이 흡사 우리의 대학가 풍경과 많이 닮은 곳이다. 브루클린에서는 소개팅 장소로도 유명해서 토요일 브런치 때에 가면 야외 테이블에서 팬케이크를 시켜 놓고 도란도란 서로에 대해 이야기하는 커플들을 심심치 않게 볼 수 있다.

**Location:** 318 Grand st. Brooklyn
**Call:** (718) 486-9400
**Hours:** 점심 11:00~4:00, 저녁 5:30~11:30, 브런치 10:30~4:00

# 4 Namaste Yoga   나마스테 요가

우선 인터넷이 된다는 점 때문인지 노트북 유저들의 사랑을 한몸에 가득 받는 이 동네에서 맛있는 커피 집이라고 한다. 아이스 아메리카노의 적당한 씁쓸함과 시원함이 목을 축이고 다시 돌아다니기에 좋은 곳이다. 이 동네에 사는 예술가들과 학생들의 사랑을 받는 곳이라 역시 자리잡기가 쉽지 않다. 바깥쪽의 벤치에 앉아서 수다 떨며 커피 마시는 사람들이 많은데 역시 앉아 보니 그들이 왜 그렇게 몇 시간씩 그 나무의자에서 떠날 줄 모르고 있었는지 알 수 있었던 편안하면서도 즐거운 카페.

**Location:** 336 Grand ave. Brooklyn
**Call:** (347) 628-9245
**Hours:** 10:00~23:00

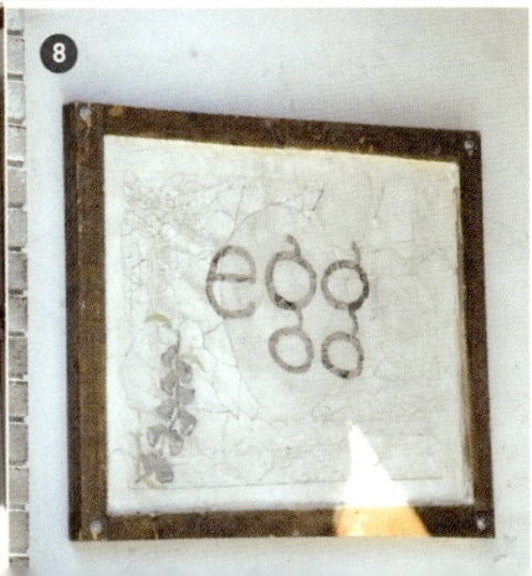

## 5   Cheeks bakery   칙스 베이커리

그리니치에 매그놀리아가 있다면 베드포드에는 칙스 베이커리가 있다. 여러 종류의 케이크들이 곱고 나란히 진열되어 있는데 아이 엄마들의 디저트 단골집인지 유달리 포장해 가는 사람들로 인해 테이크아웃 줄이 길다. 아주 좁은 가게 안에는 알록달록 고운 빛깔을 내는 컵케이크부터 푸딩까지 다양한 디저트 메뉴들이 웃으면서 반기고 있는데 보기만 해도 행복하다.

**Location:** 378 Metropolitan ave. Brooklyn
**Call:** (718) 599-3583
**Hours:** 10:00~21:00

## 6   Sweet Farm   스위트 팜

이름 그대로 공주풍 소녀의 방이 떠오르는 인테리어의 카페. 여자들끼리의 수다에서 빠질 수 없는 각종 파이와 케이크 그리고 커피와 화이트 톤의 인테리어, 이 삼박자가 완벽하게 일치하는 곳으로 주로 커플보다는 여자 친구들끼리 편하게 오랫동안 앉아서 수다 떨고 잡지도 보고 하는 그들의 아지트 같은 장소다.

**Location:** 158 Bedford ave. Brooklyn
**Call:** (718) 384-0158
**Hours:** 10:00~23:00

## 7   SEA   시

오리엔탈리즘을 좋아하는 뉴요커들에게 타이 레스토랑 '시'의 분위기는 가히 압도적이다. 불상과 작은 연못 그리고 연꽃들이 내는 묘한 분위기 때문인지 이곳은 패션 피플의 단골 레스토랑이다. 그래서 토요일 브런치 때는 모델부터 잡지에서 봤던 유명 인사들을 자주 볼 수 있다. 가격도 저렴하고 양도 적당한 집!

**Location:** 114 N 6th st. Brooklyn
**Call:** (718) 384-8850
**Hours:** 점심 11:00~4:00, 저녁 5:30~11:30, 브런치 10:30~4:00

## 8   Egg   에그

보통 한 시간 기다리는 건 예삿일이다. 이집의 트레이드마크는 단연코 비스킷($75)과 햄 비스킷($75)이다. 이 브런치 메뉴는 오후 두 시 이후에 가면 그나마 떨어져서 못 먹는다는 사실 때문에 기를 쓰고 일찍부터 가서 줄을 서서 들어가려는 뉴요커들로 늘 붐빈다. 기다리는 줄이 길고 레스토랑은 크지 않아서 기다리는 사람들이 대기하고 있는 의자는 늘 누군가 앉아 있다. 대부분의 음식에 달걀이 들어가는데 스크램블드도 느끼하지 않고 맛있다.

**Location:** # A, 135 N 5th st. Brooklyn
**Call:** (718) 302-5151
**Hours:** 점심 11:00~4:00, 저녁 5:30~11:30, 브런치 10:30~4:00

## Juliette 줄리엣

베드포드 브런치 문화의 맨 앞에 있던 레스토랑으로 예쁜 인테리어와 햇살이 잘 드는 창가 자리가 매력적인 집이다. 특별히 맛이 없는 음식도 없고 무난하게 사랑받을 만한 메뉴들이 있는 데다가 분위기와 서비스가 좋아서 그런지 늘 이곳을 찾는 사람들이 많다. 브런치 문화의 시작점이라는 것은 곧 단골이 많다는 뜻! 동네에서 사람들이 그냥 밥 먹으러 가자고 하면 모두 이곳으로 향한다고 한다.

**Location:** 135 N 5th st. Brooklyn
**Call:** (718) 388-9222
**Hours:** 점심 11:00~4:00, 저녁 5:30~11:30, 브런치 10:30~4:00

## 10 Verb Café 벌브 카페

브루클린의 자유 영혼들이 모두 널브러지듯 편안하게 앉아서 반나절을 혼자 놀고 친구도 만나고 커피도 마시고 하는 전천후 자유 공간이다. 베드포드의 랜드마크인 미니몰에 자리하고 있어서 찾기도 쉽고 특히 따뜻한 분위기 때문에 자꾸 가게 되는 카페다. 야외 테이블에서 머핀과 커피 한 잔을 시켜 놓고 지나다니는 멋쟁이들을 구경하면서 셀프 카메라도 찍고 파파라치 컷도 찍으며 자유 영혼으로 한 발짝 다가가 보자.

**Location:** 218 Bedford ave. Brooklyn
**Call:** (718) 599-0977
**Hours:** 10:00~23:00

## 11 Bedford Cheese shop 베드포드 치즈 숍

베드포드 길에 있는 치즈 숍이다. 브리 치즈, 고트 치즈, 카망베르 등 어마어마한 치즈의 종류에 뭘 살까 고민하게 되지만 그럴 필요가 없다. 다 시식해 보고 '아! 이렇게 먹으면 살 좀 찌겠는데? 여기다 넣으면…… 다 죽었어!' 이렇게 생각도 해 보고 이것저것 치즈를 골라서 양껏 살 수 있는 치즈 전문점이다.

**Location:** 141 N 4th st. Brooklyn
**Call:** (718) 599-7588
**Hours:** 10:00~20:00

## 12 The Bagel store 베이글 스토어

크림 치즈 연어 샌드위치인 '록스'를 한 입 먹고 있으면 다른 테이블에서 록스를 먹고 있는 다른 사람과 내가 같은 표정을 짓고 있다는 것을 깨달을 수 있다. 그만큼 먹고 나면 절로 '음……' 하는 감탄사와 함께 입가에 웃음이 좌악 퍼진다. 저렴한 가격에 훌륭하디훌륭한 그 맛은 베이글 중독을 불러일으켜 얼굴이 베이글처럼 되고 만다는 사실만 빼면 베이글의 부스러기조차 그냥 버릴 수 없을 만큼 맛있어서 자주 찾게 되는 집이다.

**Location:** 247 Bedford ave. Brooklyn
**Call:** (718) 218-7244
**Hours:** 10:00~21:00

## 13   Fabiane's   파비안느

미니몰 앞집에 위치한 빵집이다. 빵집인데도 불구하고 밤늦게까지 문전성시를 이룬다. 커다란 강아지부터 작은 강아지까지 주인을 따라 나와 고소한 빵 냄새를 맡으며 주인들의 수다를 엿듣고 있는 풍경이 '내가 뉴욕 브루클린에 있구나!'를 실감나게 해준다. 빵이 맛있어서 그런지 이집의 인기 메뉴는 샌드위치다. 샐러드와 커피도 인기 만점이다.

**Location:** 142 N 5th st. Brooklyn
**Call:** (718) 218-9632
**Hours:** 10:00~1:00

## 14   Supercore   슈퍼코어

뒤뜰이 너무 예쁜 베드포드의 맛집이다. 슈퍼코어 라인의 음식점들은 대부분 안쪽에 야외 뒤뜰을 두고 봄부터 가을까지 오픈한다. 가든을 오픈했다는 미니 칠판을 가게 입구에 세워 둬서 사람들에게 알려 주면 그걸 보고 유난히 햇볕을 사랑하는 뉴요커들이 날씨 좋은 날이면 뒤뜰에서 시끌벅적하게 식사를 하며 유쾌한 시간을 보내곤 한다. 슈퍼코어의 바삭한 파니니와 차 한 잔 그리고 가든, 이 세 가지의 환상적인 조화로 인해 맛이 배가되는 집이다.

**Location:** 305 Bedford ave. Brooklyn
**Call:** (718) 302-1629
**Hours:** 9:00~1:00

## 15   Dumont Burger   듀몽 버거

베드포드의 버거를 평정한 따끈한 육즙이 목젖을 넘어감과 동시에 눈에 불이 반짝 켜지는 맛이다. 치즈 버거와 맥주 한 잔의 궁합이 환상인데, 이 커플과 너무 잘 어울리는 짙은 컬러의 나무로 된 인테리어 또한 기분을 더욱 좋게 한다. 서비스가 좋아서 보니 단골들이 많았는데 대부분 한 번 앉으면 버거에 맥주에 수다까지 자리에서 일어날 줄을 모르고 맛과 여유를 만끽하게 되는 곳이다.

**Location:** 314 Bedford ave.
**Call:** (718) 384-6128
**Hours:** 10:00~1:00

papa lima sandwich  718.218.7720

## 16 Papa Lima Sandwich 파파 리마 샌드위치

노란색의 예쁜 벽에 두 개의 칠판이 나란히 붙어 있다. 그 칠판에는 다양한 종류의 샌드위치들이 신선함을 가득 담은 샐러드와 유기농 주스와 함께 빼곡히 적혀 있는 게 제법 운치 있게 느껴지는 집이다. 확실히 빵이 질기지 않은 데에다 빵 속에 풍성하고 아낌없이 담긴 채소류 등의 내용물 때문에 입운동 한번 하고 식사를 시작해야 한다. 양도 많고 가격도 저렴하다.

**Location:** 362 Bedford ave.
**Call:** (718) 218-7720
**Hours:** 10:00~23:00

## 17 Peter Luger 피터 루거

뉴욕에서 해마다 늘 지겹도록 1위를 하는 스테이크 집이다. 따로 설명이 필요 없는 이미 유명할 대로 유명해진 집이라 가서 맛보기만 하면 된다. 주말 저녁에 먹으려면 한 달 전에는 미리 예약을 해야 하고 성수기 때는 그마저도 힘들기 때문에 점심을 예약하고 먹는 게 값도 저렴하고 그나마 편안하게 맛볼 수 있는 방법이다. 한국인 관광객들이 많이 가서인지 한국말을 잘하는 웨이터들이 꽤 있는데 즐겁고 유쾌하다. 분위기는 흡사 산장에 온 것 같은데 스테이크와 잘 어울리는 시금치와 함께 먹으면 무한대로 입 속에 들어가므로 조심해야 한다.

**Location:** 178 Broadway, Brooklyn
**Call:** (718) 387-7400
**Hours:** 점심 11:00~4:00, 저녁 5:30~11:30, 브런치 10:30~4:00

# Shop

## 1 Beacon's Closet 비콘스 클로짓

뉴욕 시티를 통틀어 가장 싸고 방대한 빈티지를 경험하고 싶다면 바로 이 곳이다. 빈티지의 천국이라는 표현이 전혀 아깝지 않은 곳 아니, 오히려 부족할 만큼 어마어마한 빈티지들이 쌓여 있다. 빈티지를 사랑하는 걸들이 이른 주말 아침부터 양팔 가득 고른 옷을 들고 피팅 룸에서 입고 나와 거울을 보고 또 본다. 빈티지에 익숙하지 않은 사람들은 고르기 힘들 정도로 옷이 많은데 요령은 피팅 룸 앞에서 빈티지 걸들이 입은 옷을 보면서 나한테 맞을 만한 스타일을 미리 점쳐 본 다음 어떤 옷을 입어 볼지 방향을 잡는 것이 순서다.

**Location:** 88 N 11th st. Brooklyn
**Call:** (718) 486-0816
**Hours:** 10:00~19:00

## 2 KCDC 케이시디시

스케이트 보더들의 천국이다. 심지어 가게 안쪽에 스케이트 보드를 탈 수 있도록 U자로 구성된 스케이트 보드 장까지 있는 대형 규모의 스케이트 보드 숍이다. 패션 또한 무시할 수 없는 보더들을 위해 옷부터 운동화 액세서리까지 없는 것 없이 다 판매하고 있다. 또 이집에는 스케이트 보드도 파는데 어찌나 멋진지 직접 봐야 한다. 평소 스케이트 보드에 관심이 많은 남자라면 놓치지 말아야 할 장소 중의 장소다.

**Location:** 90 N 11th st. Brooklyn
**Call:** (718) 387-9006
**Hours:** 10:00~19:00

## 3 YLLI 일리

여성복, 남성복, 속옷에 아동복까지 논스톱 풀 쇼핑이 가능한 곳이다. 가격이 조금 비싼 게 흠이지만 여자 옷은 원피스 종류와 신발이 예쁜 게 정말 많다. 신진 디자이너의 제품을 판매하는 편집 숍인데 센스 있는 엄마라면 아동복과 함께 원피스를 구매해 둘 것! 모임에 데리고 나갈 때 입고 나가면 부티가 뚝뚝 흐르는 모자 또는 모녀 커플이 될 테니 말이다.

**Location:** 482 Driggs ave. Brooklyn
**Call:** (718) 302-3555
**Hours:** 10:00~19:00

## 4 Houndstooth 하운드투스

살짝 게이스러운 남성 빈티지 옷들이 즐비하다. 짝 달라붙는 컬러풀한 청바지들과 빈티지 티셔츠들은 주인을 보고 나니 이해가 간다. 주인 아저씨의 패션 또한 이집의 이미지를 잘 보여 주기에 충분하다. 그래서인지 마른 체형의 일본 아이들의 단골 빈티지 숍으로 알려져 있다.

**Location:** 485 Driggs ave. Brooklyn
**Call:** (718) 384-8707
**Hours:** 10:00~19:00

## 5 Triple Five Soul 트리플 파이브 솔

노리타와 이곳에 매장이 있다. 캐주얼 시크가 기본인 옷들이 많고 캐주얼한 아이템을 즐겨 입는 뉴요커들에게 선풍적인 인기를 끌며 급부상한 옷가게다. '너무 평범한 거 아니야?'라고 생각하고 잘 보면 어딘가 모를 디테일과 핏이 예쁜 바지들은 남자들의 엉덩이를 무척 섹시하게 만든다.

**Location:** 145 Bedford ave. Brooklyn
**Call:** (718) 599-5971
**Hours:** 10:00~19:00

## 6 Jumelle 주멜르

사랑스러움이 가득한 옷가게다. 이미 《나일론》 같은 잡지에도 베스트 쇼핑 플레이스로 많이 선정되어 잘 알려진 곳이어서 그런지 주말에는 손님들이 꽤 많다. 이곳을 찾는 손님들 역시 포스가 장난이 아닌 몸매와 미모가 되는 사람들이 대부분이라 남들이 입은 옷에 자꾸 욕심이 가게 되는 집이다. 화려한 밤과 로맨틱한 밤을 위해 마음에 드는 원피스를 미리 장만해 두자.

**Location:** 148 Bedford ave. Brooklyn
**Call:** (718) 388-9525
**Hours:** 10:00~19:00

## 7 Pinky Otto 핑키 오토

노리타에도 매장이 있는데 베드포드 매장의 옷이 훨씬 더 예쁘고 종류도 다양하다. 아무래도 관광객의 손길이 많이 미치지 않은 브루클린이라 그런 듯. 빈티지하게 디자인된 옷들은 몸매를 날씬하고 예뻐 보이게 해 준다. 노리타와 더불어 베드포드에서도 카드를 마구 긁게 될지 모르므로 주의 요망!

**Location:** 204 Bedford ave. Brooklyn
**Call:** (718) 387-6450
**Hours:** 10:00~19:00

## 8 Hello Beautiful 헬로 뷰티풀

영화 〈이터널 선샤인〉에 나오는 케이트 윈슬렛의 알록달록한 머리색을 보며 '과연 저런 염색이 가능할까? 머리칼이 엄청 상하겠구만!' 하고 생각했던 적이 있다. 이 헤어 살롱 안에는 케이트 윈슬렛이 한가득이다. 선명하고 예쁜 색상의 머리 염색으로 유명한 이 헤어 살롱은 머리칼의 손상이 적고 펑키한 컬러의 염색도 가능한 집이다. 빨간색으로 머리를 염색해서 『빨강 머리 앤』처럼 머리를 땋아 보고 싶은 충동이 이는 집이다.

**Location:** 218 Bedford ave. Brooklyn
**Call:** (718) 387-4732
**Hours:** 10:00~19:00

## 9   Otte     오트

미니몰 안에 위치한 가게다. 미니멀하고 심플하면서도 재단이 독특한 코트와 재킷이 특히 예쁜 집이다. 트렌치코트는 하나 장만해 두면 봄부터 가을까지 내내 입으며 "이 옷 어디서 샀냐?"는 질문에 괴로워 해야 할 만큼 예쁘다. 가격은 한국에 입점해 있는 시스템 정도의 브랜드 가격과 비슷하다고 생각하면 된다.

**Location:** 218 Bedford ave. Brooklyn
**Call:** (718) 302-3007
**Hours:** 10:00~19:00

## 10   Catbird     캣버드

아주 가늘고 여린 주얼리들이 진열장에 빼곡히 들어가 있어 시선을 잡아끄는 액세서리 숍이다. 여성스러운 목걸이들은 목선과 어깨선을 아름답게 보이게 해 주며 귀엽고 앙증맞은 귀고리들은 얼굴빛을 더욱 밝고 화사하게 연출할 것이다. 이곳은 늘 구경하는 사람들로 북적거린다.

**Location:** 390 Metropolitan ave. Brooklyn
**Call:** (718) 388-7688
**Hours:** 10:00~19:00

## 11   Pema     페마

빈티지 의류가 주를 이루는데 다른 집과 다른 점은 고운 문양의 롱 스커트나 나염된 원피스들이 주를 이룬다는 점이다. 롱 비치를 걷거나 한여름 가락신과의 아름다운 조화를 위해 하나 장만해 두면 잘 활용하게 될 듯! 빈티지 백과 벨트 등 패션 소품도 괜찮은 게 많다. 가격이 저렴한 편은 아니지만 강렬한 컬러와 디자인의 옷을 선호한다면 강추하는 집이다.

**Location:** 218 Bedford ave. Brooklyn
**Call:** (718) 302-8830
**Hours:** 10:00~19:00

## 12   Amarcord     아마코드

노리타에도 있는 숍이다. 빈티지 중에서도 아주 상태가 좋거나 명품 브랜드의 빈티지들을 주로 취급하는 곳이다. 그래서 빈티지 구찌 운동화는 저런 디자인이 있었나 싶을 만큼 멋지고 세련되었다. 대부분의 빈티지 의류들도 디자이너의 제품들이 많아서인지 가격대가 낮지는 않지만 세일 때를 잘 이용하면 멋진 명품 빈티지를 저렴한 가격에 살 수 있으니 세일 기간에 꼭 빼놓지 말고 들러야 할 머스트 숍 중 한 곳이다.

**Location:** 223 Bedford ave.
**Call:** (718) 963-4001
**Hours:** 10:00~19:00

## 13 **Red Pearl** 레드 펄

빈티지 스타킹들이 도발적으로 디스플레이되어 있어 시선을 끄는 곳이다. 남자들이 가장 섹시하다고 생각한다는 미꾸라지 한 마리가 빠져 나올 정도로 큰 망사 스타킹부터 컬러풀한 스트라이프 스타킹까지 회사에서 곧장 클럽으로 가야 하는 날에는 레드 펄 스타킹 하나만 가방에 넣어 두면 문제없다! 클럽의 도어맨들에게 선택받는 것은 이집 스타킹 하나만 있어도 그리 어렵지 않아 보인다.

**Location:** 202 Bedford ave. Brooklyn
**Call:** (718) 599-0023
**Hours:** 10:00~19:00

## 14 **Lisa Levine** 리사 레빈

주얼리 디자이너의 숍이다. 매장에 걸린 제품 하나하나가 작품이고 예술인데 여성스러운 주얼리들을 좋아한다면 분명 반할 것이다. 가격대가 조금 있어서인지 남자들이 와서 선물 포장을 많이 해 가는 집인데 로맨틱한 선물들이 특히 인기가 많다고 주인장이 설명해 주었다.

**Location:** 536 Metropolitan ave. Brooklyn
**Call:** (718) 349-2824
**Hours:** 10:00~19:00

## 15 **Love brigade coop** 러브 브리게이드 쿱

이곳의 프린트 티셔츠와 액세서리는 내가 주로 구입하는 품목들이다. 빈티지하고 재밌고 독특한 프린트 티셔츠는 스키니 룩에도 하이웨이스트 라인의 스커트에도 잘 어울리는데 특히 핏이 예술이다. 소매 부분을 살짝 돌돌 말아 걷어 올리면 또 어찌나 섹시해지는지 한 번 갈 때마다 주체할 수 없게 지름신들이 출몰해 카드를 긁지 않고서는 그냥 나오지 못 하는 곳이다. 티셔츠 마니아거나 화려한 빈티지 주얼리를 멋지게 소화할 수 있다면 이곳 러브 브리게이드 쿱은 베드포드에서 유일무이한 빈티지 숍인 만큼 꼭 들러 보길!

**Location:** 230 Grand st. Brooklyn
**Call:** (718) 715-0430
**Hours:** 10:00~19:00

## 16 **Fille de Joie** 필레 드 조이에

너무 귀여운 빈티지 클러치 백들이 많은 집이다. 아무리 디자이너의 빅 백이 유행한다 할지라도 빈티지 마니아들은 〈섹스 앤 더 시티〉의 캐리처럼 작은 빈티지 클러치 백을 옆구리에 일수 가방처럼 딱 끼고 친구를 기다린다. 자칫 잘못 들었다간 낭패 보기 딱 좋은 클러치 백이 이곳에서 만큼은 예외다. 어떻게 들어도 사랑스러운 것들로만 어찌나 잘 디스플레이를 해 두었는지 특히 살짝 화려한 느낌이 나는 클러치 백은 심심한 스키니 룩에 적격!

**Location:** 197 Grand st. Brooklyn
**Call:** (718) 599-3525
**Hours:** 10:00~19:00

# 17   Rabbits    래빗

브루클린의 뉴요커들은 빈티지를 정말 사랑한다. 야외 테라스에 가만히 앉아서 사람 구경을 해 보면 열에 아홉은 빈티지로 치장하고 주말나들이를 나왔다. 그 수많은 그리고 화려한 빈티지들을 어찌나 잘 골라내 매치해 입었는지 절로 감탄사가 나오는 경우가 많다. 이곳 래빗은 작지만 강하고 화려한 빈티지들이 많은 곳으로 평범한 의상에 포인트를 줄 만한 빈티지가 주를 이룬다. 그래서 빈티지 마니아들이 빈티지 쇼핑의 마지막으로 꼽는 곳이다.

**Location:** 120 Havemeyer st. Brooklyn
**Call:** (718) 384-2181
**Hours:** 10:00~19:00

# 18   Vice Versa    바이스 벌사

$5만 있으면 빈티지 셔츠 하나가 내 손에 쥐어지는 곳이다. 주로 셔츠나 군복 느낌의 의류가 많아서 남자들이 즐겨 가는 빈티지 숍이다. 카키색 빈티지 밀리터리 재킷부터 바이크 족들을 위한 가죽재킷까지 센스 있고 빈티지를 사랑하는 남자들이라면 가서 이것저것 입어 보고 골라 볼 만하다. 대부분 $20 정도여서 주머니가 가벼운 사람들에게 더욱 환영받는 빈티지 숍이다.

**Location:** 241 Bedford ave. Brooklyn
**Call:** (718) 782-3882
**Hours:** 10:00~19:00

# 19   The Future perfect    퓨처 퍼펙트

가구가 아니라 작품이다. 조명들이 독특하고 예쁜 것들이 많은데 '이런 조명을 방에 달면 방 분위기 달라지는 것은 순식간이겠다!' 라는 생각이 들지만 가격이 워낙 높아 가격을 듣는 순간 그 생각은 사라져 버린다. 그러나 보는 것만으로도 너무 예쁘고 행복해 베드포드에 갈 때마다 꼭 한 번씩은 들르게 되는 집이다.

**Location:** 115 N 6th st. Brooklyn
**Call:** (718) 599-6278
**Hours:** 10:00~19:00

## 5 in 1 파이브 인 원

약간 느슨하고도 편안한 이지 룩에 독특한 디테일을 가미한 심플하면서도 예쁜 옷들이 많은 곳. 그래서 액세서리도 재미있고 독특한 것이 많은데 아마도 심플한 옷에 포인트를 주라는 뜻인 양 디스플레이되어 있는 것들을 보면 마네킹 통째로 들고 튀고 싶은 아이템들이 많다. "이지 룩을 좋아하긴 하지만 이제 평범한 것은 질렸어!"라고 말하는 사람들에게 강추!

**Location:** 60 N 6th st. Brooklyn
**Call:** (718) 384-1990
**Hours:** 10:00~19:00

## 21 Noisette 노이제트

페미닌하고 컬러풀한 원피스와 현란한 꽃무늬 프린트들이 많은 옷집이다. 주인은 이번 시즌의 트렌드가 그렇다고 한다. 가게도 아주 화사하니 예쁘다. 트렌드를 발 빠르게 캐치해 신진 디자이너의 의상들을 선보이는데 가격대도 $100 미만이어서 원피스 한 벌 사 입고 브루클린 브리지 앞에서 아이스 크림을 먹으며 뉴욕의 한적한 휴일을 사진에 담아 볼 만하다.

**Location:** 46 N 6th st. Brooklyn
**Call:** (718) 388-5188
**Hours:** 10:00~19:00

## 22 Academy Records 아카데미 레코드

각종 레코드와 음반들이 많아서 디제이들이 즐겨 가는 아지트다. 너무 멋진 디제이들과 음반 마니아들이 와서 하나하나 마치 보물 고르듯 구경한 뒤에 사 가는데 주인은 손님의 취향과 선택을 가장 잘 고려해 주는 듯 개인적인 조언을 하기보다는 "이 앨범 진짜 좋다!"만 연발한다. 윌리엄스버그에 있어서 그런지 다른 지역보다 관광객은 별로 없고 뉴요커들이 즐겨 찾는 곳! 그래선가 분위기가 매우 좋다.

**Location:** 96 N 6th st. Brooklyn
**Call:** (718) 218-8200
**Hours:** 10:00~19:00

# 1 Black & White Gallery  블랙 앤 화이트 갤러리

윌리엄스버그에서 유일하게 갤러리의 이름을 느낌 그대로 잘 표현한 곳이다. 블랙 앤 화이트라는 이름처럼 하얀 벽에 나란히 곱게 걸린 그림들이 단정하다. 작품들도 대부분 갤러리의 분위기에 잘 어울리는 그림들이 많다.

**Location:** 483 Driggs ave. Brooklyn
**Call:** (718) 599-8775
**Hours:** 10:00~19:00

# 2 Ch'l Gallery  치 갤러리

이곳에서 열리는 대부분의 전시는 주로 독특하고 초현실적인 조각 작품을 소재로 한다. 커다랗고 시원한 윈도로 보는 작품들은 모두 신선하고 개성이 있다. 신진 디자이너들의 작품들 중 독특한 것만 선택해 전시하기로 유명해서 그런지 단골 컬렉터가 꽤 많다고 한다.

**Location:** 293 Grand, Brooklyn
**Call:** (718) 218-8939
**Hours:** 10:00~19:00

# 3 SideShow  사이드쇼

그냥 지나치려면 얼마든지 그냥 지나칠 수 있는 갤러리다. 독특한 그래피티가 잔뜩 그려진 벽을 보고 옷가게인가 싶었는데 들어가 보니 너무 멋진 그림들이 그득한 갤러리였다. 화려한 색감이 돋보이는 화사한 노란 벽에 걸린 멋진 그림들이 어찌나 강렬한지는 꼭 가서 봐야 알 수 있다.

**Location:** 319 Bedford ave. Brooklyn
**Call:** (718) 486-8180
**Hours:** 10:00~19:00

## 4 **Brookyln Museum**  브루클린 뮤지엄

브루클린 보태니컬 가든 옆에 있는 미술관이다. 규모가 제법 큰 편인데 일반 전시보다 특별전이 괜찮기로 유명하다. 내가 뉴욕에 있는 동안은 루이 비통과의 작업으로 유명한 무라카미의 전시가 특별전으로 열렸는데 그의 기상천외한 피겨나 그림을 하나 들고 튀고 싶을 만큼 예쁘고 독특했다. 매년 열리는 특별전은 범상치 않다고 하니 브루클린 뮤지엄 사이트에서 확인해 보고 놓치고 싶지 않은 전시가 열릴 때에는 가차 없이 뉴욕으로 날아 가야 한다.

**Location:** 200 Eastern Pkwy, Brooklyn
**Call:** (718) 638-5000
**Hours:** 10:00~19:00

## 5 **Botanical Garden**  보태니컬 가든

어린이대공원 식물원 정도로 생각했다가는 가서 턱이 빠질 만큼 놀라게 될 것이다. 이곳에는 각종 커다란 나무부터 다양한 종류의 작은 꽃과 그에 어울리는 예쁜 잔디와 벤치들, 놀이터까지 없는 게 없는 거대한 정원이다. 가족들이 코스로도 아주 좋은데 벚꽃 시즌에는 그야말로 장관이 따로 없다. 가든 어느 곳에서 사진을 찍어도 정말 잘나오고 나무 덩굴에 아이를 앉혀 놓고 벚꽃을 배경으로 사진을 찍는 다정한 아빠들을 여기저기서 볼 수 있어 절로 미소가 지어지는 화목하고 즐거운 따뜻한 곳이다.

**Location:** 1000 Washington ave. Brooklyn
**Call:** (718) 623-7200
**Hours:** 10:00~19:00

# Bar & Club

## 1 Royal Oak 로열 오크

윌리엄스버그의 댄싱 퀸들은 다 헤쳐 모여! 튀다 못해 양쪽이 다른 스타킹을 신은 스타일리시한 걸부터 시작해 멋쟁이들이란 멋쟁이들은 다 모이고 그도 모자라 모델들도 많이 자주 찾는 곳이다. 로열이라는 이름에 걸맞게 분위기와 춤판의 물이 죽음이다! 자유분방한 그리고 스타일리시한 남자들과 눈빛 교환하며 대화해 보고 싶다면 이곳으로 가라. 맨해튼의 클럽 걸과는 전혀 다르게 펑키하거나 빈티지 스타일의 걸들이 많으니 빈티지 옷을 구매하기 전에 미리 이곳에서 스타일링이나 트렌드를 봐 두는 것도 좋을 만큼 착한 남자, 착한 여자가 차고 넘친다. 뮤직도 최고!

**Location:** 594 Union ave. Brooklyn
**Call:** (718) 388-3884
**Hours:** 11:00~6:00

## 2 Metropolitan 메트로폴리탄

윌리엄스버그를 대표하는 또 다른 춤판이 바로 이곳 메트로폴리탄이다. 로열 오크보다 한 수 아래지만 역시 스테이지 좋고 물도 괜찮다. 평범하지만 매력이 있는 남자들이 주로 많이 온다. 너무 잘생기거나 향수가 진하거나 말쑥하게 정장을 입은 남자들에게 거부감을 느낀다면 윌리엄스버그의 나이트만 한 곳이 없고 또 그중 메트로폴리탄만 한 곳이 없다.

**Location:** 559 Lorimer st. Brooklyn
**Call:** (718) 599-4444
**Hours:** 11:00~6:00

## 3 My Moon 마이 문

〈섹스 앤 더 시티〉를 브루클린에서 찍었다면 이곳은 브루클린의 '스시 삼바' 라고 할 수 있다. 그만큼 멋지고 세련되고 꽤 큰 규모의 레스토랑 겸 바다. 그러나 스시 삼바 같은 평범한 맛을 가졌다면 이렇게까지 입에 침이 마르게 주변 사람들에게 가 보라고 목청 높여 외치지는 않을 것이다. 분위기에 약한 미식가면서 애주가라면 반드시 가 봐야 한다. 강제로라도 가차 없이 이곳으로 징용이라도 보내야 할 만큼 멋진 곳이다.

**Location:** 184 North 10th st. Brooklyn
**Call:** (718) 599-7007
**Hours:** 11:00~1:00

## 4 Ottoman 오토맨

샹들리에가 있는 주황색 커튼이 시선을 확 잡아끄는 곳이다. 저녁 햇살이 아주 곱게 들어오는 길가에 있는 이 귀여운 바는 우리 동네 편한 바 같은 곳으로 아주 편안한 폼으로 가서 한 잔 걸치고 혈액순환을 원활히 한 다음 집에 돌아와 취침하기에 딱 좋은 곳이다. 아늑하면서도 귀여운 실내 인테리어에 좀 어두운 게 흠이라면 흠이라 사진은 잘 안 나오지만 여자들에게는 인기가 좋은 바다.

**Location:** 318 Grand, Brooklyn
**Call:** (718) 384-6320
**Hours:** 12:00~1:00

## 5 Soft Spot Bar 소프트 스폿 바

아주 귀여운 세 개의 전등을 간판으로 이용한 아이디어가 빛나는 바다. "역시 브루클린이구만!" 이라는 말이 나올 만큼 현대적인 간판에 두꺼운 붉은 장미 컬러의 커튼이 드리워진 입구가 꼭 마술사의 집에라도 들어가는 듯 묘한 기분이 든다. 역시 여느 바처럼 어두운 실내 인테리어의 원칙을 잘 지킨 집으로, 커튼 때문에 들어가고 나올 때의 기분이 좋아지는 곳이다.

**Location:** 128 Bedford ave. Brooklyn
**Call:** (718) 384-7768
**Hours:** 12:00~1:00

# Have to do!

### 주말 브런치는 브루클린에서!

맨해튼에도 여러 유명한 브런치 레스토랑들이 자리잡고 관광객들을 유혹하지만 뭐니뭐니해도 브런치는 브루클린에 가서 먹어야 한다. 멋쟁이 뉴요커들의 클럽 나이트의 뒤풀이는 항상 브루클린 브런치란 사실 때문인데 음식 맛도 좋고 가격은 더 좋고 멋진 뉴요커들을 아침 댓바람부터 보고 있다 보면 절로 신명이 난다. 관광객들로 붐비는 레스토랑에서의 브런치에서 벗어나 브루클린에서 브런치를 먹으며 멋진 하루를 시작해 보자.

### 브루클린 보태니컬 가든 가기

뉴욕을 여행하기에 가장 좋은 계절인 봄과 가을에 온 관광객이라면 센트럴 파크에서 즐기는 나들이도 좋지만 브루클린의 보태니컬 가든을 꼭 가 보라고 강추하고 싶다. 아기자기한 정원처럼 꾸며진 식물원은 봄에는 벚꽃이 흐드러지고 가을에는 낙엽이 소복이 쌓여 가든의 운치를 더한다. 영화 속 주인공이 된 기분을 만끽하며 색다른 뉴욕의 멋을 느낄 수 있으니 꼭 가 볼 것! 친구들과 함께라면 김밥 한 줄씩 혹은 샌드위치를 싸 가도 즐겁다.

# 17. AROUND NYC

## 1 우드버리 Woodbury

명품 백 하나 장만하고 싶은데 가격이 너무 비싸서 고민이라면 우드버리가 속 시원히 해결해 줄 것이다. 구찌, 코치, 샤넬, 페라가모 등 익숙한 명품 브랜드들은 거의 대부분 입점해 있고 할인폭도 50% 정도가 대부분이다. 그러나 간혹 70%를 할인하는 크레이지 세일 품목들도 적잖게 있으니 꼼꼼히 잘 살펴봐야 한다. 처음 가는 사람들은 사이즈도 별로 없고 정말 명품이 시장 물건처럼 누구나 만져 보고 신어 볼 수 있게 깔려 있어서 고르기 힘들 수도 있으니 어떤 브랜드에 어떤 스타일을 살 것인지 미리 마음속으로 정해 놓고 가는 게 좋다. 혹은 옷을 살 것인지 가방을 살 것인지, 사려는 패션 아이템이라도 미리 정해 놓고 가자! 부모님이나 가족 선물을 사기에도 좋은 곳이므로 우드버리에 갈 계획이라면 굳이 다른 곳에서 쇼핑하는 우는 범하지 않도록!

**가는 방법 ›› ❶** 익스프레스 버스를 타고 간다 33rd st. & 34th st. / 7th ave.

**가격 -** 왕복 $30, 인터넷 사이트로 예약도 가능하다 www.expresstrails.com.

**❷** 같이 갈 일행이 네 명 이상이라면 그리고 이를 대비한 국제 면허증 소지자가 있다면 차를 렌트하는 방법이 있다. 일박이 일로 렌트하기 때문에 우드버리를 다녀와서도 뉴욕의 야경을 드라이브하며 쭉 훑어볼 수도 있고 할렘 야경 투어 125th st.를 하기에도 좋다.

**가격 -** $80~120 내비게이션 추가 비용 $50 + 기름 값 $40 + 밤 사이 주차비 $30

## 2 애틀랜틱 시티 Atlantic City

밤인지 낮인지 구분이 되지 않을 만큼 환하고 화려한 실내 인테리어 속에서 올인을 외쳐 보고 싶다면 그리고 카지노가 어떻게 생겼는지 궁금하다면 슬롯머신을 당기는 그 소리와 손으로 전해지는 경쾌한 느낌을 맛보고 싶다면 AC로 가는 버스를 타야 한다. 전 세계에서 몰려든 멋진 갬블러들과 팬티보다 짧은 치마를 입고 술을 들고 돌아다니는 언니들을 구경하는 것만으로도 신이 난다. 그리고 나무 바닥으로 된 해변 길을 갈매기 떼와 함께 산책하는 것도 운치가 있다.

**가는 방법>>** ❶ 포트 어소리티 터미널에서 버스를 타고 가는데 올 때 꼭 티켓에 찍힌 시간에 맞춰서 오지 않아도 되니 아무 시간대로 잡고 왕복 티켓을 끊고 가는 게 훨씬 편하다. 출발하는 시간마다 다른 카지노로 이동하므로 가고 싶은 카지노 버스를 타고 가면 된다.

**가격** - 왕복 $33인데 카지노에 도착하면 $20를 그 카지노에서만 쓸 수 있도록 카드에 충전해 주거나 현금으로 주므로 $13에 다녀온다고 보면 된다.

### 괜찮은 시설의 카지노

**보카타(Borgata)** : 바로 가는 버스도 없을 만큼 인기가 하늘을 치솟는 카지노다. 리조트나 다른 카지노 버스를 타고 가서 택시를 타고 가야 한다. 밤에 파란색 조명이 들어오면 더 멋지고 실내는 굉장히 넓어 길을 잃어 버릴 수도 있으니 주의! 이용하는 사람들의 물이 다른 카지노와는 현저히 다르게 멋지니 너무 관광객처럼 보이지 않게 예쁘게 입고 갈 것! 실내에 있는 레스토랑도 다른 곳과 달리 맛있는 집들이 대부분이다.

**시저(Caesars)** : 우선 바로 가는 버스가 있다는 사실 때문에 관광객들이 굉장히 많다. 규모가 꽤 크고 바닷가와 가까워 놀다가 중간에 바람 쐬러 나오기도 좋은 위치다. 테마 놀이동산 같은 분위기의 건물 속에 넓고 멋진 카지노가 있다.

**발리(Bally)** : 보가타 다음으로 좋은 시설의 카지노다. 바로 가는 버스도 많고 보가타와 대조되는 빨간색 조명이 근사하다. 현대적으로 지어진 건물이 알록달록 동화책 속에서 막 튀어 나온 듯한 모양의 카지노들 사이에서 단연 돋보인다. 내부 시설 또한 좋고 넓다.

## 3 롱 아일랜드 Long Island

**롱 비치(Long beach)** : 맨해튼에서 40분 거리에 이렇게 근사한 파도들이 넘실대고 이렇게 고운 모래사장에 태닝으로 더욱 아름다운 몸매를 만들고픈 뉴요커들이 일렬종대로 누워 있는 롱 비치의 해변이 있다는 것은 말 그대로 축복이다. 그래서 대부분의 뉴요커들이 노출의 계절 여름이 오기 전에 일기예보에서 주말 날씨 맑음이라고만 뜨면 비치타월과 비키니를 챙겨 곧바로 펜 스테이션으로 직행한다고 한다.

**가는 방법 ››** ❶ 34th st.에 있는 펜 스테이션에서 롱 아일랜드 레일로드LIRR을 타고 롱 비치로 가면 된다. 롱 비치 역에서 내려 해변까지는 걸어서 그리 멀지 않다. 동쪽으로 조금만 걸어가면 하얀색의 멋진 모래사장과 서퍼들이 사랑하는 드넓은 해변이 나온다.

**가격 –** 기차의 일종인 롱 아일랜드 레일로드LIRR는 거리에 따라 존이 나뉘어 있어 가격이 다르다. 롱 비치의 경우는 7존으로 가격은 성수기Peak와 비성수기Off Peak가 $15와 $12로 다르다편도 가격. 해변에 들어가는 입장료도 따로 있는데 $18에 기차와 입장료가 합쳐진 티켓을 파니 그것을 사는 것이 가장 좋다.

**몬탁 Montauk** : 〈이터널 선샤인〉에서 짐 캐리와 빨간머리의 케이트 윈슬렛이 만나던 그 바닷가가 바로 여기 몬탁이다. 더불어 송일국이 출연했던 드라마 〈로비스트〉의 촬영지도 이곳이었다! 아름다운 등대가 있는 로맨틱한 바닷가라서 그런지 커플들이 유난히 많다. 혼자 사색하러 오기에도 손색이 없을 만큼 조용한 매력을 지니고 있는 바닷가다.

**가는 방법**›› ❶ 34th st.에 있는 펜 스테이션에서 롱 아일랜드 레일로드<sup>LIRR</sup>을 타고 몬탁까지 가면 된다. 맨 마지막 정류장인 만큼 세 시간 반 정도 소요된다. 역에서 등대까지는 꽤 멀기 때문에 불법이지만 히치하이크를 하거나 해변까지 걸어 나와서 버스를 타고 간다.

**가격**– 몬탁의 경우 14존에 해당하며 가격은 성수기와 비성수기가 각각 $26, $20다<sup>편도 가격</sup>

## 4 보스턴 Boston

'하버드' 그 이름만 들어도 저절로 뒤에 공부벌레가 붙는 대학교가 바로 여기 보스턴에 있다. 그 외에도 유명한 아이비리그의 학교들이 많이 몰려 있어서 대학 도시로 명성이 높다. 그런 도시답게 젊은이들도 많아 도시 자체가 활기차고 집들은 유럽풍으로 깔끔하게 지어져 있어 깨끗한 느낌을 준다. 그러나 겨울만큼은 피할 것! 정말로 살벌하게 추워서 하버드의 낭만과 멋은 꿈도 꿀 수 없다. 당일치기 코스나 아주 짧은 일박이일 코스로 갔다면 트롤리<sup>trolley, $26</sup>를 타고 도는 것이 가장 좋은 방법이다.

**가는 방법과 가격**››

❶ 차이나 버스 타고 가기
34th st. & BTW 7th & 8th ave.에서 탄다. 시간은 www.fungwahbus.com 사이트에서 보고 그 시간에 맞춰 가서 타거나 예약하고 가면 된다. 돈은 버스에 탈 때 내는데 편도 $15다.
❷ 그레이 하운드 타고 가기
포트 어소리티에서 버스 티켓을 사서 타면 되는데 차이나 버스에 비해 시간이 오래 걸리는 데다가 가격도 편도가 $26로 비싸다.

'미국의 수도' 다. 미국에는 그냥 워싱턴과 워싱턴D.C.가 있는데 이 DC가 수도다. 그래서 백악관과 국회의사당을 비롯한 큼직큼직한 정치적인 선물들이 이 도시에 다 있다. 미국의 수도답게 뮤지엄들이 대부분 공짜이며 시내에는 관광객들로 늘 붐빈다. 그러나 조금만 외곽으로 나가면 빈민가가 이어지니 차로 운전하고 갔다면 내비게이션을 찍고 주요 볼거리를 보며 이동할 것! 그러나 차 없이 갔다면 그리고 당일치기 코스나 아주 짧은 일박이일 코스로 갔다면 트롤리$32를 타고 도는 것이 가장 효과적이고 빠르게 관광할 수 있는 방법이다.

**가는 방법과 가격**»

❶ 차이나 버스 타고 가기

중국인들이 운영하는 버스로 초창기에는 보험도 들지 않은 채로 운행해서 위험 요소가 많았지만 지금은 안전하고 빠른 교통수단으로 뉴욕에서 외곽으로 관광하려는 사람들이 많이 애용하고 있다. 34th st. & BTW 7th & 8th ave.에서 타고 시간은 www.washny.com에서 보고 예약한 후 가는 것이 좋다. 가격은 평일은 편도 $21, 토요일만 편도 $25다.

❷ 암트랙(amtrak) 타고 가기

34th st.에 있는 펜 스테이션에서 워싱턴으로 가는 암트랙을 타면 된다. 세 시간 반이면 도착해서 시간적으로 여유가 없는 사람들에게 제격이지만 가격이 편도 $84라 비싸다.

# Outro

## '안녕 그리고 뉴욕'

간판이 없거나 공사 중인 곳이 많아 음식 사진이나 실내 인테리어만으로는 지나치기 쉬운 뉴욕의 멋진 클럽과 레스토랑을 눈에 익혀 주기 위해 멋진 입구 사진에 총력을 기울이며 모든 걸 체험하고 글을 쓰기 위해 뉴욕의 모든 길을 가로 세로 지그재그로 걸어 다니며 이 글을 조금씩 완성해 갔다. 그렇게 수많은 경험을 위해 비록 나의 몸매와 무릎은 할렘보다 더 위험한 상태가 되었고 뉴욕에 대해 너무 삼자의 입장에서 바라보기만 했다는 생각에 뉴욕을 내가 과연 제대로 즐기고 느낀 것일까가 아쉬움으로 남지만 그곳에서의 나의 생활은 뿌듯함으로 내 가슴속 깊은 곳에 하나의 앨범으로 자리 잡게 되었다. 그리고 그 앨범을 이렇게 글로 펼쳐내게 된 것 자체가 감동이고 영광이다.

뉴욕에 첫발을 내디디고 처음으로 지하철을 탈 때부터 잠에 드는 마지막 순간까지 모든 게 너무나 새로워 긴장의 연속이었던 신혼 한 달간과 어느 정도 다 익숙해져 더 이상의 텐션이 없이 내 집처럼 편하게 걷고 또 걸으며 지낸 한 달 그리고 마지막 마무리 작업으로 어떻게 지냈는지도 모를 한 달 이렇게 석 달을 3년 같이 다니며 나와 뉴욕과의 달달하고 화끈한 짧지만 강한 열애는 끝이 났다. 많은 우여곡절이 파노라마로 이어지는 가운데 내가 이 까다로운 뉴욕을 과연 잘 풀어 낼 수 있을까 걱정도 많이 했었지만 문제에는 답이 있게 마련이라고 생각하고 처음 내가 뉴욕에게 던진 질문인 '너는 왜 그렇게 인기가 많으니? 도대체 네가 뭐기에?' 의 답을 찾는 데 주력했다. 그리고 결국 찾아 냈다.

웬만한 영화들은 개봉해도 관람객이 현저히 적다는 뉴욕에서 〈섹스 앤 더 시티〉의 극장판만은 매진 사례를 기록하고 있는 것만 봐도 유난히 여자들이 많다는 것을 알 수 있는 이 도시에는 무언가가 있는 게 분명했다. 바로 그것은 뉴욕은 작은 지구와도 같이 다양한 얼굴을 하고 있어 봐도봐도 질리지 않고 오히려 보면 볼수록 가슴을 채워 주는 무언가가 끊임없이 샘솟는다는 점이었다. 그리고 이 도시에서 꼭 봐야 하는 것은 없다. 단지 보고 싶은 것을 보면 되는 것이다. 매일매일이 새로운 이 뉴욕의 생활이 모든 이들을 이곳에서 떠날 수 없게 만드는 대형 자석이었던 것이다. 언젠가 지인이 내게 말하길 뉴욕에 일주일 와서 "나 뉴욕 다 봤어!"라고 말하는 사람들을 보면 진짜 때려 주고 싶다고 했었던 것이 무슨 뜻인지 알게 된다면 그만큼 뉴욕을 많이 느낀 것이라고 말해 주고 싶다.

이 세상에는 각양각색의 모습을 한 그리고 다양한 캐릭터를 가진 사람들이 있다. 그리고 뉴욕에도 무수한 다양성이 존재한다. 이 책이 그런 우리들에게 자기만의 뉴욕을 골라 내어 퍼즐을 맞추듯 이 도시를 완성시킬 수 있는 길라잡이가 되기를 바라며 이 욕심쟁이는 드디어 글을 닫는다.

*Thanks* : 내가 늘 마음의 빚을 지고 살게끔 원인 모를 사랑과 믿음을 자꾸 주는 내 사람들 — 엄마, 아빠, 동생, 향단이, 이모들, 이모부와 씨씨, 그리고 하울, 원이, 한유, 챠챠, 주히, 쟈스민, 주보, 서보, 미보, 겨보, 영민, 혜윤언니, 우지.

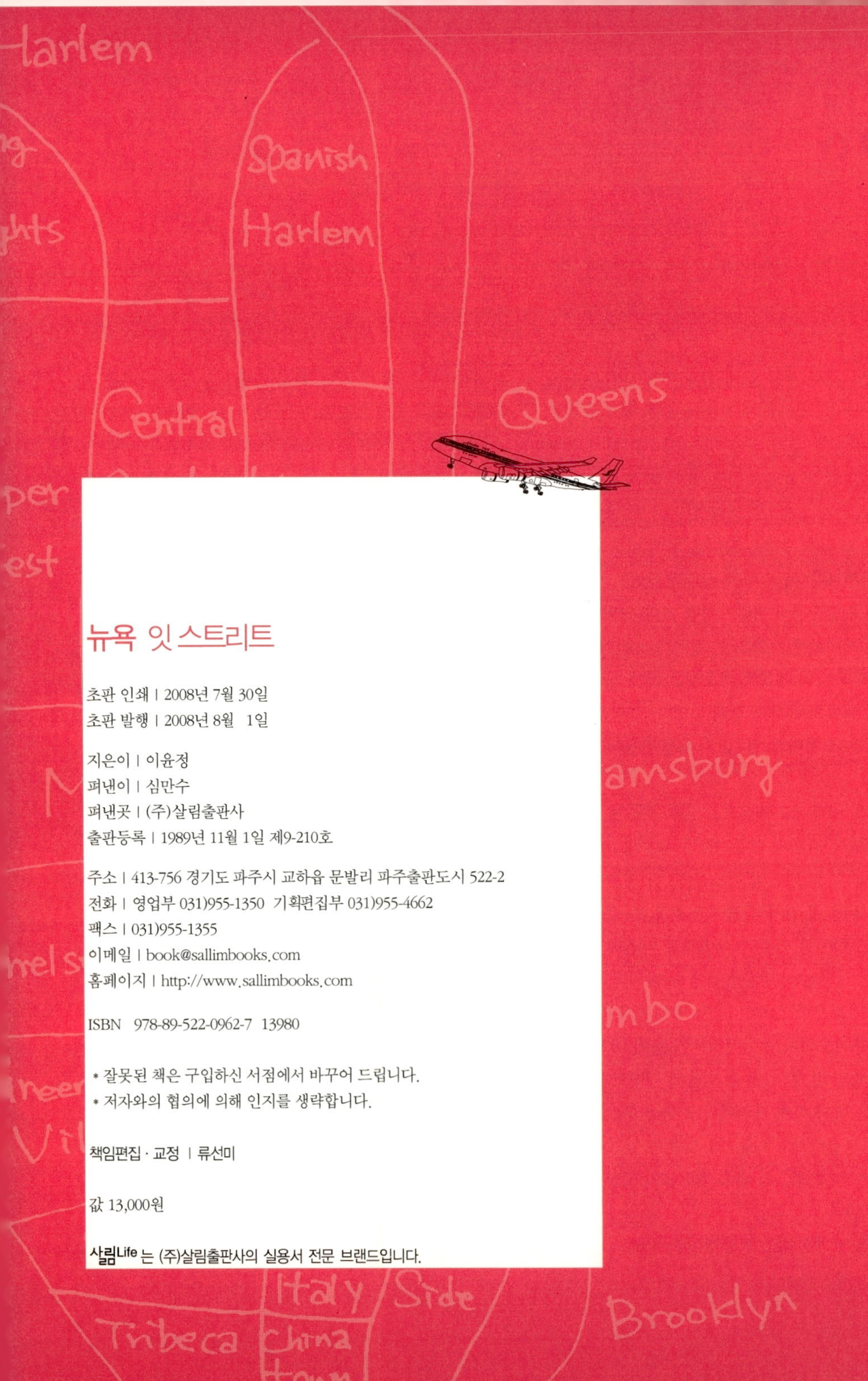



# 뉴욕 잇 스트리트

초판 인쇄 | 2008년 7월 30일
초판 발행 | 2008년 8월  1일

지은이 | 이윤정
펴낸이 | 심만수
펴낸곳 | (주)살림출판사
출판등록 | 1989년 11월 1일 제9-210호

주소 | 413-756 경기도 파주시 교하읍 문발리 파주출판도시 522-2
전화 | 영업부 031)955-1350  기획편집부 031)955-4662
팩스 | 031)955-1355
이메일 | book@sallimbooks.com
홈페이지 | http://www.sallimbooks.com

ISBN  978-89-522-0962-7  13980

＊잘못된 책은 구입하신 서점에서 바꾸어 드립니다.
＊저자와의 협의에 의해 인지를 생략합니다.

책임편집 · 교정 | 류선미

값 13,000원

**살림**Life 는 (주)살림출판사의 실용서 전문 브랜드입니다.

xgolee엑스 고리
30% 할인권
xgolee
www.xgolee.com

**이용방법**

1. 사이트 가입 후 게시판에 쿠폰번호와 구입하고 싶은 제품을 적어주세요.
2. 작성 후 세일고리를 클릭해서 개인결제창에서 결제해 주시면 됩니다.

**사용기간:** 2008년 8월~2009년 7월 말

**연락처:** 문의는 엑스고리 홈페이지(http://www.xgolee.com/front/php/)에 Q&A를 이용해 주세요.

세일 상품은 환불 및 교환이 불가합니다.

쿠폰번호:Ny/5lstree/73XOX